北京理工大学"双一流"建设精品出版工程

能源科学与技术导论

INTRODUCTION TO ENERGY SCIENCE AND TECHNOLOGY

杜 巍 施 新 主编

北京理工大学出版社
BEIJING INSTITUTE OF TECHNOLOGY PRESS

U0577668

内 容 简 介

《能源科学与技术导论》共 6 章，主要从能源与能量概述、含碳能源（如煤、石油、天然气、生物质能）的开发和利用、无碳能源（如水电、核能、太阳能、风能、地热能、海洋能、氢能）的开发和利用、能源的传输和能量的储存、能量的转换、能源与环境等方面，向读者全面介绍能源科学与技术领域的知识。

本书可以作为普通高等学校本科生或高等职业技术学校高职生能源、环境类专业的教学用书，也可以供相关领域的技术人员阅读参考。

图书在版编目（CIP）数据

能源科学与技术导论 / 杜巍，施新主编. -- 北京：
北京理工大学出版社，2025.2.
ISBN 978-7-5763-5111-8

Ⅰ. TK01

中国国家版本馆 CIP 数据核字第 20256Z7T92 号

责任编辑：李颖颖　　　　文案编辑：李颖颖
责任校对：周瑞红　　　　责任印制：李志强

出版发行 / 北京理工大学出版社有限责任公司
社　　址 / 北京市丰台区四合庄路 6 号
邮　　编 / 100070
电　　话 / （010）68944439（学术售后服务热线）
网　　址 / http://www.bitpress.com.cn

版 印 次 / 2025 年 2 月第 1 版第 1 次印刷
印　　刷 / 北京虎彩文化传播有限公司
开　　本 / 787 mm×1092 mm　1/16
印　　张 / 15.75
字　　数 / 370 千字
定　　价 / 68.00 元

前　言

　　能源是人类生存和发展的物质基础，是人类文明发展的驱动力。当今社会，能源问题是世界各国普遍关心的重大问题，影响到国家的经济安全、政治安全、军事安全等。能源的种类繁多，在不同的历史时期，各种能源在能源体系中的占比和发展趋势不同，所起到的作用也不同。能源工业包括勘探、开采、运输、储存、转化、利用等多个领域，涉及多学科的交叉、融合。能源科学与技术必须适应人类社会发展的需求，提高能源的使用效率，开发新能源，为人类的长久生存保驾护航。

　　2020 年 9 月，我国在第七十五届联合国大会一般性辩论上宣布，中国将采取更加有力的政策和措施，以新发展理念为引领，在推动高质量发展中促进经济社会发展全面绿色转型，二氧化碳排放力争于 2030 年前达到峰值，努力争取 2060 年前实现碳中和，为全球应对气候变化作出更大贡献。中国将推动能源消费、供给、技术、体制方面的改革，建立清洁低碳、经济高效、安全可靠的能源体系。

　　本书编写的宗旨是面向能源、动力、环境领域的读者，拓宽读者的视野，帮助读者了解能源科学与技术的前沿动态和发展趋势。本书从能源与能量概述、含碳能源的开发和利用、无碳能源的开发和利用、能源的传输和能量的储存、能量的转换、能源与环境等方面，向读者全面介绍能源科学与技术领域的知识。在编写过程中，编者尽量兼顾各类专业背景的读者群，用通俗易懂的论述使读者了解和掌握能源科学与技术的基本原理和方法。

　　本书由杜巍、施新编写，共 6 章。其中第 1～第 4 章由杜巍编写，第 5 章、第 6 章由施新编写。另外，杜峻、许永继、周吉安等人参与了本书的资料收集、文本输入和校对工作，北京理工大学出版社的编辑为本书的出版做了大量工作，在此对他们的辛勤付出表示诚挚的谢意。

　　由于编者水平有限，书中疏漏和不足之处在所难免，恳请广大读者批评指正。

编　者

目 录
CONTENTS

第1章 能源与能量概述 ………………………………………… 001

1.1 能源的基本概念 ………………………………………… 001

  1.1.1 能源的定义 ………………………………………… 001

  1.1.2 能源的分类 ………………………………………… 001

  1.1.3 能源的评价 ………………………………………… 003

1.2 能量的基本概念 ………………………………………… 004

  1.2.1 能量的定义和形式 ……………………………… 004

  1.2.2 能量的性质 ………………………………………… 005

1.3 能源资源分布 …………………………………………… 005

1.4 能源与人类文明 ………………………………………… 007

  1.4.1 能源与社会进步 ………………………………… 007

  1.4.2 能源与国民经济 ………………………………… 008

  1.4.3 能源与人民生活 ………………………………… 010

第2章 含碳能源的开发和利用 ………………………………… 011

2.1 煤的开发和利用 ………………………………………… 011

  2.1.1 概述 ……………………………………………… 011

  2.1.2 煤的开采 …………………………………………… 012

  2.1.3 洁净煤技术 ………………………………………… 015

  2.1.4 煤炭的综合利用 ………………………………… 022

  2.1.5 我国煤炭资源的分布 …………………………… 023

  2.1.6 煤炭清洁未来的科学与技术发展方向 ………… 023

2.2 石油的开发和利用 ……………………………………… 024

  2.2.1 概述 ……………………………………………… 024

  2.2.2 石油的勘探和开采 ……………………………… 025

  2.2.3 石油的加工技术 ………………………………… 029

2.2.4 炼油工业 ·· 031

2.3 天然气的开发和利用 ·································· 033
    2.3.1 概述 ··· 033
    2.3.2 天然气的勘探和开采 ······················· 034
    2.3.3 天然气化工技术 ····························· 038
    2.3.4 天然气的能源消费 ························· 041
    2.3.5 油气资源未来的科学与技术发展方向 ···· 043

2.4 生物质能的开发和利用 ······························ 045
    2.4.1 概述 ··· 045
    2.4.2 生物质能的转化技术 ······················· 046
    2.4.3 生物质能的利用技术 ······················· 054
    2.4.4 我国生物质能的发展情况 ·················· 056
    2.4.5 生物质能未来的科学与技术发展方向 ···· 056

第3章 无碳能源的开发和利用 ························· 058
3.1 水电能源的开发和利用 ······························ 058
    3.1.1 概述 ··· 058
    3.1.2 水电能源的开发 ····························· 058
    3.1.3 我国的水电建设 ····························· 063
    3.1.4 水电能源未来的科学与技术发展方向 ···· 065

3.2 核能的开发和利用 ···································· 066
    3.2.1 概述 ··· 066
    3.2.2 铀矿的开采和加工 ························· 068
    3.2.3 核裂变反应堆 ······························· 071
    3.2.4 核聚变装置 ··································· 073
    3.2.5 核能的利用 ··································· 075
    3.2.6 核安全与辐射防护 ························· 079
    3.2.7 我国第四代核能系统的发展 ·············· 080
    3.2.8 核能未来的科学与技术发展方向 ········· 082

3.3 太阳能的开发和利用 ·································· 083
    3.3.1 概述 ··· 083
    3.3.2 太阳能的热利用 ····························· 084
    3.3.3 太阳能的电利用 ····························· 095
    3.3.4 太阳能未来的科学及技术发展方向 ······ 098

3.4 风能的开发和利用 ···································· 099
    3.4.1 概述 ··· 099
    3.4.2 风能的开发利用 ····························· 101
    3.4.3 风力发电技术 ······························· 103
    3.4.4 风能未来的科学及技术发展方向 ········· 105

3.5　地热能的开发和利用 ··· 106
　　3.5.1　概述 ·· 106
　　3.5.2　地热能的资源分布 ··· 107
　　3.5.3　地热能的勘探 ··· 108
　　3.5.4　地热能的利用 ··· 109
　　3.5.5　地热能未来的科学及技术发展方向 ····························· 111
3.6　海洋能的开发和利用 ··· 112
　　3.6.1　概述 ·· 112
　　3.6.2　潮汐能的开发和利用 ··· 113
　　3.6.3　波浪能的开发和利用 ··· 114
　　3.6.4　温差能的开发和利用 ··· 117
　　3.6.5　盐度差能的开发和利用 ·· 118
　　3.6.6　海流能的开发和利用 ··· 119
　　3.6.7　海洋能未来的科学及技术发展方向 ······························ 120
3.7　氢能的开发和利用 ·· 121
　　3.7.1　概述 ·· 121
　　3.7.2　氢气的生产 ··· 122
　　3.7.3　氢燃料 ··· 125
　　3.7.4　氢化工 ··· 128
　　3.7.5　氢能未来的科学及技术发展方向 ·································· 128

第4章　能源的传输和能量的储存 ·· 130
4.1　能源的传输 ·· 130
　　4.1.1　概述 ·· 130
　　4.1.2　煤的运输 ·· 130
　　4.1.3　石油的运输 ··· 131
　　4.1.4　天然气的运输 ·· 132
　　4.1.5　电能的输送 ··· 133
　　4.1.6　氢的运输 ·· 135
4.2　能量的储存 ·· 136
　　4.2.1　储能概述 ·· 136
　　4.2.2　机械储能技术 ·· 137
　　4.2.3　电化学储能技术 ·· 145
　　4.2.4　电气类储能技术 ·· 154
　　4.2.5　储热技术 ·· 158

第5章　能量的转换 ··· 165
5.1　能量转换的基本原理 ··· 165
　　5.1.1　热力学第一定律 ·· 165

5.1.2　热力学第二定律 ……………………………………………………… 165

5.2　化学能转换为热能 ………………………………………………………… 166

5.2.1　气体燃料的燃烧 ……………………………………………………… 166

5.2.2　液体燃料的燃烧 ……………………………………………………… 167

5.2.3　固体燃料的燃烧 ……………………………………………………… 168

5.3　热能转换为机械能和电能 ………………………………………………… 168

5.3.1　热力发电 ……………………………………………………………… 169

5.3.2　核能发电 ……………………………………………………………… 175

5.4　动力机械 …………………………………………………………………… 178

5.4.1　汽轮机 ………………………………………………………………… 178

5.4.2　活塞式内燃机 ………………………………………………………… 181

5.4.3　航空发动机 …………………………………………………………… 189

5.4.4　燃气轮机 ……………………………………………………………… 206

5.4.5　火箭发动机 …………………………………………………………… 213

5.4.6　核动力装置 …………………………………………………………… 215

5.4.7　星际航天器动力 ……………………………………………………… 218

第6章　能源与环境 …………………………………………………………… 221

6.1　概述 ………………………………………………………………………… 221

6.1.1　环境的定义 …………………………………………………………… 221

6.1.2　我国面临的主要环境问题 …………………………………………… 221

6.1.3　能源消费与环境污染 ………………………………………………… 223

6.2　能源开发利用的环境问题 ………………………………………………… 223

6.2.1　含碳能源的环境影响 ………………………………………………… 223

6.2.2　无碳能源的环境影响 ………………………………………………… 227

6.3　节能与减排 ………………………………………………………………… 230

6.3.1　节能减排指标体系 …………………………………………………… 230

6.3.2　节能的措施 …………………………………………………………… 231

6.3.3　固体废弃物的资源化利用 …………………………………………… 232

6.3.4　排放污染物的控制 …………………………………………………… 233

参考文献 ………………………………………………………………………… 239

第1章　能源与能量概述

1.1　能源的基本概念

1.1.1　能源的定义

我国的《能源百科全书》中指出，能源是可以直接或经转换提供人类所需的光、热、动力等任一形式能量的载能体资源。《中华人民共和国节约能源法》中所称的能源，是指煤炭、石油、天然气、生物质能和电力、热力以及其他直接或者通过加工、转换而取得有用能的各种资源。

能源是人类生存的物质基础，与人类生活、社会经济的发展密切相关。能源资源的开发和利用贯穿社会文明发展的全过程，决定着一个国家未来的命运。能源的开发程度、有效利用程度、人均消费量是生产技术和人民生活水平的重要标志，也是人民生活质量提高的重要保障。

在人类的发展过程中，人们逐渐建立了一门研究能源发展变化规律的科学，即能源科学。能源科学是以社会学、经济学、人口学、物理学、化学、数学、生物学、地理学、地质学、工程学等科学的理论为指导，研究能源在勘探、开采、运输、转化、储存和利用中的基本规律及其应用的科学。能源技术则根据能源科学研究成果，为能源工程提供设计方法和手段，保证工程目标得以实现。

1.1.2　能源的分类

能源的种类很多，从不同的角度出发，按照不同的原则，可以进行不同的能源分类。以下是几种常见的分类方法。

（1）按照来源分类。

第一类为来自地球外天体的能源，如太阳能、宇宙射线等。所谓的太阳能，是指所有来自太阳的能源，包括经过各种生物质转换而形成的煤炭、石油、天然气、页岩油等。

第二类为地球本身蕴藏的能源，如地热能、核能等。地热能的形式有地热水、岩浆、地震、火山等。

第三类为地球和其他天体相互作用而产生的能源，如月球和地球之间的引力产生的潮汐能等。

（2）按照一次能源、二次能源分类。

一次能源是指由于自然条件变化而产生的、真实存在的、没有经过人为加工转换的能源，如原煤、原油、天然气、生物质能、水能、风能、太阳能、海洋能、地热能等。

二次能源是指在生产和生活中，因为工作需要或为了便于运输和使用，把一次能源经过一定的加工或转换，变成满足人类使用要求的能源，如焦炭、汽油、柴油、酒精、煤气、人工沼气、电力等。

（3）按照是否再生分类。

可再生能源是指在相当长的时间范围内，自然界可连续再生并有规律地得到补充的一次能源，如太阳能、生物质能、水能、风能、海洋能、地热能等。

非再生能源是指不能连续再生、数量有限、短期内无法恢复、可以耗尽的一次能源，如煤炭、石油、天然气等。

（4）按照利用技术的成熟程度分类。

按照利用技术的成熟程度分类，能源分为常规能源和新能源。

常规能源是指已经大规模生产和广泛利用的、技术比较成熟的能源，如煤炭、石油、天然气、水能等一次能源，以及焦炭、汽油、酒精、煤气、蒸汽、电力等二次能源。

新能源是指正在研究和开发，尚未大规模应用的能源，如太阳能、风能、生物质能、海洋能、地热能、氢能等。新能源是在不同历史时期和科学技术水平条件下，相对于常规能源而言的。

（5）按照是否为燃料能源分类。

燃料能源是指作为燃料使用的，主要通过燃烧形式释放热能的能源，如矿物燃料（石油、天然气、煤炭等）、核燃料（铀、钍等）、生物燃料（木材、秸秆、沼气等）和化学燃料（甲醇、酒精、丙烷等）。

非燃料能源是指不需要燃烧，可以直接向人类提供能量的能源，如太阳能、风能、水能、海洋能、地热能等。非燃料能源所含有的能量形式主要有机械能、光能、热能等。

（6）按照是否为化石能源分类。

化石能源是指天然矿物中含有的能源，其所含的能量可通过化学或物理过程释放出来，如煤炭、石油、天然气等。

非化石能源是指除化石能源以外的其他能源，如风能、太阳能、水能等。

（7）按照是否为商品能源分类。

商品能源是指作为商品经过流通环节而消费的能源，具有商品的属性，包括煤炭制品、石油产品、天然气、电力等。

非商品能源是指不作为商品交换的能源，如农业、林业的副产品秸秆、薪柴等，以及人畜粪便等。

（8）按照能源的固有性质分类。

按照能源的固有性质分类，能源分为含能体能源和过程性能源。

含能体能源是指有些物质本身含有能量，如煤炭、石油、天然气、氢气、生物质等。在这些物质被运输和储存的同时，能量同时也被运输和储存。

过程性能源是指物质运动过程中所产生的能量来源，如水能、风能、潮汐能、电能等。

（9）按照对环境污染的情况分类。

按照对环境污染的情况分类，能源分为清洁能源和非清洁能源。

清洁能源是指不对环境造成损害或损害程度较小的能源，如太阳能、水能、风能等。

非清洁能源是指对环境造成较大程度损害的能源，如煤炭、石油等。

1.1.3　能源的评价

能源评价是指对能源资源的市场需求、发展规划、发展前景、供应潜力、能源分布结构、能源可采储量等的一种价值评估，为能源中长期规划提供能源资源的可获取量、增加速度、生产能力、装备技术水平、开发投资及成本等有关信息。

能源评价包括地质评价、经济评价和风险评价。地质评价是根据能源资源的形成和分布情况，研究与开发有关的资源赋存特征，从而确定能源资源的利用价值及其后续勘探的发展方向。经济评价是从国民经济需要与合理开发能源资源的原则出发，利用技术经济分析方法，在一定的开发利用技术条件下，全面综合研究各种自然和社会因素对能源资源开发利用的影响，分析能源资源的工业意义和开发利用价值。风险评价是当国民经济和人民生活的需要与能源供应发生矛盾时，研究可能的能源来源、发展方向和由此引发的可能风险，从而为决策者提供参考依据。

通常，能源评价的原则包括以下几个方面。

（1）储量。

储量是能源评价中非常重要的一个指标，影响到某种能源使用时间的长短。对于储量的理解分为两种：一种是指对煤、石油、天然气等化石燃料而言的地质资源量，或对太阳能、风能、地热能等而言的资源总量；另一种是指有经济价值的、可开采的资源量或技术上可利用的资源量，表明资源的可利用程度。储量丰富、探明程度高的能源才有可能广泛应用。

（2）能量密度。

能量密度是指在一定的质量、空间或面积内，从某种能源中可以得到的能量。通常，太阳能和风能的能量密度很小，煤、石油的能量密度比较大，核燃料的能量密度最大。

（3）储能的可能性。

储能的可能性是指能源不用时是否可以储存起来，需要时是否能够立即供应。比如，化石燃料容易储存，而太阳能、风能则不易储存。由于能源的生产量和使用量通常是不平衡的，不同时间段内的用能量也是不一样的，因此，储能成为能量利用中的重要环节。

（4）供能的连续性。

供能的连续性是指能否按需求连续不断地供给适当的能量。例如，家用的天然气可以做到连续供应，而太阳能和风能很难做到供能的连续性。因此，为了保证用能的便利性，供应方需要采取措施来保证供能的连续性。

（5）能源的地理分布。

能源的地理分布和能源的使用关系密切。如果能源的地理分布不合理，则开发、运输、基本建设等费用就会增加。例如，我国的煤炭资源主要集中在西北地区，水能资源主要集中在西南地区，工业区却集中在东部沿海地区，这就产生了北煤南运、西电东送等问题。

（6）开发费用和利用能源的设备费用。

不同能源的开发费用与利用能源的设备费用是相差很大的。例如，太阳能、风能不需要任何成本即可得到，而各种化石燃料的开发却需要大量投资；每千瓦太阳能、风能、海洋能的设备费用远高于化石燃料的设备费用。因此，对能源进行经济性评价时，必须同时考虑开发费用和设备费用，进行综合分析和评估。

（7）运输费用与损耗。

运输费用与损耗是能源利用中必须考虑的问题。例如，风能和地热能很难从生产地输送出去，但煤炭、石油等化石燃料却很容易从产地输送至用户。另外，运输中的损耗也是不可忽视的，能源输送的距离越远，损耗就越大。

（8）能源的可再生性。

当前，人均能源匮乏，消费需求大，因此能源的可再生性是在能源评价时必须考虑的。例如，太阳能、风能、水能等都可再生，而煤炭、石油、天然气则不可再生。在条件允许的情况下，应尽可能地采用可再生能源。

（9）能源的品位。

能源的品位有高低之分。例如，水能可以直接转换为机械能和电能，化石燃料燃烧要先转换为热能，再由热能转换为机械能，所以水能的品位要比化石燃料高。在使用能源时，尽量不要将高品位能源降级使用，而是应根据使用需要，安排不同品位的能源。

（10）对环境的影响。

化石燃料对环境的污染大，太阳能、氢能、风能对环境基本上没有污染。在使用能源时，应尽可能采取各种措施防止对环境的污染。

1.2 能量的基本概念

1.2.1 能量的定义和形式

能量是质量的时空分布可能变化程度的量度，用来表征物理系统做功的能力。能量的单位与功的单位相同，在国际单位制中是焦耳（J）；在原子物理学、原子核物理学、粒子物理学等领域中，是电子伏特（eV），$1 \text{ eV} = 1.602\ 18 \times 10^{-19} \text{ J}$；在理论物理领域，是尔格（erg），$1 \text{ erg} = 10^{-7} \text{ J}$。

能量的存在形式与物质的运动形式有关。按照物质的不同运动形式，能量可分为核能、机械能、化学能、内能（热能）、电能、辐射能、光能、生物能等。这些不同形式的能量之间可以通过物理效应或化学反应进行相互转换。能量守恒定律表明，能量不会凭空产生，也不会凭空消失，只能从一种形式转换为另一种形式，而能量的总量保持不变。

动能是物体由于做机械运动而具有的能，用 E_k 表示：

$$E_k = \frac{1}{2}mv^2$$

式中：m 为物体的质量；v 为物体的速度。

势能是指物体（或系统）由于位置或位形而具有的能。重力势能是把地面当作零势能的位置，质量为 m 的物体在高度 H 处所具有的势能，用 E_p 表示：

$$E_p = mgH$$

式中：g 为重力加速度；H 为高度。

内能（热能）是物质内部原子、分子热运动的动能和原子之间的势能之和，温度越高的物质所包含的内能（热能）越大，用 E_q 表示：

$$E_q = \int T \mathrm{d}S$$

式中：T 为物质的温度；S 为物质的熵。

电能是正负电荷之间由于电力作用而具有的电势能，用 E_e 表示：

$$E_e = UI$$

式中：U 为电压；I 为电流。

辐射能是指光和电磁波的能量（光子的能量），用 E_r 表示：

$$E_r = \varepsilon k \left(\frac{T}{100}\right)^4$$

式中：T 为温度；ε 为辐射率；k 为玻尔兹曼常数，$k = (1.380\ 658 \pm 0.000\ 012) \times 10^{-23}\ \text{J} \cdot \text{K}^{-1}$。

化学能是物质发生化学变化（化学反应）时释放或吸收的能量。例如，蓄电池的放电是化学能转换成电能，给电池充电则是电能转换成化学能。

核能是原子核内核子的结合能，可以在原子核裂变或聚变反应中释放出来，变成反应产物的动能。

1.2.2　能量的性质

能量的性质主要有状态性、可加性、传递性、转换性、做功性和贬值性。

（1）状态性。

物质所处的状态不同，所具有的能量也不同。状态参数通常有温度、压力、体积。

（2）可加性。

物质的量不同，能量也不同，但可以相加。不同物质所具有的能量也可相加。

（3）传递性。

能量可以从一个地方传递到另一个地方，也可以从一种物质传递到另一种物质。

（4）转换性。

各种形式的能量可以相互转换，转换方式、效率、数量、难易程度不尽相同。能源研究人员的重要任务之一就是如何提高能量转换的效率。

（5）做功性。

利用能量做功是利用能量的基本手段和目的。各种能量转换为机械功的本领不一样，转换程度也不一样。按照能量做功性，能量可以分为无限转换能、有限转换能、不转换能。

（6）贬值性。

根据热力学第二定律，能源有"量的多少"，也有"质的高低"。在能量传递和转换的过程中，能量的质量和品位都在降低。

1.3　能源资源分布

能源资源是指在社会经济技术条件下能够为人类提供大量能量的物质和自然过程，包括煤炭、石油、天然气、水能、太阳能、风能、生物质能、地热能、海洋能及核能等。以下为世界各种能源资源的分布情况。

（1）煤炭。

2020 年全球煤炭储量为 10 741.08 亿 t，其中亚太地区占比 42.8%，北美洲占比 23.9%，独联体国家占比 17.8%，欧洲占比 12.8%，中东地区与非洲占比 1.5%，中南美洲占比 1.2%。煤炭储量最多的几个国家：美国（23%）、俄罗斯（15%）、澳大利亚（14%）和中国（13%），其中大部分（70%）的储量为无烟煤和沥青。根据 2020 年全球储产比，全球煤炭还可以以现有的生产水平生产 139 年，其中北美洲（484 年）和独联体（367 年）是储产比最高的地区。

（2）石油。

2020 年底全球石油探明储量为 1.732 万亿桶，其中中东地区占比 48.3%，中南美洲占比 18.7%，北美洲占比 14%，独联体国家占比 8.4%，非洲占比 7.2%，亚太地区占比 2.6%，欧洲占比 0.8%。根据 2020 年的储产比，全球石油还可以以现有的生产水平生产 50 余年。石油输出国组织（Organization of the Petroleum Exporting Countries，OPEC）拥有 70.2% 的全球储量。石油储量最高的国家是委内瑞拉，占全球储量的 17.5%，紧随其后的是沙特阿拉伯（17.2%）和加拿大（9.7%）。

（3）天然气。

2020 年底全球天然气探明储量为 188.1 万亿 m^3，其中中东地区占比 40.3%，独联体国家占比 30.1%，亚太地区占比 8.8%，北美洲占比 8.1%，非洲占比 6.9%，中南美洲占比 4.2%，欧洲占比 1.6%。根据 2020 年的全球储产比，全球天然气还可以以现有的生产水平生产 48.8 年。俄罗斯（37 万亿 m^3）、伊朗（32 万亿 m^3）和卡塔尔（25 万亿 m^3）是储量最大的国家。中东地区（110.4 年）和独联体（70.5 年）是储产比最高的地区。

（4）水能。

全世界江河的理论水能资源为 48.2 万亿 $kW \cdot h$，技术上可开发的水能资源为 19.3 万亿 $kW \cdot h$。

（5）太阳能。

太阳的能量是以电磁波的形式向外辐射的，其辐射功率为 3.8×10^{23} kW。地球大气层接收到的太阳辐射量是其总辐射量的 22 亿分之一，即约 1.73×10^{14} kW 的辐射功率到达地球的上缘。太阳辐射能在穿越大气层时发生衰减，最后约有 1/2 的能量到达地球表面，即 8.65×10^{13} kW，这个数字相当于目前全世界发电总量的几十万倍，但目前人类利用的太阳能仅为其中很小的部分。

（6）风能。

据估计，全球的风能总量约为 2.74×10^{12} kW，其中可利用的风能约为 1.46×10^{11} kW，比地球上可开发利用的水能总量还要大 10 倍。

（7）生物质能。

地球上每年通过光合作用固定的碳约为 2×10^{11} t，含能量为 3×10^{18} kJ，相当于目前世界总能耗的 10 倍以上。

（8）地热能。

地球内部蕴藏的热量约为 1.25×10^{28} kJ，从地球内部传到地面的地热总资源约为 1.45×10^{23} kJ，相当于 4.95×10^{15} t 标准煤燃烧时所放出的热量。如果把地球上储存的全部煤炭燃烧时所放出的热量作为 100 来计算，那么目前可利用的石油的储量约为煤炭的 8%，核燃料的储量约为煤炭的 15%，而地热能的总储量则为煤炭的 17 000 万倍。

（9）海洋能。

海洋能通常是指海洋本身所蕴藏的能量，包括潮汐能、潮流能、波浪能、温差能、盐度差能和海流能等形式的能量，但不包括海底储存的煤、石油、天然气和天然气水合物，也不包括溶解于海水中的铀、锂等化学能源。海洋是一个巨大的能源转换场，据估计，海洋能中可供利用的能量为 70 多亿 kW，是目前全世界发电能力的十几倍。

（10）核能。

截至 2020 年 12 月底，世界铀资源主要分布在澳大利亚、尼日尔、哈萨克斯坦、加拿大、纳米比亚、俄罗斯、南非、巴西、中国、乌克兰、蒙古等国。已查明开采成本低于 260 美元/kg 铀的资源总量为 791.75 万吨铀，其中澳大利亚的铀资源量位于第一，在 168 万~170 万 t，占世界铀资源量的 28%；哈萨克斯坦的铀资源量位于第二，在 81 万~90 万 t，占世界 13%；加拿大的铀资源量位于第三，在 56 万~59 万 t，占世界 10%。

1.4 能源与人类文明

1.4.1 能源与社会进步

能源是人类生存和发展的重要基础，能源的每一次重大突破都会引起社会生活的重大变革。人类进化的过程是一部不断发现能源、开发能源、利用能源的历史。人类文明发展进程与能源的利用息息相关。从能源利用的角度，人类文明分为以下几个阶段。

（1）火种——原始文明。

在原始社会，人与自然保持着原始的和谐关系。当时，人类以采集、狩猎为生，社会生产力水平十分低下。人类聚居在自然条件优越、天然食物丰富的地区，形成了利用原始技术获取基本生活资料的生产方式，但是只能维持个体延续和繁衍的低水平消费方式，主要是以家庭与部落为主的社会组织形式。

在远古时代，人类发现火，并学会利用火和保存火种，后来又发明了摩擦生火。2004 年，考古学家在以色列发现了人类在 79 万年前使用火来加工食物和制造工具的证据，这是迄今为止考古发现人类最早使用火的记录。而在周口店遗址中，考古学家发现了成层的灰烬和伴生的大量烧骨、烧石，说明北京猿人在 50 万~60 万年前已经有控制地使用火。火的使用，使人类可以食用熟食，扩大了食物来源，增强了体质。火可照明、取暖、驱兽，使人类进一步征服了漫长的黑夜和严寒，减小了被猛兽攻击的概率，扩大了生活领域，使种群不断壮大。火的使用代表了人类自主支配自然能力的提升，进而与动物区分开，为人类进入文明时代创造了条件。

（2）柴薪——农业文明。

柴薪是人类第一代主体能源。人类发现火之后，用树枝、杂草等作为燃料，用于燃烧煮食和取暖。人类依靠人力、畜力并利用一些简单机械作为动力，从事手工生产和交通运输活动。从远古时代直至中世纪，在柴薪的使用中，人类度过了漫长的农业文明时代。

在农业文明时代，农业社会的生产力水平比原始社会有很大的提高，产生了以耕种和驯养技术为主的农业生产方式，形成了基本自给自足的生活方式和以大家庭、村落为主的社会组织形式。随着人口数量的增加，活动范围的不断扩展，在人类利用和改造自然的同时，出现了过度开垦与砍伐现象，特别是为了争夺水土资源而频繁发动战争，使人与自然的关系出现了局部性和阶段性紧张。但是从总体上看，在这段时期，人类开发利用自然的能力仍旧有限，人与自然的关系仍然能够基本保持和谐。

（3）煤炭——工业文明。

18 世纪西欧产业革命开创的工业文明，逐步扩大了煤炭的利用。蒸汽机的发明，使煤炭快速成为第二代主体能源。以煤炭为燃料的蒸汽机的应用，使纺织、冶金、采矿、机械加工等工业获得迅速发展。同时，蒸汽机车、轮船的出现，使交通运输业得到巨大发展。19世纪以来，电磁感应现象的发现，造就了以蒸汽轮机为动力的发电机。煤炭作为一次能源被转换为更加便于输送和利用的二次能源——电能。

工业社会创造了农业社会无法比拟的社会生产力，创造了新的生活方式和消费模式。人类占用自然资源的能力大大提高，人类活动不再局限于地球表层，而是拓展到地球深部及外层空间。科学技术与工业发展创造的新知识、新技术和新产品，极大地降低了人口死亡率，延长了人的寿命，促使世界人口急剧膨胀。人类已不再满足基本的生存需求，而是不断追求更为丰富的物质与精神享受。但是，工业社会的发展严重依赖资源的大规模消耗，造成污染物的大量排放，导致自然资源的急剧消耗和生态环境的日益恶化。人与自然的关系也处于紧张的状态，变得很不和谐。

（4）石油——现代文明。

公元前250年，中国人首先发现石油是一种可燃的液体。1854年，美国宾夕法尼亚州打出了世界上第一口油井，石油工业从此开始发展。19世纪末，人们发明了以煤气和柴油为燃料的奥托内燃机和狄塞尔内燃机。1908年，福特汽车公司生产了世界上第一辆专为普通民众设计的汽车。此后，汽车、飞机、轮船等将人类飞速推进到现代文明时代。20世纪50年代，随着石油勘探和开采技术的提高，中东、美国和北非相继发现了巨大的油气田，加上石油炼制技术的提高，各种成品油的价格低廉，供应充足。到20世纪60年代，全球石油、天然气的消费量超过煤炭，成为第三代主体能源。这种转变促进了世界经济的繁荣，创造了历史上空前的物质文明。

（5）绿色能源——未来文明。

随着全球人口的急剧膨胀，人类的能源消费大幅度增长。煤炭、石油、天然气均为化石能源，是古生物在地下历经数亿年沉积变迁而形成的，储量极为有限，不可再生。另外，大量矿物能源的燃烧，生成大量污染物，造成酸雨、雾霾、温室效应等大气污染。

20世纪60年代以来，能源革命的呼声日渐高涨。能源革命的目的，是以绿色能源，包括新能源（如核能）和可再生能源（如水电能、生物质能、太阳能、风能、地热能、海洋能和氢能等）逐步替代化石能源。人类在发展的过程中不断地发现新的能源和新的能源利用方式，以满足人类可持续发展的需求。绿色能源占能源供应总量的比例逐年增加，将为21世纪人类社会的发展提供持久的动力。人类社会将迈向以经济、社会、自然协调发展的绿色文明时代。

1.4.2　能源与国民经济

能源是国民经济发展的重要基础，是现代化生产的主要动力来源。现代工业和现代农业都离不开能源动力。在工业生产中，各种锅炉、窑炉都要用石油、煤炭和天然气作燃料；钢铁冶炼都要用焦炭和电力；机械加工、起重、物料传送、气动液压机械、各种电机、生产过程的控制和管理都要用电力；交通运输需要电力、石油和煤炭；国防工业也需要大量的电力和石油。能源还是重要的化工原料，从石油中可以提炼出5 000多种有机合成原料，如乙烯、丙烯、丁烯、苯、甲苯、二甲苯等。将这些原料进行深加工可以得到塑料、合成纤维、人造橡胶、化肥、染料、炸药、医药、农药等各种工业制品。在农业生产中，农产品产量的提高与大量使用能源有关，如耕种、收割、烘干、冷藏、运输等都需要直接消耗能源，化肥、农药、除草剂需要间接消耗能源。美国 1945—1975 年的 30 年间，平均每吨谷类作物的总能源消耗量从 20 kg 标准煤增加到 67 kg 标准煤，谷类作物的产量也从 204 kg 增加到 486 kg。

世界各国经济发展的实践证明，在经济正常发展的情况下，能源消耗总量和能源消耗增长速度与国民经济生产总值和国民经济生产总值增长率呈正比例关系。这个比例关系通常用能源弹性系数来表示。能源弹性系数是指能源消费的年增长率与国民经济生产总值年增长率之比。这个数值越大，就说明国民经济生产总值每增加 1% 所需能源消费的增长率越高；这个数值越小，就说明国民经济生产总值每增加 1% 所需能源消费的增长率越低。能源弹性系数的大小与国民经济结构、能源利用效率、生产产品的质量、原材料消耗、运输及人民生活需要等因素有关。

世界经济和能源发展的历史表明，处于工业化初期的国家，经济的增长主要依靠能源密集型工业的发展，能源利用效率较低，能源弹性系数通常大于 1。到工业化后期，一方面，经济结构转向服务业，另一方面，技术进步促使能源利用效率提高，能源消费结构日益合理，能源弹性系数通常小于 1。尽管各国的实际条件不同，但是处于类似经济发展阶段的国家具有相近的能源弹性系数。发展中国家的能源弹性系数一般大于 1，发达国家的能源弹性系数一般小于 1。

2018 年，全球能源市场中的一次能源消费增长 2.9%，几乎是过去 10 年平均增速（1.5%）的 2 倍，也是 2010 年以来的最高增速。从品种看，能源消费增长的第一大驱动因素是天然气消费，第二大驱动因素是可再生能源，所有的燃料增速都超过了过去 10 年的平均速度。中国、美国及印度一共贡献了全球能源消费增长的 2/3。

2018 年，全球石油消费增长 1.5%，即 140 万桶/日，中国（68 万桶/日）和美国（50 万桶/日）是最主要消费增长来源。天然气消费增长 1 950 亿 m^3，增速达 5.3%，为 1984 年以来最快的年增速之一，消费增长主要来自美国（780 亿 m^3）、中国（430 亿 m^3）、俄罗斯（230 亿 m^3）和伊朗（160 亿 m^3）。煤炭消费增长 1.4%，为近 10 年平均增速的 2 倍，消费增长主要来自印度（3 600 万 t 油当量）和中国（1 600 万 t 油当量），经济合作与发展组织国家的煤炭需求降至 1975 年以来的最低水平，煤炭在一次能源消费中的比重下降至 27.2%，为近 15 年来最低。可再生能源消费增长 14.5%，尽管其 7 100 万 t 油当量的增量十分接近 2017 年的创纪录高位，但该增速仍略低于历史平均水平。太阳能发电增长 3 000 万 t 油当量，仅低于风能发电（3 200 万 t 油当量），并贡献了超过 40% 的可再生能源消费增长。水电能源消费达 3.1%，超以往平均水平，其中，欧洲发电量回升 1 290 万 t 油当量，达到 9.8%，大致抵消了 2017 年急剧的下滑。全球核电消费增长 2.4%，为 2010 年以来的最快增速，其中，中国（1 000 万 t 油当量）贡献几乎 3/4 的增长，日本（500 万 t 油当量）则位居第二。

2020 年，尽管受到新冠疫情的冲击，但中国的能源消费仍增长 2.1%，虽与过去 10 年年均 3.8% 的增长相比有所降低，但在电力、钢铁、建材和化工等领域需求增长的驱动下，中国的煤炭消费增长 0.3%，天然气消费增长 6.9%，可再生能源消费增长 15%，核电发电量增长 4.7%。在非化石能源中，太阳能增幅为 15.8%，风能增幅为 14%，水电能源增幅为 3.2%。

根据《2050 年世界与中国能源展望》和《中国能源中长期（2030、2050）发展战略研究》，2030 年，中国能源需求总量约为 53 亿 t 标准煤，其中煤炭需求量为 36 亿 t 原煤，占比 49%，石油需求量为 6.5 亿 t，占比 16%，天然气需求量为 4 800 亿 m³，占比 12%；非化石能源占比 22%，其中核能占比 5%，水能占比 10%，可再生能源占比 7%；其他能源占比 1%。2050 年，中国一次能源消费总量约为 50 亿 t 标准煤，其中煤炭消费占比 26%，石油消费占比 9%，天然气消费占比 14%；非化石能源消费占比 51%，其中核能消费占比 10%，水能消费占比 15%，可再生能源消费占比 26%。

1.4.3 能源与人民生活

能源与人民生活息息相关。不但人们的衣、食、住、行处处离不开能源，而且文化娱乐、医疗卫生也都与能源有着密切的关系。随着生活水平的提高，所需的能源也越多，因此，从一个国家人民的能耗量就可以看出一个国家人民的生活水平。例如，生活最富裕的北美地区比贫穷的南亚地区每年每人的平均能耗要高出 55 倍。从整体而言，世界大多数国家单位产值的能耗是逐年降低的，但高、中、低收入国家单位产值的能耗相差很大。因为高收入国家经济发达，第三产业发展迅速，能源利用效率高，所以单位产值的能耗约为低收入国家的 1/6。我国单位产值的能耗不但远高于发达国家，如日、美、英、德等，而且与发展中国家，如巴西、墨西哥相比，也有较大的差距。目前，我国一次能源消费量已超过俄罗斯，居世界第二位，但人均能耗水平低，单位产值的能耗高。因此，提高能源利用率，仍然是我国大力发展经济、建设小康社会过程中面临的重要任务。

值得注意的是，随着世界人口的增加，经济的飞速发展，能源消费量持续增长，传统能源给环境带来的污染日益严重。与此同时，由于人类的活动，地球生态系统受到破坏，森林锐减、物种毁灭、气候变暖、荒漠扩大、灾害频发，因此，使能源和环境协调，使社会可持续发展是摆在全人类面前的共同任务。

第2章　含碳能源的开发和利用

2.1　煤的开发和利用

2.1.1　概述

煤是一种非再生能源，是埋藏在地下的古代植物经历了复杂的生物化学和物理化学变化，逐渐形成的固体可燃性矿物质，俗称煤炭。煤在地球上的储量丰富，分布广泛。在整个地质年代中，全球范围内有三个大的成煤期。

（1）古生代的石炭纪和二叠纪，成煤植物主要是孢子植物。目前形成的主要煤种为烟煤和无烟煤。

（2）中生代的侏罗纪和白垩纪，成煤植物主要是裸子植物。目前形成的主要煤种为褐煤和烟煤。

（3）新生代的第三纪，成煤植物主要是被子植物。目前形成的主要煤种为褐煤，其次为泥炭，也有部分年轻烟煤。

中国是世界上最早利用煤的国家，在辽宁省新乐古文化遗址中发现了煤制工艺品，在河南巩义市发现了西汉时用煤饼炼铁的遗址。希腊也是用煤较早的国家，希腊学者泰奥弗拉斯托斯在约公元前 300 年著有《石史》，其中记载有煤的性质和产地。从 18 世纪末的产业革命开始，煤广泛用作工业生产的燃料。随着蒸汽机的发明和使用，煤为社会带来了巨大生产力，推动了工业的快速发展。

煤中的有机质是复杂的高分子有机化合物，主要由碳、氢、氧、氮、硫和磷等元素组成，而碳、氢、氧三者的总和占有机质的 95%以上，煤的化学结构模型如图 2.1.1 所示。煤中的无机质也包括少量的碳、氢、氧、硫等元素。碳是煤中最重要的组分，其含量随煤化程度的加深而增多。不同煤种的碳含量不同，其中泥炭的碳含量为 50%~60%，褐煤的碳含量为 60%~70%，烟煤的碳含量为 74%~92%，无烟煤的碳含量为 90%~98%。在煤中，氢和氧元素以有机和无机两种状态存在，随着煤化程度的加深，氢和氧的含量逐渐减少。在煤中，氮的含量比较少，为 0.5%~3.0%，是煤中唯一完全以有机状态存在的元素，煤中的有机氮化物是比较稳定的杂环化合物和复杂的非环结构化合物，其原生物可能是动物脂肪和植物碱、叶绿素等。煤中氮含量随着煤化程度的加深而减少。硫是煤中最有害的化学成分，其中硫的含量可分为 5 级：高硫煤中硫的含量大于 4%，富硫煤中硫的含量为 2.5%~4%，中硫煤中硫的含量为 1.5%~2.5%，低硫煤中硫的含量为 1.0%~1.5%，特低硫煤中硫的含量小于或等于 1%。煤在燃烧时，其中的硫生成二氧化硫（SO_2），腐蚀金属设备，污染环境。

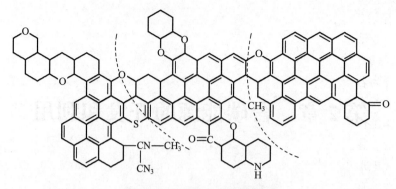

图 2.1.1　煤的化学结构模型

煤中也含有水分。根据在煤中存在的状态，水分可以分为外在水分、内在水分和化合水三种。煤中的无机矿物质包括黏土、高岭土、黄铁矿和方解石等，矿物类型属硅酸盐、碳酸盐、硫酸盐、金属硫化物和硫化亚铁等。另外，煤中还有一些伴生元素，包括有益元素锗、镓、铀、钒等，有害元素硫、磷、氟、氯、砷、铍、铅、硼、镉、汞、硒、铬等。

煤是重要能源，是冶金、化学工业的重要原料，主要用于燃烧、炼焦、汽化、低温干馏、加氢液化等，具体说明如下：

（1）燃烧。任何煤都可作为工业和民用燃料，用于发电和供暖等。

（2）炼焦。把煤置于干馏炉中，隔绝空气加热，可形成挥发性物质焦炉煤气、煤焦油和非挥发性物质焦炭。

（3）汽化。煤可转变为作为工业或民用燃料及化工合成原料的煤气。

（4）低温干馏。把煤置于 550 ℃左右的温度下，可制取低温焦油和低温焦炉煤气。

（5）加氢液化。在高温高压下，煤中的有机质与氢作用转化为低分子液态和气态产物，进一步加工可得到液体燃料。

由于煤的用途广泛，不同用户对煤质的要求也不一样。为了合理地使用煤炭资源，评价煤炭质量的主要指标包括如下几点。

（1）水分：水分会降低煤的有效发热量。

（2）灰分：灰分会影响煤的发热量。

（3）挥发分：主要成分是甲烷、氢及其他碳氢化合物，挥发分随着煤化程度的减小而增多。

（4）发热量：是指单位质量的煤完全燃烧时放出的热量。

（5）胶质层厚度：反映了煤的黏结性，对于炼焦用煤非常重要。

（6）硫分和磷分：均是煤中的有害物质。

我国采用 2009 年颁布的国家标准《中国煤炭分类》（GB/T 5751—2009），根据干燥无灰基挥发分指标将煤炭分为无烟煤、烟煤和褐煤，再根据干燥无灰基挥发分和黏结指数等指标，将烟煤分为贫煤、贫瘦煤、瘦煤、焦煤、肥煤、1/3 焦煤、气肥煤、气煤、1/2 中黏煤、弱黏煤、不黏煤及长焰煤。

2.1.2　煤的开采

1. 开采方法

根据煤炭资源埋藏深度的不同，通常有露天开采和矿井开采两种采煤方法。

（1）露天开采。

根据采矿作业情况，露天煤矿（见图 2.1.2）分为山坡露天矿和凹陷露天矿。封闭圈以上的称为山坡露天矿，封闭圈以下的称为凹陷露天矿。在露天开采时，采矿者按照一定的厚度，把矿岩划分为若干个水平分层，自上而下逐层开采，并保持一定的超前关系。这些分层称为台阶，是露天煤矿的基本构成要素。进行采矿和剥岩作业的台阶称为工作台阶，暂不作业的台阶称为非工作台阶。按照各个台阶不同的作用，可以分为工作平台、安全平台、运输平台和清扫平台。露天煤矿的开采方式与矿山工程的发展有着密切的联系，其相应的运输方式也与矿床地质地形条件、开采环境、受矿点及废石堆积的位置等因素有关，可以分为铁路运输、公路运输、输送机运输、提升机运输、井巷运输和联合开拓等。

图 2.1.2　露天煤矿

（2）矿井开采。

对埋藏过深、不适于露天开采的煤层，可以采用矿井开采。根据通向煤层的通道不同，矿井开采分为竖井开采、斜井开采、平硐开采三种方法，矿井开采示意如图 2.1.3 所示。竖井是一种从地面开掘、以提供到达某一煤层或某几个煤层通道的垂直井。从一个煤层下掘到另一个煤层的竖井称为盲井。在井下，开采出的煤被倒入竖井旁边、位于煤层面以下的煤仓中，再装入竖井箕斗，从井下提升到地面。斜井是用来开采非水平煤层或从地面到达某一煤层或多煤层之间的一种倾斜巷道，斜井中装有用来运煤的带式输送机和用来运输人员和材料的轨道车辆。平硐是一种水平或接近水平的隧道，在水平或倾斜煤层的地表露出处开掘，随着煤层的开掘进程，平硐

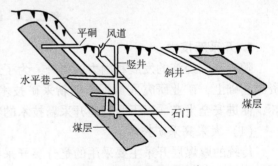

图 2.1.3　矿井开采示意

允许采用任何常规方法将煤从工作面连续运输到地面。矿井的开采要布置风道用于通风、换气；此外，还要建造水平巷和石门用于井下人员、材料和设备的运输及矿井通风。

目前，我国地下采煤主要采用爆破采煤工艺、普通机械化采煤工艺和综合机械化采煤工艺三种。

1）爆破采煤工艺，简称炮采，包括爆破落煤、爆破及人工装煤、刮板输送机或溜槽运煤、单体支柱支护工作空间顶板、人工回柱放顶等主要工序。炮采的机械化水平低，产量小，工人劳动强度大，作业环境差，但是装备的价格便宜，操作技术容易掌握，生产技术管理简单，在开采薄煤层、急倾斜煤层、难采煤层、不稳定煤层和边角煤层等方面有一定的优势。

2）普通机械化采煤工艺，简称普采，是用采煤机同时完成落煤和装煤工序，而运煤、支护顶板和处理采空区与炮采基本相同。与综合机械化采煤工艺相比，普采设备价格便宜，操作技术较简单，组织生产较容易，受地质条件限制较小，工作面搬迁容易。因此，普采是我国中小型煤矿发展采煤机械化的重点。

3）综合机械化采煤工艺，简称综采，其采煤工作面的落煤、装煤、运煤、支护和处理采空区五个主要工序全部实现机械化，是目前最先进的采煤工艺。综采工作面的主要设备有双滚筒采煤机、可弯曲刮板输送机、自移式液压支架等。平巷内的主要设备有桥式转载机、可伸缩胶带输送机、移动变电站、液压泵站及电气设备等。综采具有高产、高效、安全、低耗、作业环境好、劳动强度小的优点，是采煤工艺重要的发展方向。综采设备价格昂贵，设备数量多、质量大、安装和拆卸费工费时，受断层、煤层倾角、厚度等地质条件影响较大。综采现场图如图 2.1.4 所示。

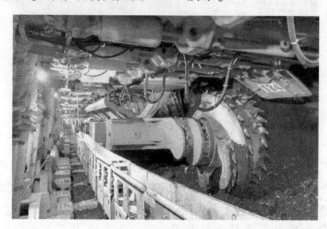

图 2.1.4　综采现场图

2. 开采新技术

随着我国经济的发展和国力的提升，为了适应新时代的需要，在科学、可持续地利用煤资源基础上，矿业研究人员不断创新采矿技术，提高煤矿企业的竞争力，减少对环境的破坏，促进安全生产。以下为各项开采新技术的特点。

（1）大采高采矿技术。

传统的厚煤层开采主要采用的是分层开采技术，不仅开采效率低，而且资源回采率低。大采高采矿技术是对传统的综采设备（主要是采煤机和液压支架）进行放大，大采高液压支架从最初的 5.5 m 提升到 8.8 m。采用该技术后，煤炭资源的回采率可以提高 5%~8%，吨煤成本降低 10 元。

（2）综采放顶煤采煤技术。

综采放顶煤采煤技术是在传统开采技术的基础上，针对煤矿中的特厚煤层，将采煤的高度和放顶煤的高度控制在合适的范围之内，确保采放比在规定范围之内，对特厚的煤层实行高效的开采。在具体实践中，需要结合实际情况，将顶煤从液压支架后方的煤口放出。一般情况下，采放比控制在 1 : 3 左右。

（3）充填采煤技术。

在以往的煤矿开采过程中，大部分都会应用完全垮落法管理煤矿的顶板，进而在煤矿的开采区域内形成沉陷区。随着矿区内部人类聚集点的迁入，对煤矿开采过程中的环保要求也逐步提高。充填采煤技术是向采空区中有选择地充填材料，重建地下结构，减少地表的下沉问题，同时使地质结构中的隔水层和隔断层更加坚强，防止地下水和瓦斯的渗漏。

（4）智能化采矿技术。

为了提升开采过程的安全性和开采效率，保证长时间准确操作设备，提出了智能化采矿技术，实现设备的自动化或无人化操作。随着第五代移动通信技术（5G）智能化时代的到来，煤矿行业也进入了智能化发展阶段。

2.1.3　洁净煤技术

洁净煤技术是指在煤炭从开采到利用的全过程中，用于提高利用效率的煤炭加工、燃烧、转化及污染物控制等新技术，主要包括洁净生产技术、洁净加工技术、高效洁净转化技术、高效洁净燃烧技术、燃煤污染排放治理技术等。

1. 煤炭的洁净生产技术

在煤开采出来后，人们认识到应该通过某种方法将煤中对环境有害的物质分离出去。降低煤在燃烧或转化过程中排出的大量灰分，可以减少颗粒物的排放污染；将煤中的含硫化合物分离出去，可以降低燃烧过程中硫分的排放，减少二氧化硫污染；将煤中的含氮化合物分离出去，可以降低燃烧过程中氮的排放，减少氮氧化物的污染。

煤炭洗选技术又称选煤，是利用煤和杂质（矸石）在物理性质、化学性质方面的差异，通过物理分选、化学分选、微生物分选的方法，将煤与杂质有效分离，并加工成质量均匀、用途不同的煤炭产品。选煤方法主要有物理选煤法、化学选煤法和微生物选煤法。截至2020 年末，我国原煤入选率已达到 74.1%。在中国煤炭工业协会提出的《煤炭工业"十四五"安全高效煤矿建设指导意见》中指出，到 2025 年末，安全高效煤矿建设可实现原煤入选率达到 95% 以上的目标。

物理选煤法主要根据煤炭和杂质物理性质（如粒度、密度、硬度、磁性及电性等）的差异进行分选，具体方法有重介质选煤、跳汰选煤、浮游选煤、干法选煤等。化学选煤法借助化学反应使煤中有用的成分富集，除去杂质和有害成分，目前常用的有热分解法、酸碱中和法、还原法、氧化法、有机剂分解法、溶剂萃取法等。微生物选煤法利用微生物将原本存在于煤矿中的不同形态的有机硫和无机硫转化成水溶性的化合物，从而达到除去煤炭中硫的目的。

2. 煤炭的洁净加工技术

（1）动力配煤技术。

动力配煤技术是以煤化学、煤的燃烧动力学、煤质测试等学科和技术为基础，将不同类别、不同质量的单种煤通过筛选、破碎，按不同比例混合和配入添加剂的过程，其目的是提供可满足不同燃煤设备要求的煤炭产品，以便提高锅炉的热效率，保证锅炉正常高效运行，节省能源，减少污染。

动力分级配煤技术将分级与配煤相结合，首先将各原料煤按粒度分成粉煤和粒煤，然后将各粉煤按比例混合配制成粉煤配煤燃料，将各粒煤配制成粒煤配煤燃料。该技术不仅可以配制出热值、挥发分、硫分、灰分等煤质指标稳定的燃料煤，而且可以生产出适合不同类型锅炉燃烧的粉煤和粒煤燃料。粉煤燃料供给粉煤锅炉或循环流化床锅炉，粒煤燃料供给层燃锅炉或层燃窑炉。动力分级配煤工艺流程如图2.1.5所示。

（2）型煤技术。

型煤是一种或多种性质不同的煤炭，按照本身特性掺混一定比例的黏结剂、固硫剂、膨松剂等，使其发热量、挥发分、固硫率等技术指标达到预定的数值，经过粉碎、混配、成型等工艺过程，加工成具有一定几何形状和冷热强度的固态工业燃料。

型煤的加工制造过程使用添加剂，将不同性能的煤种加以组合掺配，使着火点、灰分、灰熔点、硫分、固定碳、挥发分以及发热量等指标得到改善，增强了煤的反应活性、易燃性、热稳定性，生产出各项指标满足客户要求的优质产品。我国民用燃煤一般都用型煤，比烧散煤热效率提高1倍，可节煤20%~30%，烟尘和二氧化硫减少40%~60%，一氧化碳减少80%。在工业窑炉中使用型煤，可节煤15%，烟尘减少50%~60%，二氧化硫减少40%~50%，氮氧化物减少20%~30%。型煤的种类如图2.1.6所示。

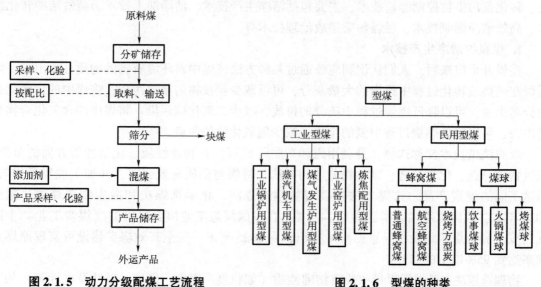

图2.1.5　动力分级配煤工艺流程　　　　　　　**图2.1.6　型煤的种类**

（3）水煤浆技术。

水煤浆技术是一种以煤代油的煤炭利用新方式，是将60%~70%的煤粉、30%~40%的水及0.5%~1.0%的分散剂和0.02%~0.1%的稳定剂加入磨机中，经磨碎后成为一种类似石油的、可以流动的煤基流体燃料。水煤浆制备工艺流程如图2.1.7所示。水煤浆具有较好的流动性和稳定性，可以像石油产品一样储存、运输。水煤浆的制备过程直接决定了水煤浆的特性，一般浓度控制在60%~75%之间；水煤浆中煤的粒度最大粒径不超过300 μm，且小于74 μm的颗粒含量不小于75%；水煤浆的流变性要求在剪切率为100 L·s^{-1}时，常温下表观黏度不高于1 000~1 200 mPa·s；水煤浆的稳定性要求为存放三个月内不产生硬沉淀。

水煤浆的燃烧过程是使其通过雾化器变成细小的浆滴，喷射进入炉膛之后，受热蒸发，其中细小的煤粉颗粒暴露在炉膛内，发生燃烧过程，直至燃尽。水煤浆的燃烧率一般可达 96%～98%，综合燃烧效率相当于或略低于燃煤粉锅炉的效率。由于水煤浆是采用洗精煤制备的，其灰分、硫分较低，因此在燃烧过程中，水分的存在可降低燃烧火焰的中心温度，抑制氮氧化物的产生。另外，水煤浆自煤炭进入磨机后，可以采用管道、罐车输送，不会在煤炭运输和储存时造成污染，具有较好的环保效果。

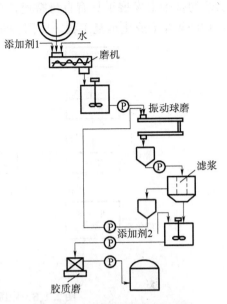

图 2.1.7　水煤浆制备工艺流程

3. 煤炭的高效洁净转化技术

（1）煤的液化。

煤的液化技术是一种将固体煤转化为液体的技术。该技术利用不同的工艺路线，将固体原料煤转化为与原油性质类似的有机液体，并利用与原油精炼相近的工艺对煤液化油进行深加工以获得动力燃料、化学原料和化工产品。

我国是一个石油储量不足但煤炭储量丰富的国家。在石油需求量大增的情况下，将煤炭转化为液态油品，是对我国石油供应的极大补充。煤炭液化不仅可以直接为发动机提供液体燃料，还可以生产大量化工产品，如乙烯、丙烯、液化天然气（liquified natural gas，LNG）等。

煤液化过程的实质上就是提高碳氢比、破碎大分子和提高纯净度的过程。通过加氢、裂解、提质等工艺方法可以达到液化目标。目前，煤液化技术主要有间接液化和直接液化两大类。

1）煤的间接液化。

先将煤汽化产生以 CO 和 H_2 为主的合成气，再以合成气为原料合成液体燃料或化学产品，这样的工艺过程称为煤的间接液化。间接液化工艺适用的煤种较广，制取合成气的原料煤与汽化工艺有关。间接液化可以分为高温合成与低温合成两类。高温合成工艺得到的主要产品有石脑油、丙烯、C14～C18 烷烃；低温合成工艺得到的产品有柴油、航空煤油、蜡等。间接液化的工艺特点有合成条件温和，转化效率高，目标产品的选择性较低，工艺废水的产量高，设备的体积大、投资高。

2）煤的直接液化。

煤的直接液化又称加氢液化，是将煤粉、催化剂和溶剂混合后，在高温高压条件下，使煤与氢反应，直接转化为液体油的过程。煤的直接液化可生产洁净优质的汽油、柴油、航空煤油、液化气等。

煤的直接液化工艺流程是先把煤磨成粉，再和自身产生的部分液化油（循环溶剂）配成煤浆，在高温（450 ℃）和高压（20～30 MPa）下直接加氢，获得液化油，然后经过提质加工得到汽油、柴油等产品。德国是最早研究和开发直接液化工艺的国家，开发出当时被认为是世界上最先进的生产工艺。其后，美国也在煤液化工艺的研发上做了大量的工作，研发出供氢溶剂法（exxon donor solvent process，EDS）、氢煤法（H-coal process）、催化两段液化工艺（CTSL）和煤油共炼工艺等。中国神华能源股份有限公司（简称中国神华）在其他工艺的基础上发展了具有自身特色的煤直接液化工艺，并于 2012 年 3 月建成年产油品 500 万 t 的煤直接液化示范工程。中国神华的煤直接液化工艺流程示意如图 2.1.8 所示。

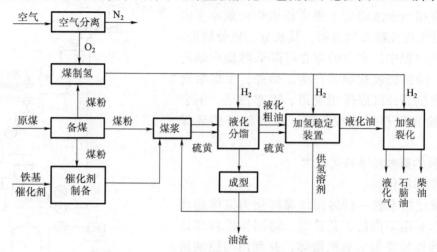

图 2.1.8　中国神华的煤直接液化工艺流程示意

（2）煤的汽化。

煤的汽化技术是以煤（半焦炭或焦炭）为原料，以氧（包括空气、富氧、纯氧）、水蒸气、二氧化碳或氢气为汽化介质，使煤经过最低限度的氧化过程，将煤中所含的碳、氢等物质转化成一氧化碳、氢、甲烷等有效成分的一个多相反应的化学过程。汽化用煤最初只能利用不黏煤，而现在已可以利用褐煤、不黏的烟煤和黏结的烟煤、无烟煤等所有煤种。煤的汽化包括煤炭干燥脱水、热解脱挥发分、挥发分和残余碳或半焦炭的汽化反应。在整个过程中，当煤粒的温度升到 350～450 ℃时，在缺氧条件下，煤的热解反应开始发生，析出挥发物（焦油、煤气），主要产物是可燃气体 CO、H_2、CH_4，还有部分 CO_2 和 H_2O。煤中的其他元素（如硫、氮等），也会与汽化剂发生还原反应，生成 H_2S、COS、N_2、NH_3 以及 HCN 等物质；在较温和的汽化温度下（小于 650 ℃），汽化后煤气中还会含有一定量未分解的焦油和酚类物质等。煤的汽化技术分为以下两种。

1）地面煤汽化技术。

地面煤汽化技术是指开采出煤之后对其进行热加工，将其转化为可燃性气体，这是相对于后来发展的地下煤汽化技术而言的。地面煤汽化技术包括以下几种。

a. 固定床汽化技术：在汽化过程中，煤从汽化炉的顶部加入，空气由汽化炉底部加入，煤料与空气逆流接触，反应生成煤气。

b. 流化床汽化技术：从上部加入粒径为 0.1～10 mm 的煤炭颗粒，从流化床底部吹入一定速度的气流，该气流速度维持煤炭颗粒在流化床内呈沸腾、悬浮状态；煤炭颗粒在该状态下进行汽化反应，煤料层内温度均匀，汽化效率高。

c. 气流床汽化技术：用汽化剂将粒度为 100 μm 以下的煤粉带入汽化炉内，煤料在高温下与汽化剂发生燃烧反应和汽化反应。

2）地下煤汽化技术。

地下煤汽化技术是将处于地下的煤炭进行有控制的燃烧，通过对煤的热作用及化学作用产生可燃气体，是一种综合开发清洁能源与生产化工原料的新技术，其实质是仅仅取煤中的含能组分，而将灰渣等污染物留在井下。地下煤汽化技术集建井、采煤、转化等多种工艺为一体，大大提高了煤炭资源的利用效率和利用水平，深受世界各国的重视。地下煤汽化在煤层中的汽化通道中进行。首先，将汽化通道的进气孔一端煤层点燃，从进气孔送入汽化剂（空气、氧气、水蒸气等）；其次，煤层燃烧后，按温度和化学反应的不同，在汽化通道中形成三个带，即氧化带、还原带、干馏干燥带；最后，燃煤经过这三个反应带后形成含有可燃组分 CO、H_2、CH_4 的煤气。三个反应带沿着气流方向逐渐向出气口移动，并保持汽化反应的不断进行。

4. 煤炭的高效洁净燃烧技术

（1）燃煤锅炉的低 NO_x 燃烧技术。

煤燃烧产生的 NO_x 排放主要有两个来源，第一个是空气中游离的氮和氧在高温下燃烧反应形成的燃烧型 NO_x，第二个是煤炭中挥发分带来的有机氮化物在燃烧中形成的挥发性 NO_x。低 NO_x 燃烧技术是根据 NO_x 的生成机理，在煤的燃烧过程中通过改变燃烧条件或合理组织燃烧方式来抑制 NO_x 生成的燃烧技术。低过量空气燃烧是降低 NO_x 生成量的有效办法，在燃烧过程中，烟气中过量氧的减少，可以抑制 NO_x 的生成，一般可以降低 NO_x 排放15%~20%。另外，空气分级燃烧、燃料分级燃烧、烟气再循环、组合式低 NO_x 燃烧器等技术都可以抑制 NO_x 的生成。其中烟气再循环系统如图2.1.9所示。

（2）循环流化床燃烧技术。

循环流化床燃烧（circulating fluidized bed combustion，CFBC）技术是指在锅炉膛内处于沸腾状态下，高速气流与所携带的稠密、细小悬浮煤颗粒充分接触燃烧的技术，具有氮氧化物排放低、可实现在燃烧过程中直接脱硫、燃料适应性广、燃烧效率高、负荷调节范围大等优

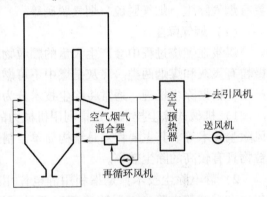

图 2.1.9　烟气再循环系统

势，已成为当前煤炭洁净燃烧的首选方式。CFBC 锅炉的炉膛温度远低于煤粉炉，固体浓度和传热系数在炉膛底部最大，温度随炉膛高度分布均匀。根据燃烧混合物的流态化程度，流化床可细分为固定床、散式流化床、鼓泡流化床、腾涌流化床、湍流流化床和快速流化床等，其直观特征如图2.1.10所示。

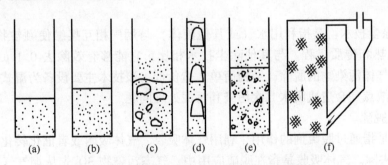

图 2.1.10　流态化程度不同的流化床的直观特征

（a）固定床；（b）散式流化床；（c）鼓泡流化床；
（d）腾涌流化床；（e）湍流流化床；（f）快速流化床

CFBC 系统一般由燃料供给系统、燃烧室、分离装置、循环物料回送装置等组成。燃料和脱硫剂一起进入锅炉，固体颗粒在炉膛内，从底部吹来具有一定风速的气流，两者以一种特殊的气固流动方式运动，高速气流与所携带的稠密悬浮煤颗粒充分接触，进行流化床燃烧。燃煤烟气中的 SO_2 与氧化钙接触发生化学反应而被脱除，大部分已燃尽或未燃尽的燃料升至炉膛顶部出口，经过旋风分离器，大颗粒燃料再次返回床内燃烧，通过旋风分离器的烟气及微粒从烟道排至烟囱，如图 2.1.11 所示。

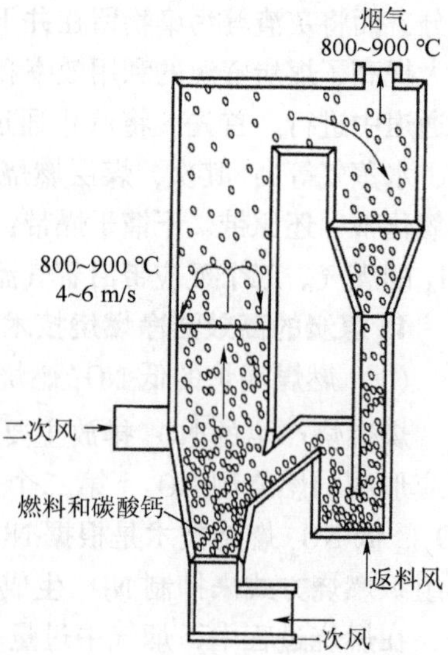

烟气
800~900 ℃

800~900 ℃
4~6 m/s

二次风

燃料和碳酸钙

返料风

一次风

图 2.1.11　CFBC 系统的内外循环

5. 燃煤污染排放治理技术

烟气净化是指从燃煤烟气混合物中除去颗粒物、气态污染物、有机污染物、痕量重金属等主要污染物，将其转化为无污染或易回收产物的过程。烟气净化工艺主要有烟气除尘、烟气脱硫、烟气脱硝等。

（1）烟气除尘。

煤炭在燃烧过程中会产生大量的颗粒物，分为固体微粒和微小液滴两种形式，其中固体微粒有飞灰和煤烟两类。飞灰是煤中不可燃的矿物质组分，煤烟是含碳固体颗粒。在工业生产中，根据除尘机理，通常将除尘技术分为四大类。

1）机械式除尘技术：是指利用机械力的作用进行除尘，包括重力沉降、惯性除尘和旋风除尘技术等。其主要特点是结构简单，制造容易，造价低廉，维护方便，但只对大粒径颗粒物具有较高的除尘效率。

2）静电除尘技术：是指利用静电作用进行除尘，可以细分为干式静电除尘（干法清灰）和湿式静电除尘（湿法清灰）两类。该除尘技术具有除尘效率高、阻力低、耗能少、自动化程度高、维修容易等优点，能够高效收集大流量气体和高温或腐蚀性气体中的粉尘，广泛应用于电力、冶金、建材等诸多工业领域。

3）过滤除尘技术：是指利用多孔过滤介质捕捉分离颗粒物来进行除尘。过滤介质主要为纤维层（滤纸、滤布、滤袋或金属绒）、颗粒层（矿渣、石英砂、活性炭等）。过滤除尘技术包括袋式除尘技术和颗粒层除尘技术两类，袋式除尘技术具有很高的除尘效率，一般在99%以上。

4）湿式除尘技术：是指利用水（或其他液体）与烟气相互接触使颗粒物与烟气分离，其间伴随有传热和传质过程。与其他除尘技术相比，它能够有效除去 0.1 μm 以上的颗粒物，还能进行气体污染物的脱除，结构简单、造价低。该技术主要设备为湿式洗涤器，应用极为普遍，但缺点是会造成废水二次污染和污泥处理问题。

（2）烟气脱硫。

烟气脱硫是指通过脱硫剂的作用，利用气体吸收、气体吸附或者催化转化的脱除机理将烟气中的 SO_2 去除。气体吸收是指在脱硫应用中，气态污染物 SO_2 先从烟气气流中扩散到与脱硫剂溶液相接触的气液界面，然后直接溶解或与脱硫剂活性组分发生反应，从而不断地向溶液扩散，从烟气中脱除。气体吸附是指在脱硫应用中，SO_2 从烟气气流中扩散至与吸附剂颗粒接触的外表面，然后经过微孔扩散至微孔内表面，最后在内表面上被吸附。催化转化是指在催化剂的作用下，将烟气中的污染物转化为无害或者易于处理的产物。

在生产过程中，世界各国开发出了 200 多种采用不同脱硫剂或不同脱硫工艺的方法。常见的脱硫剂及其性质见表 2.1.1。具体脱硫方法如下：

1）按脱硫剂进行分类，脱硫方法可分为钙法（石灰石或石灰）、氨法、钠法、镁法、氧化铜/氧化锌法、活性炭法等。

2）按脱硫产物是否应用分类，脱硫方法可分为回收法和抛弃法。

3）按净化原理进行分类，脱硫方法可分为吸收法、吸附法、催化氧化法和催化还原法。

4）按脱硫过程和脱硫产物的干湿状态分类，脱硫方法可分为湿法和干法/半干法。

表 2.1.1　常见的脱硫剂及其性质

脱硫方法	脱硫剂及其性质
钙法	氧化钙 CaO：生石灰的主要成分，易溶于酸，难溶于水
	碳酸钙 $CaCO_3$：石灰石的主要成分，溶于酸，极难溶于水，加热至 825 ℃左右分解
	氢氧化钙 $Ca(OH)_2$：又称消石灰或熟石灰，吸湿性很强，易溶于水，中强碱性
钠法	碳酸钠 Na_2CO_3：又称纯碱，易溶于水，吸湿性强，不溶于乙醇等，强碱性
	氢氧化钠 NaOH：又称烧碱，易溶于水，吸湿性强，溶于乙醇和甘油，强碱性
氨法	液氨 NH_3：强刺激性，能溶于水、乙醇和乙醚等
	氢氧化铵 NH_4OH：氮已从氨水中挥发
	碳酸氢铵 NH_4HCO_3：吸湿性及挥发性强，热稳定性差，不溶于乙醇，能溶于水
镁法	氧化镁 MgO：难溶于水，溶液呈碱性，能溶于酸和铵盐，易从空气中吸收水和 CO_2
	氢氧化镁 $Mg(OH)_2$：碱性，不溶于水，易吸收 CO_2
氧化锌法	氧化锌 ZnO：溶于酸和铵盐，不溶于水和乙醇，能从空气中缓慢吸收水和 CO_2
氧化铜法	氧化铜 CuO：不溶于水和乙醇，溶于稀酸、铵盐溶液等
活性炭法	活性炭 C：比表面积在 700~1 000 m^2/g 之间，孔容积为 0.6~0.85 cm^3/g
海水法	海水 H_2O：pH 为 8~8.3，含有 HCO_3^-、Cl^-、SO_4^{2-} 等，可吸收 SO_2

（3）烟气脱硝。

NO_x 的脱除技术也可分为湿法和干法两类。湿法烟气脱硝是指使烟气与含有吸收剂的溶液接触，将 NO_x 吸收脱除的技术，其脱硝生成物的生成和处理均在湿态下进行。按照吸收剂的不同，可分为水吸收法、酸吸收法、碱吸收法、氧化吸收法、吸收还原法和液相络合法。

干法烟气脱硝是指使吸收剂和烟气中的 NO_x 反应，生成无污染的干态产物的技术，如选择性催化还原（selective catalytic reduction，SCR）法、选择性非催化还原（selective non-catalytic reduction，SNCR）法。SCR 法是指烟气在镍、钒等金属元素催化剂的作用下，在 300~400 ℃ 的条件下，NO_x 与加入的 NH_3 产生还原反应，生成 N_2。当 NH_3/NO_x 的比例控制在 0.9 时，脱除效率可达 85% 以上。SNCR 法与 SCR 法类似，但不使用催化剂，在 850~1 100 ℃ 的温度范围内，利用 NH_3 将 NO_x 还原，其平均脱除效率为 30%~65%。

　　为了减少烟气净化的投资，简化工艺，发展出可同时脱硫脱硝的电子束氨法。首先用电子束照射烟气，电子束的大部分能量被烟气中的氮气、氧气、水蒸气吸收，生成自由基；然后烟气中的 SO_2 和 NO_x 分别被生成的自由基氧化为硫酸和硝酸；最后生成的酸与氨反应生成硫酸铵和硝酸铵。上述反应在很短的时间内完成，从电子束照射至生成硫酸铵和硝酸铵的时间为 1 s 左右。电子束氨法反应机理如图 2.1.12 所示。

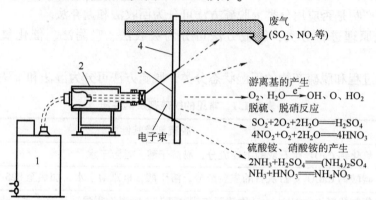

图 2.1.12　电子束氨法反应机理
1—电源；2—电子加速器；3—照射孔；4—反应器壁

2.1.4　煤炭的综合利用

　　煤炭除了作为一次能源的直接燃烧供热、发电或转换为洁净的二次能源外，在低温缺氧的条件下，还可热解分离出气体产物、液体产物和固体产物，进而制取各种高附加值的化工产品。

　　1. 煤的干馏产物

　　煤的干馏是指在缺乏氧气的条件下，通过升温加热煤炭，使其发生热分解反应，产生不同的气体、液体和固体产物。根据目标产物不同，煤的干馏分为三种：低温干馏、中温干馏和高温炼焦。煤干馏产物的种类和含量会受到煤的种类、干馏温度和时间等因素影响。不同种类的煤和不同的干馏条件会产生不同的产物。煤的干馏产物主要包括以下几种。

　　（1）煤气：主要成分是一氧化碳、二氧化碳、甲烷等，可以用作燃料或用于化学工业中合成气体、氢气等的生产。

　　（2）焦炭：煤中非挥发性物质的固体残留物，具有高热值和高固定碳含量，常在冶金工业中作为还原剂和燃料。

　　（3）焦油：煤中挥发性物质的主要组成部分，是一种黏稠的液体产物，可以用于制造沥青、染料、涂料等化学产品。

　　（4）煤灰：主要由煤中的无机物质组成，常用于建筑材料、水泥生产等领域。

　　此外，干馏煤还会产生一些其他的副产品，如氨水、苯酚、硫酸、氰化物等，这些产物可以在化学工业中得到利用。

　　2. 煤的碳素制品

　　煤的固体产物除了焦炭外，还有多种碳素制品。碳素制品一般又称碳素材料，具有许多不同于金属和非金属材料的特性。

（1）耐热性。在大气压力下，碳的升华温度高达（3 350±25）℃。其机械强度随温度的增加而不断提高，如室温时平均抗拉强度约为 196 kPa，2 500 ℃ 时则增加到 392 kPa，直到 2 800 ℃ 以上才失去抗拉强度。

（2）良好的热传导性。石墨在平行于层面方向的热导率可和铝相比，而在垂直方向的热导率可与黄铜相比。

（3）热膨胀系数。碳素制品的热膨胀系数为 $2×10^{-5}$℃$^{-1}$，有的甚至只有 $(1~3)×10^{-6}$℃$^{-1}$，能够耐急热急冷。

（4）电性能。人造石墨的电阻介于金属和半导体之间，电阻的各向异性很明显。

碳素制品的种类很多，包括用于电炉炼钢、熔炼有色金属的碳素电极，氯碱工业中电解食盐所用的电极，电动机和发电机用的电刷，电气机车、无轨电车取用电流的滑板和滑块，电子工业中的碳质电阻、炭棒和电真空器件等。碳素制品还有用于高炉和炼钢炉中的炭砖、炭块等，用于加工制造热交换器、反应器、吸收塔的耐腐蚀材料，以及用于核反应堆的高纯石墨材料。另外，煤质活性炭、碳分子筛可用于化工和环保事业，生物炭可用于制造人造心脏瓣膜、人工骨骼、人工关节、人造鼻梁骨和牙齿等。

2.1.5　我国煤炭资源的分布

截至 2020 年底，我国煤炭探明储量为 1 396.34 亿 t，占世界的 13%，居世界第 4 位，但人均占有量低，勘探程度较低，经济可采储量较少。我国煤炭资源的地理分布极不平衡，分布相对集中，总的分布格局是北多南少，西多东少，在全国形成华北、东北、西南和西北等几个重要煤炭分布地区。

我国昆仑山–秦岭–大别山一线以北的地区煤炭储量约占全国的 90%。在太行山与贺兰山之间地区的煤炭储量占北方地区的 65% 左右，形成了包括山西、陕西、宁夏、河南及内蒙古中南部的富煤地区。新疆维吾尔自治区已查明的煤炭资源约占北方地区的 20%。华东地区煤炭资源储量的 87% 集中在安徽、山东。西南地区煤炭资源储量的 67% 集中在贵州。东北地区有 52% 的煤炭资源集中在黑龙江。

我国各地区煤炭的品种和质量变化较大，分布也不理想。其中，炼焦煤在地区上分布不平衡，在四种主要炼焦煤种中，瘦煤、焦煤、肥煤有 1/2 左右集中在山西，而在拥有大型钢铁企业的华东、中南、东北地区，炼焦煤却很少。在东北地区，钢铁工业在辽宁，而炼焦煤大多在黑龙江。西南地区，钢铁工业在四川，而炼焦煤主要集中在贵州。

2.1.6　煤炭清洁未来的科学与技术发展方向

我国已经把洁净煤技术列入国家重大基础研究和产业化领域。未来科学研究将重点围绕燃煤污染物的形成机理和控制技术、基于煤炭的高效清洁利用技术等领域开展，既要提高能源的转化效率，减少排放污染物，又要整合 CO_2 的捕集与封存技术。围绕煤炭的清洁燃烧发电技术，我国 2050 年前的重点技术领域包括提高煤电效率、煤电的灵活调峰、发展绿色煤电等，以下为具体技术路线和发展目标介绍。

（1）提高煤电效率的技术路线和发展目标。

2030 年前后，完成 600 ℃、610 ℃、630 ℃ 二次再热超超临界汽轮发电机组新型布置示范项目并推广应用；完成 650 ℃ 超超临界机组示范工程建设，并推广应用 650 ℃ 超超临界机组；在完成 700 ℃ 机组耐热合金性能评定研究工作及主机关键部件试验验证工作的基础上，完成 700 ℃ 超超临界机组示范工程建设。

2050 年前后，全面掌握高效 700 ℃ 超超临界机组技术并推广应用。

（2）煤电灵活调峰的技术路线和发展目标。

2030 年前后，通过加大投资力度、采取更进一步的灵活性优化措施，进行燃煤火电机组的启动优化、负荷率提升能力优化，提高机组低负荷下的运行效率，降低锅炉最小稳燃负荷、减少机组出力，使燃煤火电机组能够更为灵活地应对电力调峰问题。

2050 年前后，实现耦合碳捕获、利用与封存技术的煤电灵活调峰技术的商业化。

（3）发展绿色煤电的技术路线和发展目标。

2030 年前后，对于燃烧后捕集技术，在工程示范的基础上实现醇胺法捕集技术商业化推广，完成热钾碱法捕集技术突破，并进行工程示范。对于富氧燃烧技术，在实现污染物排放及大型空分工艺能耗降低的基础上，积极开展大型富氧燃烧捕集技术示范，进一步评价技术的可行性和经济性。对于燃烧前捕集技术，通过新技术研发和耦合新能源工艺流程的优化，形成低成本、低能耗、高性能的燃烧前捕集技术，并进行工业示范。对于 CO_2 地质利用技术，完成源汇匹配优化研究及规划、开展区块先导试验示范工程建设。对于 CO_2 化工利用技术，加大 CO_2 化学转化制取合成气、甲醇、聚氨酯等新产品技术的研发，建立万吨以上化工利用工程示范。对于 CO_2 生物利用技术，以微藻固碳为重点，建立若干 CO_2 生物利用的规模化能源农场，利用 CO_2 提高生物质液体燃料、化工品等生物能源产出。

2050 年前后，对于燃烧后捕集技术，形成低成本燃烧后捕集技术体系并商业化应用。对于富氧燃烧技术，实现超超临界富氧燃烧技术规模化应用。对于燃前捕集技术，达到成熟应用、工业推广、商业化运营。全面推广实施应用 CO_2 输送技术，建设超过 5 000 km 的 CO_2 输送管道，将成本控制在 70 元/t 以下，年输送能力实现超过 5 000 万 t。对于 CO_2 地质利用技术，实现技术推广，实施规模化、商业化的项目。对于 CO_2 化工利用技术，建立完整的 CO_2 化工应用与产品体系，形成商业化推广应用技术能力，并进行新技术大规模工业化推广。对于 CO_2 生物利用技术，应用推广以微藻固碳为重点的先进 CO_2 生物利用技术。

2.2 石油的开发和利用

2.2.1 概述

石油是一种非再生能源，称为工业的血液，其形成理论有两种：生物成油理论和非生物成油理论。罗蒙诺索夫假说的生物成油理论认为，在地球漫长演化的过程中，大量死亡植物和动物的有机物质不断分解，与泥沙或碳酸质沉淀物等物质混合形成沉积层；沉积物不断堆积加厚，导致温度和压力上升；随着堆积过程的不断进行，沉积层逐渐形成蜡状的油页岩，后来退化成液态和气态的碳氢化合物；由于这些碳氢化合物比附近的岩石轻，因此会向上渗透到附近的多孔岩层中，聚集到一起形成油田。天文学家托马斯·戈尔德提出的非生物成油理论认为，在地壳内已经有许多碳、氢元素，在高温、高压下，有些碳以碳氢化合物的形式存在；碳氢化合物比岩石空隙中的水轻，因此会沿岩石缝隙向上渗透、聚集，形成油田。在地质学家中，这个非生物成油理论只有少数人支持。

公元前 10 世纪以前，古埃及、古巴比伦和古印度等文明古国已经采集天然沥青，用于建筑、防腐、黏合、装饰、制药。公元 5 世纪，在波斯帝国的首都苏萨附近出现了人类用手工挖成的石油井。19 世纪四五十年代，欧洲人从石油中提炼出了煤油，并成为市场上的商品。我国东汉时期的班固所著的《汉书》中记载了"高奴县有洧水可燃"，即作为延河的支流洧水，水面上有可燃物石油。元朝的《元一统志》记述了陕西北部已经出现手工挖井采油，其用途扩大到治疗牲畜皮肤病，而且由官方收购入库。

石油是以碳氢化合物为主，具有特殊气味、有色的可燃性油质液体，其包含有油质、胶质（一种黏性的半固体物质）、沥青质（暗褐色或黑色脆性固体物质）、碳质（一种非碳氢化合物）。组成石油的化学元素主要是碳（83%～87%）、氢（11%～14%），其余为硫（0.06%～0.8%）、氮（0.02%～1.7%）、氧（0.08%～1.82%）及微量金属元素（镍、钒、铁、锑等）。石油的主要成分是烃类化合物，即碳氢化合物，包括烷烃、环烷烃、芳香烃。烃类化合物占石油的 95%～99%，是石油加工和利用的主要对象。石油中一般不含烯烃和炔烃，但在二次加工产物中含有数量不等的烯烃和炔烃。石油中含有相当数量的非烃类有机物，其中含有氧、硫、氯等元素。石油中的含硫化合物可分为酸性含硫化合物、中性含硫化合物和对热稳定的含硫化合物；石油中的含氮化合物可分为碱性含氮化合物和非碱性含氮化合物；石油中的含氧化合物包括酸性含氧化合物和中性含氧化合物，其中以酸性含氧化合物为主。石油中的胶质沥青状物质是由高分子化合物组成的复杂混合物，结构复杂，包含大部分的硫、氮、氧及绝大多数金属，大量存在于减压渣油中。石油中还含有少量无机物，主要是水及 Na、Ca、Mg 的氯化物，硫酸盐和碳酸盐及少量污泥等。

石油的分类方法有三种：①按照石油的密度分，可以分为轻质石油、中质石油、重质石油和特重质石油；②按照含硫量分，含硫量小于 0.5% 的石油为低硫石油，含硫量在 0.5%～2.0% 之间的石油为含硫石油，含硫量大于 2% 的石油为高硫石油；③按照含蜡量分，含蜡量在 0.5%～2.5% 之间的石油为低蜡石油，含蜡量在 2.5%～10% 之间的石油为含蜡石油，含蜡量大于 10% 的石油为高蜡石油。

石油为现代工业、农业发展提供能源和动力，是现代生活和社会文明的基础。全世界总能源需求的约 40% 依赖石油产品，汽车、飞机、轮船等交通运输工具使用的燃料和润滑油几乎全部是石油产品，有机化工原料也主要来源于石油的炼制，世界石油总产量的约 10% 用于生产有机化工原料。2020 年，世界的石油产量为 321.05 亿桶，比 2019 年、2018 年的产量明显减少，美国、俄罗斯、沙特阿拉伯的产量位于前三位。2020 年，世界的石油消费量为 1 737.3 万亿 J，比 2019 年下降了 9.7%，但是在能源结构中仍然占了 31.2% 的最大份额，中国、美国、俄罗斯的消费量位于前三位。

2.2.2　石油的勘探和开采

1. 石油勘探

石油勘探是指利用各种勘探方法了解地下的地质状况、石油的储存及运移等环境条件，分析评价含油气的远景，确定有利地区，探明储油面积，分析油气层情况和产出能力的过程。图 2.2.1 所示为石油勘探示意。

石油的地质类型包括生油层、储集层、盖层等。生油层是以黏土、碳酸盐为主，其中的石油主要集中于表层岩石，有机质含量高。储集层是一种必须经过长期沉积才能形成的岩石，在石油生产中占据着非常重要的地位。盖层是一个封闭层，能有效阻止石油资源的流失和逃逸。在勘探过程中，技术人员需要对石油地质层面的地质特征进行全面了解和分析。传统的石油勘探方法包括地质勘探、物理勘探、化学勘探、钻井勘探。

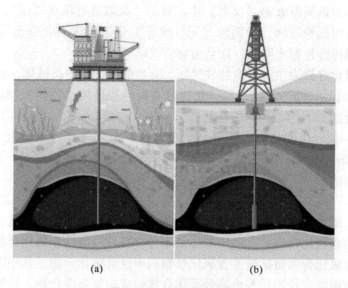

图 2.2.1　石油勘探示意
（a）海洋勘探；（b）陆地勘探

（1）地质勘探是最基础的勘探方法。它利用现有的地质和地质信息定位油气田，通过检测表层岩土层的物理性质和结构，根据经验判断地下油气条件、定位油气聚集点来进行石油勘探。

（2）物理勘探是利用岩石的磁学、密度和电子数据参数对油气资源进行分析比较。其中最重要的探测方法是地震勘探，不仅容易达到预期效果，而且具有较高的可操作性。

（3）化学勘探是利用化学方法寻找油气扩散区，测量从地下碳氢化合物扩散和渗透到表面的痕量烃类与周围介质发生生化和物理化学作用的产物，并根据这些产物预测地下油气藏的存在。

（4）钻井勘探是一种通过钻井寻找油气田的方法。该方法在确定井位后，进行钻井施工，获取各种试验资料和测井资料，然后通过对数据的解释和分析，确定是否有油气显示，以及地下油气是否可以使用。

在智能化、"双碳"目标的新时代背景下，石油勘探开发领域智能化转型是能源行业发展的重要目标。石油勘探开发面临的新挑战是抛弃以前储量为王的旧理念，树立数据为王的新理念，数据、算力、算法、场景四位一体，共同驱动人工智能技术在石油勘探开发领域应用。

目前，人工智能技术已逐步应用于石油勘探开发中的沉积储层研究、测井解释、物探处理、钻完井、油藏工程等多个领域。在沉积储层研究方面，借助岩心图像的智能化分析可实现沉积储层的精准量化研究。在测井解释方面，利用机器学习、深度学习等人工智能技术在曲线重构、岩性识别、储层参数预测、油气水层识别、智能分层、成像测井等方面开展研究。在物探处理方面，利用目标检测、图像分割、图像分类等计算机视觉技术可进行构造解释、地震相识别、地震波场正演、地震反演、地震数据重建与插值、地震属性分析等。在钻完井方面，人工智能应用主要体现在井眼轨道智能优化、智能导向钻井、钻速智能优化等。在油藏工程方面，利用精细分层注水"硬数据"实现大数据驱动下的油气水井智能注水优化，大幅度提高采收率。

2. 石油开采

将石油从地下"取"出来的过程称为油田开发或采油，常见的采油方法有以下几种。

（1）自喷采油。

自喷采油是指当采油井钻到油层时，油层与地表连通后，在地下深处巨大压力的作用下，石油从井下向上喷出。油层压力大，喷油量就大；油层压力小，喷油量就小。自喷井的产油量一般都比较高，占世界总产油量的 50%~60%。油井管理比较方便，不需要复杂昂贵的设备，因此，自喷采油是一种经济效益较高的采油方法。

（2）机械采油。

对于不能自喷的油井，需要利用机械装置进行采油。常采用的机械采油方法有抽油机采油、潜油电泵采油、水力活塞泵采油、气举采油、注水（气）采油等。抽油机采油是通过下到井底的深井泵来完成采油的，设备主要有实心杆、空心杆、抽油泵、传感器、电缆等，习惯上称为"磕头机"，如图 2.2.2（a）所示。潜油电泵采油主要由井下电动机、保护器、分离器、离心泵和地下电缆等组成。电动机装在井下，直接带动潜油泵，可用于较深的高产井，也便于实现油田生产自动化，如图 2.2.2（b）所示。水力活塞泵采油是利用注入井内的高压液体驱动井下的液压电动机，使液压电动机上下往复运动带动抽油泵抽油，具有下泵深、泵效高、检修泵方便等特点，适用于稠油、高含蜡、低液面、定向井等情况的油井。气举采油是把天然气注入采油井内油管和套管之间的环形空间，通过油管下部的一个阀门进入油管，使油管内的原油混入气体，降低液柱压力，从而加大生产压差，不断将原油举升到地面。注水（气）采油是指在油层压力不断下降时，采取向油层注水或注气的办法向油层内补充能量。

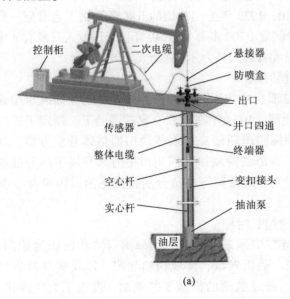
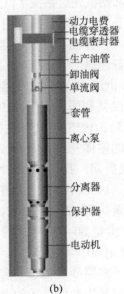

图 2.2.2　机械采油

（a）抽油机采油；（b）潜油电泵采油

3. 中国石油的开发历程

在 1949 年以前,我国的石油开发比较缓慢。1949 年后,我国石油开发经历了 20 世纪 50 年代的艰难起步初具规模、20 世纪 60—70 年代的自主创新快速增长、20 世纪 80 年代的调整巩固稳步推进、20 世纪 90 年代的油气并举持续发展和 21 世纪初的全新跨越式发展的 5 个时期,中国石油开发历程如图 2.2.3 所示。

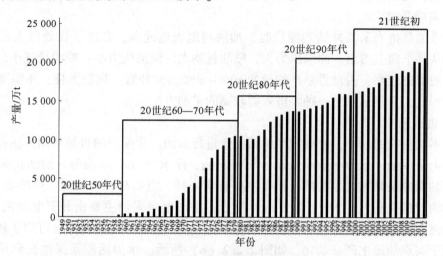

图 2.2.3 中国石油开发历程

(1) 1949 以前油田开发缓慢发展时期。

1878 年,中国第一口近代油井在中国台湾地区的苗栗钻成。1945 年抗日战争胜利后,中国台湾地区设立油矿探勘处,至 1948 年共打井 265 口。中国大陆近代第一口油井诞生于 1907 年 6 月,清政府在延长县西门外延河北岸开钻第一口油井;1934—1935 年,陕北油矿探勘处用 5 部钻机先后钻探 7 口井,有 2 口井产油量较多,并发现永坪油田。中国第一个现代化油田是位于甘肃省西北部玉门市的玉门油田;1939 年玉门油田的开拓者开钻了老君庙一号井,1949 年年产原油 7 万多 t,实际探明可采储量 1 700 多万 t。1949 年,全国投入开发有 4 个油田,共有石油职工 1.6 万人,其中技术人员和管理人员为 1 750 余人。

(2) 20 世纪 50 年代的艰难起步初具规模时期。

中华人民共和国成立后,1950 年 4 月 13 日,中央人民政府政务院燃料工业部决定组建石油管理总局,1955 年 9 月成立了石油工业部。1954 年在苏联专家的帮助下,制定了玉门老君庙油田的整体开发方案。1958 年,我国编制出新疆克拉玛依油田的整体开发方案。20 世纪 50 年代后期,我国还在陕西省延长县、青海省冷湖镇和四川川中地区开展了部分油藏的试采工作。1958 年 3 月,川中龙女寺、南充、蓬莱镇等构造分别钻探见油。1959 年,我国的原油产量达到 373.37 万 t。

(3) 20 世纪 60—70 年代的自主创新快速增长时期。

从 20 世纪 60 年代初至 70 年代末,相继在中国东部松辽、渤海湾等陆相沉积盆地内,发现并开发了多层砂岩油藏、复杂断块油藏、凝析气藏、常规稠油油藏,以及碳酸盐岩油藏、变质岩等基岩油藏。1959 年 9 月 26 日,松辽盆地的松基 3 井喷油,发现了大庆油田。1962 年 9 月 23 日,山东东营的营 2 井获得日产 555 t 的高产油流。在 20 世纪 60—70 年代,我国在近海发现 7 个油田、13 个含油气构造,探明石油地质储量 6 299 万 t,在渤海海域先后有 6 座采油平台建成。1978 年，我国的原油年产量达到 1.04 亿 t。

（4）20 世纪 80 年代的调整巩固稳步推进时期。

1978 年，石油工业部制定了《油田开发条例（草案）》，在全国推行。1982 年 2 月 8 日中国海洋石油总公司成立，加快了对外合作勘探开发海上油气资源的步伐。进入 20 世纪 80 年代，中国的油田开发工作逐步走向成熟，陆上老油田增加可采储量。1987 年 6 月，我国勘探的第一个现代化海上油田——埕北油田全面投产。1990 年，近海海域共有 7 个油田投产，全年的原油产量上升到 1.38 亿 t。

（5）20 世纪 90 年代的油气并举持续发展时期。

进入 20 世纪 90 年代，国家制定了"稳定东部、发展西部""油气并举"和"开拓海外市场"的战略部署。到 20 世纪 90 年代末，我国东部实施三次采油技术的油田面积达 209.8 km^2，地质储量为 4.33 亿 t，年产原油量达 1 187 万 t。1991 年及以后，新疆油区先后发现和开发了彩南、石西、石南、沙南等油气田，至 1997 年，塔里木油气区年产原油超过 400 万 t，成为中国西部第一个年产上千万吨的大型油气区。1993 年中国最大的海上自营油田绥中 36-1 油田投产，至 2000 年，海域原油年产量达 1 810 万 t。

（6）21 世纪的全新跨越式发展时期。

随着 21 世纪的到来，面对新的世界能源格局，我国石油工业继续贯彻改革开放的方针。东部大庆油田在原油 5 000 万 t 连续稳产 27 年后，实现了原油 4 000 万 t 10 年持续稳产。渤海湾盆地陆上油田继续稳产，保持年产 500 万 t 以上。西部鄂尔多斯盆地油气产量超过 5 000 万 t。2005 年组建陕西延长石油（集团）有限责任公司，年产原油 838 万 t。2010 年，近海实现油气当量超过 5 000 万 t。《2023 年油气行业发展报告》指出，2023 年我国原油产量站稳 2 亿 t，连续 6 年保持增长。

2.2.3　石油的加工技术

石油加工是国民经济的基础工业之一，与国民经济和人民的生活息息相关，是关于燃料和有机化工原料的重要工业。石油的炼制是利用石油中各成分沸点不同的特性，用加热蒸馏的物理方法，辅以催化裂化、热加工、催化重整和加氢等化学手段，生产出人们所需要的各种产品。

1. 石油蒸馏

蒸馏是石油炼制的第一阶段。原油中的物质按沸点不同分为气体、汽油、煤油、柴油、重油和沥青等不同产品。原油的沸点范围很宽，按沸点的高低分为不同的组分，称为馏分，一般可分离成 7~8 个馏分，石油馏分的馏程及用途见表 2.2.1。在原油分离中，不需要分离出纯的组分，而是采用馏程来表示某一温度范围的混合物，如煤油馏程为 130~250 ℃，柴油馏程为 250~300 ℃。

表 2.2.1　石油馏分的馏程及用途

馏分	馏程/℃	组成和用途
气体	<25	C1~C4 烷烃
汽油	30~170	用作汽油机燃料

续表

馏分	馏程/℃	组成和用途
轻石脑油	70～180	C5～C10 的烷烃和环烷烃，用作燃料
煤油	160～250	C10～C16，用作喷气式飞机、取暖燃料
柴油	180～350	C15～C25，用作柴油机和取暖燃料
重油	>350	C20～C70，用作润滑油和锅炉燃料
渣油	>500	高沸点、高黏度的重质组分
沥青	残渣	用于建筑方面

原油中除了含有碳氢化合物外，还有少量的水、盐和泥沙。在蒸馏前，必须先去除原油里的杂质，再按照一定比例将原油与水、破乳剂混合，加热到规定的温度后，进入两级的脱盐罐进行脱盐，然后进行蒸馏。蒸馏在蒸馏塔中进行，蒸馏塔（见图 2.2.4）为柱状设备，中间安放了多层的塔板，塔板上设置有让气体向上升、液体向下流的通道；塔顶设有冷凝器，塔底设有加热器。在蒸馏过程中，由于受热，轻组分上升逐渐聚集到上部塔板，重组分下降聚集到下部塔板。按照需要在塔中某一馏分最多的位置开口引出该馏分，进而将原油进行分离。

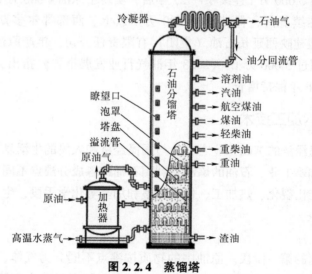

图 2.2.4　蒸馏塔

2. 石油深加工

为了提高各类油品的产量和质量，对蒸馏后所得各级产品进一步深加工处理，通过热裂化、催化裂化、催化重整、渣油加氢、焦化、延迟焦化等工艺，获得数以千计的石油化工产品。

催化裂化是重质石油烃类在催化剂的作用下反应生产液化气、汽油、柴油等轻质油品的主要过程，在汽油和柴油等轻质油品的生产中占有重要的地位。传统的催化裂化原料主要是直馏减压馏分油、焦化重馏分油。催化裂化工艺一般由反应再生系统、分馏系统、吸收-稳定系统三部分完成，对处理量较大、反应压力较高的装置，通常还有再生烟气的能量回收系统。

　　焦化工艺是以渣油为原料，在高温条件下进行深度热裂化反应的一种热加工工艺。延迟焦化工艺是重质油品经过管式加热炉，加热到焦化反应所需要的温度，使之迅速离开加热炉管，在焦炭塔内进行裂解和缩合反应，生成的油气从焦炭塔顶逸出，生成的焦炭留在塔内的工艺。延迟焦化装置将减压渣油、常压渣油、减黏渣油、重质原油、重质燃料油、煤焦油等重质低价值油品，转化为高价值的液体和气体产品，同时生成石油焦。

　　渣油加氢工艺是在氢气及催化剂作用下，对常压或减压渣油进行脱硫、脱氮、脱金属处理，最大限度地获取轻质油品的工艺，是经济环保的深加工工艺。渣油加氢工艺可分为固定床渣油加氢工艺、沸腾床渣油加氢工艺、移动床渣油加氢工艺和悬浮床渣油加氢工艺 4 种类型。

　　催化重整工艺是在一定温度、压力、氢气、催化剂的条件下，使原油蒸馏所得的轻汽油馏分（或石脑油）转变成富含芳烃的高辛烷值汽油（重整汽油），并副产液化石油气和氢气的工艺。重整汽油可直接用作汽油的调和组分，也可以经过芳烃抽提制取苯、甲苯和二甲苯。副产的氢气是炼油厂加氢装置用氢的重要来源。

2.2.4　炼油工业

　　到 2020 年底，中国石油探明储量为 35 亿 t，占世界的 1.5%，位列世界第 14 位，主要分布在松辽、渤海湾、鄂尔多斯、塔里木、准噶尔、珠江口等盆地，储采比为 18.2。2020 年，我国的石油产量为 1.948 亿 t。我国炼油工业从无到有、从小到大、由弱转强，已形成了较为完整的工业体系，在促进国民经济和社会发展中发挥着重要作用。进入 21 世纪以来，我国炼油工业在国内经济快速发展的推动下，规模化、基地化、炼化一体化建设快速发展，通过改扩建和新建相结合，总体规模迅速扩大，炼油厂布局有所改善，综合竞争力不断增强。

　　据统计，截至 2022 年，中国千万吨及以上炼油厂已经增加至 33 家，成为世界第一炼油大国。2022 年中国总炼油能力超过 9.8 亿 t，其中，华东地区的炼油能力超过全国总炼油能力的 20%，东北地区的炼油能力占全国总炼油能力的 18%，华南地区是中国炼油工业集中度最高的地区，约占全国总炼油能力的 14.81%。另外，中石化、中石油、中海油三大石油公司的总炼油能力为 58 605 万 t/年，加上其他国有背景炼油厂，总炼油能力达 60 105 万 t/年，占中国总炼油能力的 61.69%。

　　按石油产品的用途和特性，可将石油产品分成 14 大类，即溶剂油、燃料油、润滑油、电器用油、液压油、真空油脂、防锈油脂、工艺用油、润滑脂、蜡及其制品、沥青、油焦、石油添加剂和石油化学品等。最常见的石油产品包括汽油、煤油、柴油、液化石油气等。石油的炼制过程如图 2.2.5 所示。

　　对汽油的主要要求：①良好的蒸发性能；②良好的燃烧性能，不产生爆震现象；③储存稳定性好，生成胶质的倾向小；④对发动机没有腐蚀作用；⑤排出的污染物少。

　　对航空煤油的主要要求：①良好的燃烧性能；②适当的蒸发性；③较高的热值；④良好的稳定性；⑤良好的低温性；⑥无腐蚀性；⑦良好的洁净性；⑧较小的起电性；⑨适当的润滑性。

　　对柴油的主要要求：①良好的自燃性能；②良好的蒸发性能；③适当的黏度和良好的低温流动性；④良好的稳定性；⑤对机件无腐蚀性；⑥良好的清洁性能。

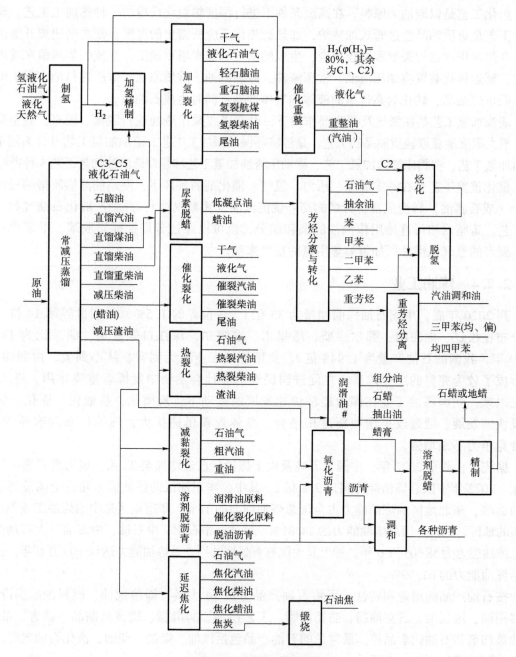

图2.2.5　石油的炼制过程

注：#表示包括溶剂精制、溶剂脱蜡、白土精制等。

　　润滑油的种类很多，不同类型的润滑油具有不同的性能和用途，总体上必须有合适的黏度和良好的黏温性能，以便满足各种车辆、发动机、机器设备的润滑和保养。

　　在炼油厂，以原油为原料，还能生产一些固体石油产品，如石蜡、石油沥青、石油焦。这些产品产量虽然不多，但由于特殊的性质和用途，产品附加值较高，在国民经济的各个领域都有应用。

石油化工基础原料包括乙烯、丙烯、丁二烯、苯、甲苯及二甲苯，是生产有机化工原料和合成树脂、合成纤维、合成橡胶三大合成材料的基础原料。

2.3　天然气的开发和利用

2.3.1　概述

天然气是指自然界中存在的一类可燃性气体，是一种化石燃料，蕴藏在地下多孔隙岩层中，包括油田气、气田气、煤层气、泥火山气和生物生成气等，也有少量出自煤层。从形成天然气的基本物质来看，可将天然气划分为有机成因气、无机成因气和混合成因气。

（1）有机成因气是指成气的原始母质来源于有机物质的天然气，根据母质类型分为以腐泥型有机质为主生成的腐泥型气和以腐殖型有机质为主形成的腐殖型气，进一步又分为生物成因气、油型气和煤型气。生物成因气是指在成岩作用或有机质演化的早期阶段，沉积有机质通过微生物的发酵和合成作用形成的、以甲烷为主的天然气或沼气。油型气是指腐泥型或腐殖型沉积有机质进入成熟阶段以后形成的天然气，包括伴随石油生成过程形成的湿气、高成熟和过成熟阶段由干酪根和液态烃裂解形成的凝析油伴生气和裂解干气。煤型气是指煤层和煤系地层中腐殖型有机质在煤化作用过程中形成的可燃天然气。

（2）无机成因气是指不涉及有机物质反应的一切作用和过程所形成的气体，包括地球深部岩浆活动、变质作用、无机矿物分解作用、放射作用以及宇宙空间所产生的气体，可分为烃类气体和非烃类气体，其中非烃类气体包括 N_2、CO_2、H_2S、Hg 以及稀有气体 He、Ar 等。

（3）混合成因气则是有机成因和无机成因均有的气体。

我国是世界上最早发现、开采和利用天然气的国家之一。晋朝常璩在《华阳国志》中记载了 2 200 多年前（公元前 221—前 210 年）的秦始皇时代，四川临工日县郡西南钻井开采天然气煮盐的情景。宋末元初已大规模开采自流井的浅层天然气。《四川盐政史》卷二记载，清乾隆三十年（1765 年），老双盛井深 530 m，日产天然气 160 m³。

天然气的主要成分是烷烃，其中包含甲烷（80% 以上）、少量乙烷（9%）、丙烷（3%）、氮（2%）和丁烷（1%），此外一般还有硫化氢、二氧化碳、少量一氧化碳及微量的稀有气体。天然气具有无色、无味、无毒的特性。与煤炭和石油相比，天然气的氢碳比高，标准状态下的密度为 0.717 4 kg/m³，燃点为 650 ℃，爆炸极限为 5% ~ 15%（体积浓度），热值高，燃烧均匀，污染少。

天然气的种类按照在地下存在的相态，可分为游离态、溶解态、吸附态和固态水合物等。按照生成形式，天然气可分为伴生气和非伴生气两种。伴生气是伴随原油共生，与原油同时被采出的油田气；非伴生气是在地层中以气态存在，包括纯气田天然气和凝析气田天然气两种。按照蕴藏状态，天然气可分为构造性天然气、水溶性天然气、煤矿天然气等三种。按照成因，天然气可分为生物成因气、油型气和煤型气。

天然气主要用作燃料，也用于制造乙醛、乙炔、氨、炭黑、乙醇、甲醛、甲醇、硝酸、合成气和氯乙烯等化工原料。2020 年，世界的天然气产量为 38 537 亿 m³，略低于 2019 年、2018 年的产量，美国、俄罗斯、伊朗的天然气产量位于前三位。2020 年，世界的天然气消费量为

38 228 亿 m^3，比 2019 年下降了 2.3%，美国、俄罗斯、中国的天然气消费量位于前三位。

2.3.2　天然气的勘探和开采

1. 天然气勘探

随着科技的发展，我国已经形成了比较完善的天然气勘探技术，主要包括地震勘探技术、地下测井技术、模拟技术等，为我国天然气勘探开发提供了有利条件。

（1）地震勘探技术。

地震勘探技术是指技术人员利用地下岩层的密度和形状的各项差异，向地下激发地震波，通过仪器接收地震波遇到岩层后产生的反射波，并对水流界面上的横纵波振幅和反射速度的差异进行对比分析，对地震波的信噪比、分辨率等参数进行差异分析，进而对地下岩石层的各种性质做出科学的推测，判断地下天然气的储存情况。

（2）地下测井技术。

由于天然气具有独特的物理和化学特性，并且与地下岩层的接触时间较长，因此会对地下的沉积物产生作用，导致沉积物在各方面的性质发生变化。采用地下测井技术，技术人员可通过对特性数据的对比、分析，预测天然气在各个深度的分布状况和具体浓度状况，还可以在不断挖掘井的过程中对地下井的状态进行实时监测，分析天然气在各种状态下的物理和化学特性。

（3）模拟技术。

模拟技术是指技术人员利用物理化学的地质机理，在一定科技条件下运用模拟生态演变的方法，在时空中模拟天然气油田的演变和发展，通过模拟油田的形成过程和聚集情况，以一定的科学规律为支撑，对天然气油田的产生时间和产生方位进行统筹预测，再对其可能形成的天然气量进行科学预测，最终分析天然气的形成量和开采难度，形成科学有效的模拟预测。

经过多年发展，我国已经形成了深层异常高压气田开发配套技术、低渗致密气藏开发配套技术、深层高压凝析气田开发配套技术、第四系长井段多层疏松砂岩边水气藏开发配套技术、煤层气开发配套技术 5 个方面的配套技术，基本满足了常规气田的开发，保障了一批复杂气田的开发要求。未来我国将加快发展大中型气田勘探技术、深层高压气藏开发技术、高含硫气藏开发技术、火山岩气藏勘探开发技术，解决复杂气藏勘探开发难题；攻克致密砂岩气开发技术、煤层气开发技术、页岩气开发技术等非常规主体技术，实现资源的有效接替。另外，针对天然气水合物的研究主要包括天然气水合物的动力学机制、资源评价技术和地球物理勘查技术等，未来研究重点将着眼于天然气水合物钻井和大规模开采技术及其对全球环境变化和海底稳定性的潜在影响。

截至 2019 年，我国天然气（不含页岩气与煤层气）累计探明地质储量为 $15.8×10^{12}$ m^3，资源探明率仅为 20.3%，剩余资源主要分布在陆上四大盆地和南海地区，其中，四川盆地、塔里木盆地、柴达木盆地、鄂尔多斯盆地剩余地质资源量分别为 $10.3×10^{12}$ m^3、$10×10^{12}$ m^3、$2.8×10^{12}$ m^3、$1.68×10^{12}$ m^3，南海地区剩余地质资源量为 $24×10^{12}$ m^3；致密气具备持续规模勘探前景，剩余地质资源量为 $14×10^{12}$ m^3，集中分布在鄂尔多斯盆地和四川盆地，两者剩余地质资源量分别为 $7.3×10^{12}$ m^3 和 $2.7×10^{12}$ m^3。截至 2019 年，我国页岩气累计探明地质储量为 $1.81×10^{12}$ m^3，资源探明率不足 3%。页岩气具备快速发展的资源基础，其中海相页岩气剩余地质资源量为 $44 \times 10^{12} \ m^3$，四川盆地海相页岩气最具勘探开发前景，剩余地质资源量为 $25 \times 10^{12} \ m^3$。

2. 天然气开采

（1）泡沫法排水技术。

泡沫法排水技术是在地面通过相应设备，把泡沫产生剂注入井中，从而降低液体表面的压力。井底积水与泡沫剂融合会产生大量的低密度含水泡沫，泡沫附着在液体表面，井底积水因此被泡沫带出气井，实现液体的脱离目的。这种方法对气井的温度有一定要求，温度不宜过高，否则，泡沫的气泡量和密度难以达到工作要求。

（2）柱塞法排水技术。

柱塞法排水技术是利用活塞原理和压力原理，在气井内埋入柱体活塞，同时设置弹簧装置。当气井中的气体喷涌时，柱塞会向上运动，同时柱子上方的液体也被带出气井，排除相应液体。当液体排出气井后，外部、内部压力相适应，可以关闭井口，然后柱塞回落再次进入井内，循环操作。

（3）气举排水技术。

气举排水技术是通过气动阀，从地面将高压天然气注入停喷的井中，利用气体的能量举升井筒中的液体，使气井恢复生产能力。气举可分为连续气举和间歇气举两种方式。影响气举方式选择的因素有井的产量、井底压力、产液指数、举升高度及注气压力等。对井底压力和产能均较高的井，通常采用连续气举生产；对井底压力及产能均较低的井，则采用间歇气举或活塞气举生产。活塞气举装置如图 2.3.1（a）所示。

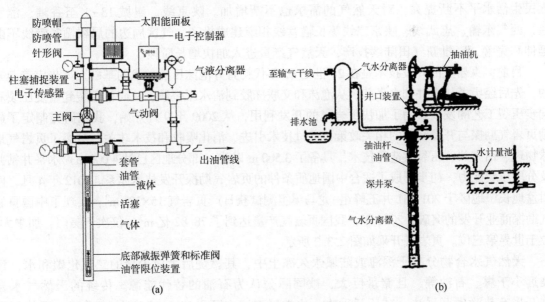

图 2.3.1　天然气开采技术

（a）活塞气举装置；（b）机械抽油排水采气系统

（4）优选管柱排水技术。

在气井生产中后期，随着气井产气量和排水量的显著下降，气液两相间的滑脱损失取代摩阻损失，成为影响提高气井最终采收率的主要矛盾。这时气井往往因举液速度太低，不能将地层水及时排出地面。优选管柱排水技术就是在有水气井开采到中后期，重新调整自喷管柱，减少气流的滑脱损失，以充分利用气井自身能量的一种自力式排水采气方法。

（5）机械抽油排水技术。

机械抽油排水技术采用动态机泵进行工作，主要针对气体自身液体较多，甚至导致气井关闭的情况，用于再次恢复气井生产。所以，该技术对气井的天然气储量、可采集量有一定要求，要能够符合经济效益。机械抽油排水采气系统如图2.3.1（b）所示。

3. 中国天然气的开发历程

中华人民共和国成立以来，我国天然气的开发历程主要经历了开发初始阶段、开发启动期和快速增长期三个阶段。

（1）1949—1968年的天然气开发初始阶段。这一阶段主要是开展油气普查，仅在四川盆地发现一批小型气田并进行了初步开发。在这一时期，四川油气区的二叠系、三叠系碳酸盐岩裂缝型气藏被大量发现并陆续投入开发。到1968年，全国天然气产量为14.4亿 m^3，主要以气层气为主。

（2）1969—1995年的天然气开发启动期。这一时期气层气和油田溶解气都获得较大幅度的增长。一方面，全国原油产量大幅度增长，带来溶解气产量的快速上升，1995年，溶解气工业产量达到75亿 m^3；另一方面，除四川天然气产量有大幅度的增长外，大庆、长庆、胜利、中原、华北、大港等产油区也完成正规的气层气开发；在1995年，气层气产量达到99亿 m^3。1995年，全国天然气产量达到174亿 m^3，是1968年的12倍。

（3）1996年以来的天然气快速增长期。1996年以来，随着我国国民经济的快速发展，人民生活水平不断提高，对天然气的需求也不断增加。陕京线、崖城13-1至香港、涩宁兰、西气东输、忠武线、陕京二线等长输管线相继建成投产，气区周边的局域输气管线不断延伸和完善，一批新气田陆续投产，天然气产量进入加快增长阶段。

目前，页岩气的开发技术是在20世纪80年代初直井泡沫压裂技术的基础上逐步完善起来的，先后经历了从直井到水平井、从泡沫和交联冻胶到清水压裂液、从简单压裂到重复压裂和同步压裂工艺的发展。为了加快页岩气的开发利用，从2009年9月开始，我国研究制定了鼓励页岩气勘探与开发利用的相关政策，通过技术引进、消化吸收和技术攻关，掌握了页岩气地球物理、钻完井、压裂改造等技术，具备了3 500 m以浅（部分地区已达4 000 m）水平井钻井及分段压裂能力，初步形成了适合中国地质条件的页岩气勘探开发技术体系。2012年4月，四川盆地长宁地区宁201-H1井五峰组-龙马溪组测试获日产页岩气 $15×10^4$ m^3，实现了中国页岩气勘探商业开发的突破；2016年，我国页岩气产量达到了78.82亿 m^3，仅次于美国、加拿大，位于世界第三位。页岩气开采如图2.3.2所示。

天然气水合物分布于深海或陆域永久冻土中，其燃烧后生成少量的二氧化碳和水，污染远小于煤、石油等，且储量巨大，被国际公认为石油的替代能源。传统的天然气水合物开采有热激发开采法、减压开采法、化学试剂注入开采法、CO_2 置换开采法、固体开采法等。2007年5月1日，中国在南海北部首次采样成功，证实了中国南海北部蕴藏丰富的天然气水合物资源，标志着中国天然气水合物调查研究水平进入世界先进行列。2009年，在中国地质调查局组织实施的"祁连山冻土区天然气水合物科学钻探工程"完成的8个钻井中，有5个钻井钻获天然气水合物实物样品，这是我国冻土区首次钻获天然气水合物实物样品。2017年，我国在南海北部神狐海域进行的可燃冰试采获得成功，试开采、连续试气点火 2 个月，累计产气量超过 30 万 m³，平均日产 5 000 m³ 以上，甲烷含量最高，可达 99.5%。我国成为全球首个采用水平井钻采技术试采海域天然气水合物的国家。天然气水合物开采如图 2.3.3 所示。

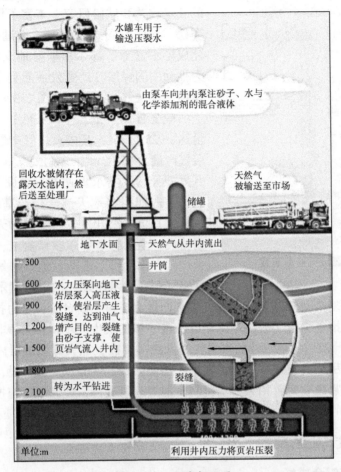

图 2.3.2　页岩气开采

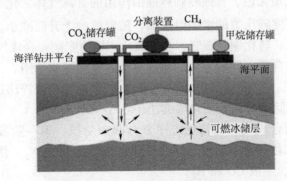

图 2.3.3　天然气水合物开采

煤层气是与煤伴生、共生的气体资源，以甲烷为主要成分，属于非常规天然气。其开采方式包括地面钻井开采和井下瓦斯抽放。2020 年，中国煤层气探明储量为 3 315.54 亿 m³；

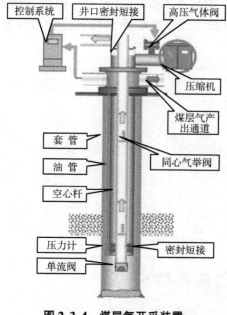

图 2.3.4 煤层气开采装置

华北地区、西北地区、南方地区和东北地区赋存的煤层气地质资源量分别占全国煤层气地质资源总量的 56.3%、28.1%、14.3%、1.3%。我国经过持续的技术攻关和试验研究，丰富了煤层气富集和排采理论，形成不同煤阶煤层气的勘探开发技术体系，建成沁水盆地、鄂尔多斯盆地东缘两大产业基地，为推动中国煤层气产业发展起到了重要示范和引领作用。煤层气开采装置如图 2.3.4 所示。

截至 2020 年底，全国天然气（含非常规气）产量达 1 925 亿 m^3，其中页岩气产量为 200 亿 m^3，煤层气产量为 67 亿 m^3，煤制气产量为 47 亿 m^3。未来巨大的天然气需求促使我国抓紧提升天然气产量，全力打造四川盆地天然气生产基地，加大深层气、致密气和页岩气开发，同步推动天然气外输通道规划建设；全力打造鄂尔多斯盆地、新疆地区天然气主产区，加大鄂尔多斯盆地致密气开发和突破陆相页岩气开发技术瓶颈，加大塔里木盆地深层、超深层以及碳酸盐岩的复杂油气藏勘探开发，未来产量有望再上新台阶；全力打造海上天然气生产基地，加大协调推进力度，解决用海矛盾，进一步加快生产步伐；力争非常规天然气勘探开发"全面开花"，四川盆地以外的页岩气开发获得突破，加大煤系地层内气体资源综合勘探开发力度，力争尽早突破年产百亿立方米；加快区域地下储气库群建设，解决重点储气库用地问题，同时抓紧建立完善相关市场机制，加大政策支持，使储气设施投资可回收、运营可持续。

2.3.3 天然气化工技术

1. 天然气转化制合成氨

在常温常压下，氨是无色、有强烈刺鼻催泪作用的有毒气体，化学分子式是 NH_3。氨易溶于水，在水中的溶解度随压力的增加而增加，随温度的上升而减小。天然气制合成氨的工艺步骤是天然气精脱硫、转化制合成气、合成气中 CO 的变换、合成气中 CO_2 的脱除、甲烷化、合成气压缩、氨的合成、氨的分离、合成氨驰放气的回收利用。

（1）天然气精脱硫。在转化工序之前，可以采用中温氧化锌法或加氢串接氧化锌法，将天然气中的硫化物脱除至含硫量质量浓度小于 0.5×10^{-6}。

（2）天然气转化制合成气。此转化工序分为两个阶段：第一阶段为蒸气转化，反应温度为 790~820 ℃；第二段为配入适量空气，提供合成氨所需的 N_2，使 CH_4 发生不完全燃烧反应，温度至 1 200 ℃，生成 CO 和 H_2。

（3）合成气中 CO 的变换。该变换工序是 CO 和 H_2O 反应，生成 CO_2 和 H_2。根据操作温度分为高温变换和低温变换。低温变换使残存于气体中的 CO 大幅度降低；高温变换使用铁铬系催化剂，温度范围多数在 370~485 ℃，压力约为 3 MPa。

（4）合成气中 CO_2 的脱除。为了将从变换工序得到的粗原料气加工成纯净的 H_2、N_2，

必须将 CO_2 从气体中除去。根据所用吸收剂性质的不同,脱除 CO_2 的方法可以分为物理吸收法、化学吸收法和物理化学吸收法,通常采用催化热钾碱法。

（5）甲烷化。在 $280 \sim 420 ℃$ 的温度范围内及甲烷化催化剂的作用下,使原料气中的 O_2、CO 和 CO_2 与 H_2 反应生成 CH_4 和 H_2O,对外放热。

（6）合成气压缩。在合成氨生产的过程中,不同的工艺要求采用不同的工作压力。根据合成气的需求量,使用活塞式压缩机或离心式压缩机对合成气进行压缩。然后在中间冷却器之后使用分子筛干燥器脱水。

（7）氨的合成。首先,新鲜的 H_2、N_2 在压缩机的第一级中压缩,经换热器、水冷却器、氨冷却器逐步冷却,除去水分后新鲜的 H_2、N_2 进入二级压缩机继续压缩,并与循环气在缸内混合,压力升高,经过水冷却器,气体温度下降。其次,气体分两路,一路约 50%的气体经过两级串联的氨冷却器将气体冷却,另一路剩余气体与高压氨分离器过来的低温气体在换热器内换热。最后,两路气体汇合后再经过第三级氨冷却器,将气体进一步冷却,送往高压氨分离器,分离液氨后的循环气经换热器预热后,进入氨合成塔进行合成反应。

（8）氨的分离。分离氨合成塔出口气体中氨的含量取决于分离系统的操作压力和温度,一般情况下,回路压力很难控制,只能通过调节系统的温度来获得希望得到的生产效率。分离氨合成塔出口中氨气的方法主要是冷凝分离法,可以使用水冷或氨冷。

（9）合成氨驰放气的回收利用。为了维持系统组分的稳定,防止 CH_4 和 Ar 等惰性气体在回路中积累,保持进入塔的惰性气体含量为 $10\% \sim 13\%$,必须驰放一部分循环气。回收驰放气有用组分的方法有中空纤维膜法、变压吸附法和深冷法。

2. 天然气制甲醇

甲醇是无色透明液体,有刺激性气味,具有毒性,化学分子式是 CH_3OH。甲醇是重要的有机化工原料之一,用于制造氯甲烷、甲胺、硫酸二甲酯、甲醛、醋酸、甲酸甲酯、碳酸二甲酯、乙二醇、二甲醚等,可以用作清洗去油剂、分析试剂。

天然气制备生产甲醇的工序有天然气脱硫净化,制合成气,甲醇合成及精馏。因为合成反应的单程转化率不高,所以过程气需要循环反应。合成气要求净化后的天然气含硫量小于 $(0.1 \sim 0.3) \times 10^{-6}$。以天然气为原料制备合成气的过程与天然气生产合成氨的制备过程类似。

在高温和催化剂的存在下,甲烷和水蒸气在转化炉中转化反应生成 CO 和 CO_2。在加压、高温和催化剂的作用下,CO 和 CO_2 加氢转化为 CH_3OH。这是一个可逆的强放热反应,催化剂是铜基催化剂。

经过净化的新鲜合成气与循环气混合进入塔气预热器,与甲醇合成塔出来的高温气体进行热交换,被加热的混合气从合成塔底部进入合成塔进行反应。反应后的气体连续经过预热器、软水加热器和水冷却器,最后进入甲醇分离器。在 4.85 MPa 和 40 ℃ 的条件下,从分离器中分离出甲醇,粗甲醇进入产品罐储存并准备进一步提纯。气体进入循环机压缩,重新返回合成系统。

甲醇反应生成的粗甲醇中除含有甲醇和水外,还含有几十种微量有机杂质。甲醇精制是利用甲醇、水、有机杂质的挥发度差异,通过精馏的方法将杂质、水与甲醇分离。精馏流程一般可分为单塔、双塔及三塔。

3. 天然气制乙炔

乙炔是最简单的炔烃,易燃气体,化学分子式是 C_2H_2。无论在气态、液态和固态,或在一定压力下，乙炔都有猛烈爆炸的危险。此外，受热、振动、电火花等因素都可以引发乙炔爆炸。乙炔可用于制取乙醛、醋酸、丙酮、季戊四醇、丙炔醇、丁二烯、乙烯基乙醚、丙烯酸及其酯类等；也可用于金属焊接或切割、氧炔焊割；还可用于合成橡胶、合成纤维和塑料的单体。

在工业上，乙炔的生产方法有电石法、部分氧化法、电弧法、等离子法等。部分氧化法是先进国家普遍采用的工艺方法，工艺流程包括原料预热、反应炉、骤冷、分离炭黑、乙炔提浓等工序。其工艺核心是在转化炉中预热到 $600\sim650\ ℃$ 的原料天然气和氧气进入多管式烧嘴板乙炔炉，在 $1\,500\ ℃$ 下，甲烷裂解制得浓度为 8% 左右的稀乙炔，再用 N-甲基吡咯烷酮提浓制得 99% 的乙炔成品。在反应过程中，一部分甲烷燃烧以提供反应所需的热量；在乙炔生成的位置，也容易产生炭黑，将反应器喷水急冷，可防止乙炔进一步分解。

4. 天然气制乙烯

烯烃是基本的有机化工原料，单链烯烃分子通式为 C_nH_{2n}。以天然气为原料制取烯烃的方法有三种：甲醇法、费-托法、甲烷氧化偶联法。用天然气制乙烯，无论采用什么方法，从工艺步骤上可以分为三种：一步法、二步法、三步法。

一步法是天然气脱氢制成乙烯，主要采用选择性氧化法和氧化偶联法。

二步法分为①合成气路线，天然气经过合成气直接生成乙烯，属于费-托法合成燃料工艺；②温和氧化路线，天然气温和氧化生成甲醇，再用甲醇制烯烃（methanol to olefin，MTO）法制成乙烯。

三步法分为①甲醇路线，天然气经过合成气、甲醇生成乙烯；②二甲醚路线，天然气制成合成气，经催化直接生成二甲醚，再裂解制成乙烯；③乙醇路线，天然气制成合成气，经催化直接生成乙醇，再脱水制成乙烯。

除了采用常规的催化化学方法将甲烷转化为烯烃外，科学家还采用了其他方法提高甲烷的转化率和选择性，包括等离子体技术、膜催化技术、电化学技术、微波促进技术、光催化技术等。

5. 天然气制炭黑

炭黑是工业中不可或缺的原料，是最好的黑色颜料，也是塑料、橡胶制品的改制添加剂。炭黑是由多烃的固态、液态或气态物质经过不完全燃烧而产生的微细粉末，具有稳定、耐热、耐化学品、耐光等特点。炭黑的生产方法主要有接触法、炉法和热裂法。

槽法炭黑工艺属于接触法，以天然气为燃料，通过特制的火嘴，在火房内与空气进行不完全燃烧，其火焰的还原层与缓慢往复运动的槽钢相接触，使炭黑沉淀在槽钢的表面，通过刮刀将炭黑刮下，掉入漏斗内，然后输出并加以收集。火房内的温度为 $1\,350\sim1\,450\ ℃$，槽钢温度约为 $500\ ℃$。由于效率低，消耗天然气大，产量低，工艺落后，大气污染严重，因此随着新工艺的发展，槽法炭黑逐步被淘汰，但是在特殊用途领域，其仍占一定地位。

炉法炭黑工艺是将天然气和空气按照一定比例经过特制的火嘴喷入炉内，在炉内形成选择火焰。炉内温度控制在 $1\,250\sim1\,350\ ℃$，裂解所生成的炭黑悬浮在可燃余气中。可燃余气在高温下停留数秒后进入冷却塔中用水雾进行冷却，温度下降后进入过滤箱的滤袋；悬浮在气流中的炭黑附着在滤袋上，可燃余气透过滤袋排到大气中。利用反吸风自动振抖装置将炭黑从滤袋上抖下，并送到加工车间进行造粒。天然气的成分、炉温、烟道温度、空气和天然气的比例都会影响炭黑的性质和生产收率。

另外，可以使用热裂法生产炭黑，这种方法是间歇式生产。将天然气和空气按照完全燃烧的比例混合，送入炉内燃烧，温度升至1 300~1 400 ℃以后，停止供给空气，只供给天然气，使天然气在高温下热分解生成炭黑和氢气。裂解反应吸收热量，炉温降低，当温度降至1 000~1 200 ℃时，再通入空气，使天然气完全燃烧，炉温再升高，然后停止供给空气，反复进行炭黑生产。

国际社会对环保、安全的要求日益严格，炭黑的生产工艺也在向高技术化、节能环保的方向发展，发展了油炉法炭黑生产技术、等离子体法炭黑生产技术，同时开发了低滚动阻力和高性能轮胎用炭黑、高纯净度炭黑、工业橡胶制品专业炭黑、色素炭黑新品种、导电炭黑新品种。

2.3.4　天然气的能源消费

1. 天然气发电

（1）天然气发电的工作原理。

天然气发电具有热效率高、排放污染少、电网调峰的效果好、电站布局灵活、建设周期短、占地面积小、建设成本低等特点。天然气发电主要有两种方式，第一种是利用天然气在常规锅炉中燃烧产生的热量加热水，生成高温高压水蒸气推动蒸汽轮机旋转，并带动发电机发电；第二种是利用天然气在燃气轮机中燃烧推动涡轮做功，使燃气轮机带动发电机发电。如果在燃气轮机中直接燃烧，通过燃气轮机带动发电机发电，则为单循环发电；如果将燃气轮机产生的高温排气送至余热锅炉中，加热水再次产生高温高压蒸汽，进而推动蒸汽轮机旋转，并带动发电机发电，则为联合循环发电。联合循环发电的形式多种多样，常见的有余热锅炉型联合循环发电、排气补燃型联合循环发电、增压燃烧锅炉型联合循环发电、加热锅炉给水型联合循环发电等。

图2.3.5所示为典型的燃气-蒸汽联合循环发电流程。燃气轮机做功后的高温排气在余热锅炉中产生水蒸气，再送到汽轮机中做功，把燃气循环（布雷顿循环）与蒸汽循环（朗肯循环）联合在一起。循环中的高温热源温度（透平机的初温）达到1 100~1 300 ℃，蒸汽循环采用的平均蒸汽吸热温度为540~603 ℃，联合循环中的冷源平均温度（冷凝器温度）为29~32 ℃。高温热源的温度越高，低温冷源的温度越低，联合循环的热效率就越高。

（2）天然气发电的发展现状。

从全球电力发展趋势看，2020年，全球天然气发电量为6 268.1 TW·h，其中，北美、欧洲、亚太地区、中东地区的天然气发电量分别为1 992.4 TW·h、759.1 TW·h、1 456.9 TW·h、836.1 TW·h。2019年和2020年，天然气发电是经济合作与发展组织国家的最大电源，分别占其总发电量的30.07%和30.88%。2020年，我国天然气发电量为247 TW·h，占全球天然气总发电量的3.17%，远低于全球平均水平，显著低于美、日、韩、德、俄。从发达国家天然气产业发展规律看，随着城镇化进程基本结束以及天然气市场进入成熟期，天然气利用主要靠发电推动。随着全球电力消费的增长，天然气发电量仍会保持增速，预计到2035年天然气的发电量占全球发电能源结构的25.71%。

目前，美国、英国、日本的发电用气量在天然气消费结构中占比分别为36%、31%、69%，全球平均为39%，而我国约为17.8%。与发达国家相比，我国天然气发电消费占比仍

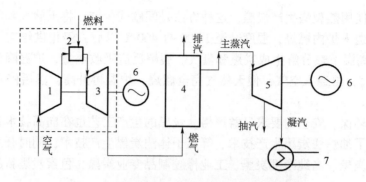

图 2.3.5 典型的燃气-蒸汽联合循环发电流程
1—压缩机；2—燃烧室；3—燃气轮机；4—余热锅炉；
5—汽轮机；6—发电机；7—冷凝器

处于较低水平。预计到 2025 年，我国天然气发电装机容量将会突破 1.5 亿 kW，占总装机容量的 6%左右。

我国天然气需求增长与国内产量增长的不匹配，是我国气电发展的主要瓶颈之一。天然气增产乏力，管网建设滞后，储气调峰能力不足，大功率燃机设备的进口依赖度高，提高了燃气电厂建设及运营成本。在我国加快能源电力转型升级进程中，气电是火电的重要组成，受能源资源禀赋制约，我国不具备走欧美电力转型路线的条件，但仍可借鉴其有益经验，发挥气电在电力电量平衡、灵活快捷、调峰调频、相对清洁低碳等方面的优势，在适量保有的火电装机中优化结构，稳妥推进以气替煤，协调推进能源安全和绿色转型。

2. 城市燃气

（1）城市用天然气的特点。

天然气作为一种清洁高效的能源，是城市燃气的发展趋势。城市用天然气按照使用情况的类型可分为居民生活用气、商业用气、工业企业生产用气、采暖通风和空调用气、天然气汽车用气、发电用气。

城市燃气用户的用气情况不均匀，受到气候条件、居民生活水平、生活习惯等因素的影响。比如，冬季气温低，供暖、热水的需求量大，燃气消耗就多；每周的工作日期间，用气少，而周末的用气多；每天早晨、中午、晚上的用气较多，而工作时间段的用气则较少。

为了解决不均匀用气和均匀供气之间的矛盾，保证燃气管网有足够的流量和正常的气压，通常采用天然气储存调峰的方法来解决供需平衡问题。天然气储存调峰的方法有水合物形式储气、地下储气库储气、储气罐储气、高压管道储气、液化天然气储气等。为了能够安全、平稳、可靠地向用户供气，可以把用气低谷时输气系统中多余的天然气储存在消费者附近，在用气高峰时补充管道供气量的不足。

（2）城市用天然气的输配系统。

城市用天然气输配系统的作用是通过各级压力管网把天然气分配到用户企业和居民家中。天然气输配系统主要由不同压力的燃气管道、天然气门站、储配站、调压计量站、区域调压站或楼栋调压站等设施组成，此外，还包括监控、调度、维护、管理等系统。天然气分配站流程如图 2.3.6 所示。

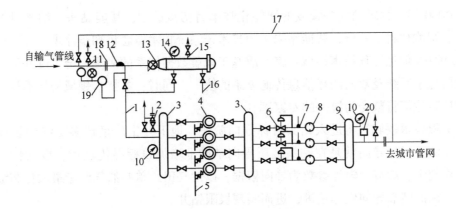

图 2.3.6 天然气分配站流程

1—进气管；2—安全阀；3，9—汇气管；4—除尘器；5—除尘器排污管；6—调压器；7—温度计；
8—流量板孔；10—压力表；11—干线放空管；12—清管球通过指示灯；13—球阀；14—清管球接收装置；
15—放空管；16—排污管；17—越站旁通管；18—绝缘法兰；19—电接点压力表；20—加臭装置

天然气管网按照用途可以分为长距离输气管道、城市燃气管道、工业企业燃气管道；按照铺设方式可以分为地下燃气管道和架空燃气管道；按照输气压力可以分为低压燃气管道（压力<10 kPa）、中压燃气管道（10 kPa<压力≤0.4 MPa）、次高压燃气管道（0.4 MPa<压力≤1.6 MPa）、高压燃气管道（1.6 MPa <压力≤4.0 MPa）。

天然气利用的技术及设备包括采暖、热水供应、炊事、空气调节、烘烤、楼宇热电联产等方面，未来还会涉及燃料电池、天然气制氢加氢站、家庭热电联产等方面。布设城市燃气管网系统时，应该考虑气源情况、城市的规划情况、原有燃气设施情况、不同类型用户的燃气需求、用户企业的情况、储气设备的类型、城市的地理及地形条件等因素。门站和储配站的设计布置应该符合城镇的总体规划，具有适宜的地形和地质条件，具有供水、供电、通信条件，结合长距离输气管道的位置确定站址。站内、站外建筑物的防火间距应符合国家标准。

2.3.5 油气资源未来的科学与技术发展方向

在石油化工领域，针对我国石油资源重质化、劣质化、加工产品升级、化工原料供需矛盾等问题，重点开展重油高效洁净转化利用的基础研究、非常规石油资源开发利用的基础科学问题研究、清洁和超清洁车用燃料生产的基础科学问题研究。在天然气化工领域，重点研究天然气主要成分甲烷的高效活化和定向转化，煤基燃气甲烷化的工艺流程、催化剂研发、过程中热量的高效利用，以整体煤汽化联合循环为基础的多联产能源系统的整体优化，非常规天然气的液化流程、超临界传热、低温溶解特性及相变特性，以及与天然气分布式能源系统有关的科学问题。

为了实现我国油气资源技术创新体系从跟随到引领的目标，2050 年前我国在探测工程、油藏工程、钻井工程、完井采油工程、地面工程、信息工程等重大关键技术领域加强自主创新，以下为具体技术措施和目标。

（1）2030 年，我国油气各领域的智能化技术将初步成型，智能钻头、纳米机器人、专家知识库、智能材料子系统、智能钻采工程技术子系统技术概念将初步浮现。

探测/油藏/信息工程技术领域：将完成基于地震数据体系的多源、全尺度井下信息子系统，地面信息子系统及双向闭环信息传输体系的统一，同时，各技术领域的技术规范、决策模型、知识表达等将整合为统一的专家库。

钻井工程技术领域：将进入钻头目标导向阶段，地下井工厂呈现多层级的复杂网状结构。其中，钻头目标导向就是在钻头地质导向基础上增加目标寻优功能，以物性、含油气性、岩石物理学、渗流力学等参数为导向依据，以油气田、单井油气产量最大化和综合成本最小化为目标的精准导向优化钻进，进而实现极限钻井。

完井测试技术领域：完井测试技术的里程碑标志将是随钻多井多层多段网络化协同智能完井测试技术的产业化，主要技术特征是在钻进的同时完成完井测试，以适应复杂的极限钻井高度井轨迹和分层开采结构；配套关键技术主要包括井间通信、完井工具与钻柱的一体化结构及丢手装置。

采油工程技术领域：可能将实现油藏纳米机器人、可视化智能采油技术、无水清洁采油技术的产业化。其中，油藏纳米机器人具有储层孔隙空间探测、描述、改造功能；可视化智能采油技术在剩余油描述基础上，通过激活或引导极限钻井、分支井侧钻开窗、无线可控微压裂、相邻水层双向流体调控、相邻碳质层汽化注气等技术实现低成本智能化绿色采油。在天然气领域，可能采用类似的相邻水层双向流体调控技术和天然气脱湿技术，实现可视化无水智能清洁开采。

地面工程技术领域：2030 年的地面工程与炼油的产业链边界可能快速弱化甚至部分消失，产业链进一步纵向整合。新一代智能油田是地面工程技术 2030 年的里程碑，核心是构建信息与决策中枢体系、智能材料仓储与配置系统、智能化地下水管理系统等。

（2）2050 年，我国将建立以智能电网为基础的能源多元化整合平台，作为未来多元化能源体系范式。油气资源技术形态将可能成为仿生钻采系统。

仿生钻采系统：对于一个小型油气田，通常只需一个仿生系统，其地表只有一个井口，地下具有覆盖整个油气藏的多级复杂分支井结构，传统地面管网将由地下油藏中密布的类根系管柱替代。类根系管柱分为注、采两类，通过地表和井筒两级智能控制系统实现协同和优化。开采的动力来自智能电网，开采用水资源、CO 等可以来自城市或工业废液和减排系统，与未来城市和能源体系形成完整的生态开采系统。

仿生井钻完井：即以石墨烯材料的复合连续管钻井为基本钻井方式，石墨烯的独特材料性能使连续管厚度、管径无限细分。仿生钻柱为由类似树干的多层特殊纳米管材组成的连续管，其最外层为可膨胀连续管，当主钻柱钻至油藏上覆区域盖层后，最外层可膨胀连续管将自动剥离管柱实现固井。仿生连续管内置的多个类根系钻柱将在各自的仿生钻头引导下完成目的层钻探，每个类根系钻柱都具有固、完、测、控多重功能，对应的多个仿生钻头在上覆层钻井过程中会整合为单一复合钻，仅在上覆层固井后分离。每一个仿生钻头都能够独立进行目标导向钻井，自动寻找最佳油藏位置，使钻井始终沿着最利于钻进的路线钻进，能够依靠随钻地层评价结果进行随钻完井、随钻测试和井轨迹调整及优化。

2.4 生物质能的开发和利用

2.4.1 概述

生物质是指通过光合作用形成的各种有机体，包括所有的动植物和微生物。迄今为止，已知的植物有 50 多万种，其形态、结构、生活习性及对环境的适应性各不相同。地球上的植物通常分成高等植物和低等植物两大类。高等植物又分为苔藓植物、蕨类植物和种子植物三大类。地球上生物按照碳素营养方式不同，可分为异养生物和自养生物两大类。异养生物只能利用现成的有机物作为营养源，如动物、大多数微生物和少数植物；自养生物能够利用无机物作为营养，如绝大多数植物和少数微生物。光合作用是绿色植物通过叶绿体利用太阳能，把二氧化碳和水合成储存能量的有机物并释放出氧气的过程。绿色植物的光合作用过程为

$$6CO_2 + 12H_2O \xrightarrow[\text{太阳能}]{\text{叶绿体}} C_6H_{12}O_6 + 6H_2O + 6O_2$$

生物质能是太阳能以化学能形式储存在生物质中的能量形式，是以生物质为载体的能量。生物质能直接或间接来源于绿色植物的光合作用，可转化为常规的固态、液态和气态燃料。从广义上讲，生物质能是太阳能的一种表现形式。据估计，地球上的植物每年通过光合作用所固定的碳达 2×10^{11} t，所含能量达 3×10^{21} J，每年通过光合作用储存在植物的枝、茎、叶中的太阳能，相当于全世界每年消耗能量的 10 倍、人类消耗矿物燃料的 20 倍、人类食物能量的 160 倍。但是，人类将生物质能作为能源的利用量还不到其总量的 1%。目前，生物质能仍是世界第四大能源，全世界约 25 亿人生活能源的 90% 以上是生物质能。在我国农村，生物质能的消费量占 32%~35%，占生活用能的 50%~60%。

根据来源不同，生物质能分为林业生物质资源、农业生物质资源、生活污水和工业有机废水、城市固体废物、畜禽粪便等。林业生物质资源是指森林生长和林业生产过程产生的生物质能，包括薪炭林、零散木材、残留的树枝、树叶、木屑、锯末、林业果壳和果核等。我国现有森林面积约 1.95 亿 hm^2[①]，每年可获得生物质资源量为 8 亿~10 亿 t。农业生物质资源是指农业作物、农业生产中的废弃物、农业加工业的废弃物，通常包括草本能源作物、油料作物、制取碳氢化合物的植物和水生植物等几类；我国农作物播种面积有 18 亿亩[②]，年产生物质约 7 亿 t。生活污水和工业有机废水主要由城镇居民生活、商业和服务业的各种排水组成，其中工业酒精、酿酒、制糖、食品、制药、造纸及屠宰等行业生产过程中排出的废水等，都富含有机物。城市固体废物主要由城镇居民生活垃圾，商业、服务业垃圾和少量建筑业垃圾等固体废物构成。畜禽粪便是畜禽排泄物的总称，含有丰富的氮、磷、钾等养分资源，据估算，2016 年全国畜禽粪便数量达 2.380×10^9 t，养分总量为 4.71×10^7 t。

---

① 1 $hm^2 = 10^4$ m^2。
② 1 亩 = 666.667 m^2。

生物质能的特点如下：①利用过程中具有 CO_2 零排放特性；②生物质含硫、含氮都较低，灰分含量也很少；③生物质资源分布广、产量大、转化方式多种多样；④与其他非传统性能源相比较，技术上的难题较少；⑤通过植物的光合作用可以再生；⑥植物只能将极少量的太阳能转化成有机物；⑦生物质资源的分布比较分散，收集运输和预处理的成本较高；⑧生物质资源单位质量热值较低。各类生物质燃料的热值见表 2.4.1。

表 2.4.1 各类生物质燃料的热值

生物质	纤维素	木炭	草类	藻类	城市垃圾	粪便	乙醇
热值/ $(MJ \cdot kg^{-1})$	17.5	12~22.4	18.7	10	12.7	13.4	29.4

2.4.2 生物质能的转化技术

生物质能转化利用的途径主要包括燃烧、热化学法、生化法、化学法和物理化学法等（见图 2.4.1）。生物质能可以转化为热量或电力、固体燃料（木炭或成型燃料）、液体燃料（生物柴油、生物原油、甲醇、乙醇和植物油等）和气体燃料（氢气、生物质燃气和沼气等）等二次能源。

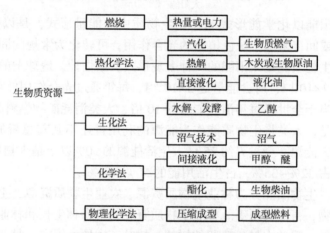

图 2.4.1 生物质能转化利用的途径

1. 生物质沼气技术

沼气的主要成分是甲烷、二氧化碳，还有少量的氢气、氮气、一氧化碳、硫化氢。通常情况下，沼气中的甲烷含量为 50%~70%，每立方米沼气的热值约为 21 520 kJ。

通过厌氧发酵，将人畜禽粪便、秸秆、农业有机废弃物、工业废水、城市污水和垃圾、水生植物和藻类等有机物质转化成沼气，既可以制取清洁能源，又能够有效处理废弃物。一般情况下，从各种复杂有机物开始分解到生成沼气，共有五大类细菌参与沼气发酵过程，包括发酵性细菌、产氢产乙酸菌、耗氢产乙酸菌、食氢产甲烷菌、食乙酸产甲烷菌。这五类细菌构成一条食物链，前三类细菌共同完成水解酸化过程，后两类细菌完成甲烷生产过程。

为了实现较高的沼气生产效率、污水净化效率或废弃物处理率，沼气发酵过程需要最大限度地培养和积累厌氧硝化细菌。发酵过程的正常进行与发酵原料类型、厌氧活性污泥、消化器负荷、发酵温度、pH、原料碳氮比、有害物质的控制及搅拌等因素有关。良好的沼气发酵原料包括各种畜禽粪便、各种农作物秸秆、杂草、树叶及农产品加工的残余物、废水。厌氧活性污泥是由厌氧硝化细菌与悬浮物质、胶体物质结合在一起形成的，具有很强吸附分解有机物能力的凝絮体、颗粒体或附着膜，一般呈油亮的黑色。沼气发酵温度可以分为 3 个范围，分别为 46~60 ℃高温发酵、25~45 ℃中温发酵、25 ℃以下低温发酵。沼气发酵是在中性条件下的厌氧发酵，最适宜的 pH 为 6.8~7.4。沼气发酵需要考虑微生物生长所必需的碳、氮、磷以及其他微量元素，适宜的碳氮比值范围较宽，一般在厌氧发酵的启动阶段，碳氮比值不应大于 30∶1。在厌氧消化器中，搅拌是打破料液分层，使微生物与物料接触的有效手段，可以保证持续发生生物化学反应。常用的搅拌方法有液体回流搅拌法、沼气回流搅拌法和机械搅拌法。

农村居民用沼气池的池型主要分为底层出料水压式沼气池、曲流布料式沼气池、分离浮罩式沼气池和强旋流液搅拌沼气池等。底层出料水压式沼气池主要由发酵间、水压间、储气间、进料管、出料管、导气管等部分组成，如图 2.4.2 所示。曲流布料式沼气池属于水压式沼气池，在进料口咽喉部位设有滤料盘；原料进入池内时，分流板进行半控制或全控制式布料，形成多路曲流，增加新料散面，提高池容产气率。分离浮罩式沼气池由发酵间和储气浮罩组成。发酵间产生的沼气，通过输气管道输送到储气浮罩内储存（见图 2.4.3）。强旋流液搅拌沼气池由进料间、进料管、发酵间、储气室、天窗盖、水压间、旋流布料墙、抽渣管、活塞、导气管、出料通道等部分组成（见图 2.4.4），解决了池内原料分层严重、清渣出料困难、产气率低和管理不便等技术问题。

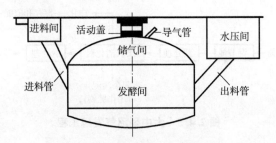

图 2.4.2　底层出料水压式沼气池

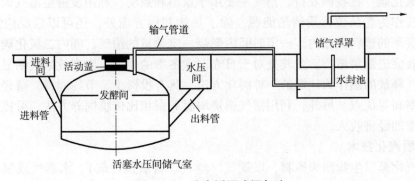

图 2.4.3　分离浮罩式沼气池

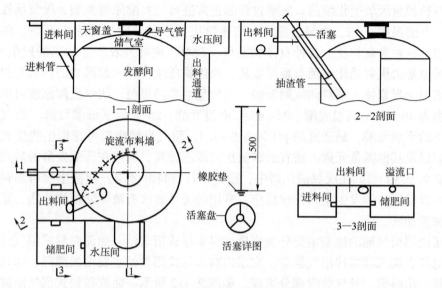

图 2.4.4 强旋流液搅拌沼气池

随着畜禽养殖业的迅速发展，特别是规模化养殖场的增加，大量粪尿排泄物及废水产生，对水体环境和大气环境造成了严重的污染，其已经成为与工业污染相当的重要污染源。实践证明，大中型沼气工程技术是治理畜禽养殖业污染的有效措施。一个完整的大中型沼气发酵工程包括原料（有机废物）的收集、预处理、厌氧消化（沼气池）、后处理、沼气的净化、储存和输配、利用等工艺环节，如图 2.4.5 所示。

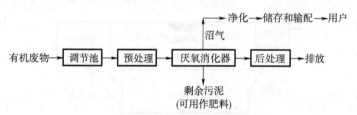

图 2.4.5 大中型沼气发酵工程

沼气在使用前必须经过净化，使质量达到标准要求。沼气的净化一般包括沼气的脱水、脱硫及脱二氧化碳。在我国农村，沼气主要用于炊事和照明，利用设施是沼气炊事灶具和沼气灯具。沼气作为高品位优质清洁能源，除了热能利用方面外，还可以广泛应用于农业生产。在种植蔬菜的塑料大棚内，一定时间内燃烧一定数量的沼气，棚内二氧化碳浓度和温度升高，可有效促进蔬菜增产，尤其是对于日光温室冬季的生产，增产效果更明显。沼气孵鸡是以燃烧沼气释放的热作为热源的一种孵化方法，具有投资少、节约能源、减轻劳动、管理方便、出雏率高等优点。另外，利用沼气燃烧增温养蚕相比传统饲养方法，可提高产茧量和蚕茧等级，增加经济收入。

2. 生物质汽化技术

生物质汽化是以生物质为原料，以氧气（空气、富氧或纯氧）、水蒸气或氢气等作为汽化剂，在高温条件下通过热化学反应将生物质中的可燃部分转化为可燃气的过程。生物质汽化时产生的气体，主要成分为 CO、H_2 和 CH_4 等，称为生物质燃气。

如图 2.4.6 所示，生物质原料从下吸式汽化炉顶部加入，依靠重力由上向下运动，在这个过程中，分别经历了干燥层、热解层、氧化层和还原层，完成全过程后成为灰烬从汽化炉底部排出。氧气、氢气、水蒸气等汽化剂从汽化炉中部加入氧化层，燃气从底部吸出。干燥层、热解层、氧化层和还原层在汽化过程中起不同的作用。

生物质汽化过程的反应如下：

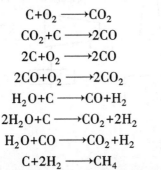

$$C + O_2 \longrightarrow CO_2$$
$$CO_2 + C \longrightarrow 2CO$$
$$2C + O_2 \longrightarrow 2CO$$
$$2CO + O_2 \longrightarrow 2CO_2$$
$$H_2O + C \longrightarrow CO + H_2$$
$$2H_2O + C \longrightarrow CO_2 + 2H_2$$
$$H_2O + CO \longrightarrow CO_2 + H_2$$
$$C + 2H_2 \longrightarrow CH_4$$

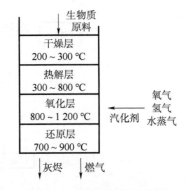

图 2.4.6　生物质汽化原理

评价生物质汽化过程有 5 个指标：①气体产率，单位质量生物质汽化所得到的燃气体积，单位为 m^3/kg；②汽化强度，汽化炉中每单位横截面积每小时汽化生物质的质量，单位为 $kg/(m^2 \cdot h)$，或汽化炉中每单位容积每小时汽化的生物质质量，单位为 $kg/(m^3 \cdot h)$；③汽化效率，单位质量生物质汽化所得到的燃气在完全燃烧时放出的热量与汽化使用的生物质发热量之比；④热效率，生成物的总能量与总消耗能量之比；⑤燃气热值，可用气体燃料燃烧释放出的全部热量。

生物质汽化过程分为多种形式：按照制取燃气热值的不同，可以分为制取低热值燃气方法、制取中热值燃气方法、制取高热值燃气方法；按照设备运行方式的不同，可以分为固定床汽化、流化床汽化和旋转床汽化；按照汽化剂的不同，可以分为干馏汽化、空气汽化、氧气汽化、水蒸气汽化、水蒸气-空气汽化、氢气汽化等。

在整个生物质汽化系统中，汽化炉是核心设备。汽化炉可分为两类，即固定床汽化炉和流化床汽化炉。固定床汽化炉的汽化反应一般发生在相对静止的床层中，生物质依次完成干燥、热解、氧化和还原反应。根据气流运动方向的不同，固定床汽化炉可分为下吸式、上吸式和横吸式等。流化床汽化炉通常选用惰性材料（如石英砂）作为流化介质，首先使用辅助燃料（如燃油或天然气）将床料加热，然后使生物质进入流化床与汽化剂进行汽化反应，产生的焦油也可在流化床内分解，运行温度往往控制在 700~850 ℃ 之间。流化床汽化炉可分为鼓泡床汽化炉、循环流化床汽化炉、双床汽化炉和携带床汽化炉等。

汽化炉中出来的可燃气（称为粗燃气）中含有一定量的杂质，固体杂质包括灰分和细小的炭颗粒，液体杂质包括焦油和水分。在正常使用之前，需要对粗燃气做进一步的净化处理，使之符合有关燃气质量标准。生物质燃气的用途主要包括提供热量、集中供气、用作化工原料气、汽化发电等。

生物质汽化技术的首次商业化应用开始于 1833 年，当时以木炭作为原料，经过汽化器生产可燃气，燃烧后驱动内燃机，用于早期的汽车和农业灌溉机械。生物质汽化领域处于领先水平的国家有瑞典、美国、意大利和德国等。目前，瑞典已生产出 25 kW~25 MW 的下吸式生物质汽化炉，科研机构正致力于循环流化床和加压汽化发电系统的研究。20 世纪 80 年代，我国研制出由固定床汽化器和内燃机组成的稻壳发电机组，制成了 200 kW 稻壳汽化发电机组产品并得到推广。图 2.4.7 所示为生物质整体汽化联合循环工艺流程。

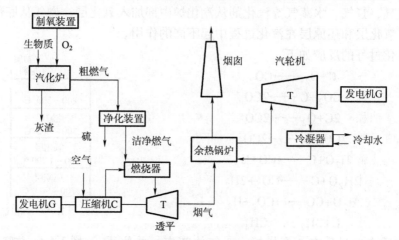

图 2.4.7 生物质整体汽化联合循环工艺流程

3. 生物质热解技术

生物质热解（或热裂解）是指在隔绝空气或通入少量空气的条件下，利用热能的输入切断生物质结构中大分子的化学键，使之转变为小分子物质的过程。生物质的热解工艺流程一般包括物料的预处理、热解过程、产物分离三个步骤。在热解过程中，通过控制热解速度、温度、压力、停留时间等参数，可以改变生成气体、液体、固体的组成比例，从而得到不同的热解产品。生物质热解的工艺类型分为慢速热解、常规热解、快速热解、闪速热解等。慢速热解又称干馏工艺，加热速度较低，有利于生成生物炭。常规热解的热解温度为 $400 \sim 600\ ℃$，加热速度为 $0.1 \sim 1\ ℃/s$，产物以生物油为主，产油率可以达到 50%。快速热解的温度为 $500 \sim 800\ ℃$，加热速度超过 $100\ ℃/s$，产物主要是可直接作为燃料使用的生物油，产油率可以达到 75%。快速热解工艺流程如图 2.4.8 所示。

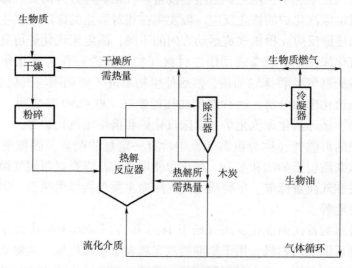

图 2.4.8 快速热解工艺流程

生物质原料包括纤维素、半纤维素、木质素三种有机成分。纤维素热解反应途径如下：首先经过活性纤维素中间态初步聚解形成相对分子质量较低的脱水低聚糖；然后脱水低聚糖分解形成 D-呋喃葡萄糖，并进一步分解为左旋葡萄糖单体，左旋葡萄糖单体进一步脱水形成左旋葡萄糖酮或生成呋喃类化合物及其他小分子酮醛类物质。另外，在热解过程中还会生成 CO、CO_2 及烯烃小分子气体，以及一定量的生物炭。与纤维素不同，半纤维素结构较为复杂，是由木糖、甘露糖、阿拉伯糖、半乳糖和葡萄糖等组成的一种非均一多聚糖，其分子结构随半纤维素来源的不同而有所不同。其热解主要发生在低温阶段（<500 ℃），随着温度的升高，生物油和焦炭的产量下降，气体产物的产量上升。液相产物主要包括酸类、醇类、呋喃、环戊烯酮类等化合物，气体产物主要有 CO_2、CO、CH_4 等。木质素的非等温热解反应可分为初次热解和二次热解。在初次热解阶段（200~400 ℃），木质素分解为挥发性的中间体和炭化中间体，主要为 G 型木质素产生的 4-位取代的愈创木基型产物或由 S 型木质素生成的 4-位取代的紫丁香基型产物；在二次热解反应阶段（400~500 ℃），中间产物再次降解与重组生成最终产物。

生物质热解的核心技术在于热解反应器，其具体分为固定床反应器、鼓泡流化床反应器、循环流化床反应器、旋转锥反应器、螺旋反应器等。热解产生的液相产物是生物原油，发热量低、成分复杂、酸性强、氧含量高、物理属性不稳定，不适合作为替代燃料直接使用，需要通过预处理、催化热解、精制分离，最终加工成车用燃油、航空燃油或高附加值化学品。热解气通过催化改性生成合成气，并通过费-托法合成制取多种液体燃料。热解的生物炭可以制备成新型功能化碳材料，如碳纤维、石墨烯、碳纳米管等。

4. 生物质液体燃料技术

生物质液体燃料是指以生物质为原料生产的液体燃料，如生物柴油、乙醇以及二甲醚等。与常规化石燃料相比，使用生物质液体燃料具有以下优势：①可持续发展；②减少温室气体排放；③促进区域经济发展；④保障能源安全。目前，少数国家已经在一定程度上使用了生物质液体燃料，但是生物质液体燃料的大规模应用仍然受制于基础设施建设问题和市场销售问题。

（1）生物柴油。

生物柴油是以植物油（如油菜、大豆、棕榈油等）为原料，通过化学方法获得的一种生物燃料，既可以单独用来替代柴油，也可以与柴油混合使用。生物柴油不仅可以作为公共交通车、卡车等柴油机车的替代燃料，也可以为海洋运输业、采矿业、发电厂等非移动式内燃机提供燃料。

化学法生产生物柴油是在催化剂（NaOH、KOH 或 K_2CO_3）作用及一定温度（230~250 ℃）下，植物油与甲醇或乙醇进行酯化反应，生成脂肪酸甲酯或乙酯，即生物柴油，并获得副产品甘油。生物酶法生产生物柴油是利用废食用油和低碳醇，通过脂肪酶交换进行酯交换反应，以提高转化率和降低生产成本，生产相应的脂肪酸甲酯及乙酯等，具有反应调节温和、醇用量小、产品易于收集且无污染等优点。

生物柴油和常规柴油的性能指标对比见表 2.4.2，与常规柴油相比，生物柴油的热值低，运动黏度略高，闪点较高，十六烷值较高，含氧量高 10%，不含芳香族烃类成分，硫含量远远低于常规柴油，尾气排放对人体的损害低于常规柴油。但是，生物柴油也有缺点，如具有腐蚀性和吸水性，对发动机的维护保养要求高。

表 2.4.2 生物柴油和常规柴油的性能指标对比

序号	主要燃料特性		生物柴油	常规柴油
1	冷滤点/℃	夏季产品	−10	0
		冬季产品	−20	−20
2	相对密度		0.88	0.83
3	动力黏度（40 ℃）/(mm² · s⁻¹)		4~6	2~4
4	闭口闪点/℃		>100	60
5	十六烷值		≥56	≥49
6	热值/(MJ · L⁻¹)		32	35
7	燃烧功效/%		104	100
8	S（质量分数）/%		<0.001	<0.2

（2）生物燃料乙醇。

乙醇的生产方法有化学合成法和发酵法。化学合成法是以石油、天然气为原料，通过化学反应制造乙醇的方法，如乙烯水合法、乙醛加氢法。发酵法是利用微生物的发酵作用将糖分或淀粉转化为乙醇的方法。从工艺角度来看，生物质中只要含有可发酵性糖（如葡萄糖、麦芽糖、果糖和蔗糖等）或可转变为发酵性糖的原料（如淀粉、菊粉和纤维素等），就可以作为乙醇的生产原料。发酵法的生物质原料在不同地域差异是比较大的。例如，巴西主要使用甘蔗作为原料，北美主要使用谷物和玉米，法国主要使用谷物和甜菜。

可发酵的糖类原料包括甘蔗、甜菜和甜高粱等含糖作物，以及废糖蜜等。淀粉质原料包括甘薯、木薯、马铃薯等薯类和高粱、玉米、大米、谷子、大麦、小麦、燕麦等粮谷类。野生植物原料包括橡子仁、葛根、土茯苓、石蒜、金刚头、枇杷核等。纤维素原料包括农作物秸秆、林业加工废弃物、甘蔗渣及城市固体废物等。

利用淀粉质原料制取乙醇的工艺流程：淀粉质原料→淀粉质原料的蒸煮→蒸煮醪的糖化→糖化醪的发酵→发酵成熟醪的蒸馏→无水酒精的制取。

利用甜高粱茎秆汁液制取乙醇的工艺流程：茎秆→破碎压榨→静电灭菌→发酵→双塔连续蒸馏→成品乙醇。

5. 生物质压缩成型技术

农业和林业的生产过程产生了大量的生物质废弃物，如秸秆、稻壳、树枝、树叶、木屑和木材加工的边角料等。这些废弃物具有较低的体积密度，收集、运输、储藏、大规模应用比较困难。生物质压缩成型是指将分散的、不规则的生物质原料通过机械加压的方法制备成具有固定形状的高密度固体燃料的过程。生物质压缩成型的设备一般分为螺旋挤压式、活塞冲压式和环模滚压式，如图 2.4.9 所示。

各种农林废弃物主要由纤维素、半纤维素和木质素组成。木质素是光合作用形成的天然聚合体，在植物中的含量一般为 15%~30%，具有复杂的三维结构，属于高分子化合物，在温度为 70~110 ℃时开始软化，在 200~300 ℃时呈熔融状，黏度高。在软化状态及一定的压

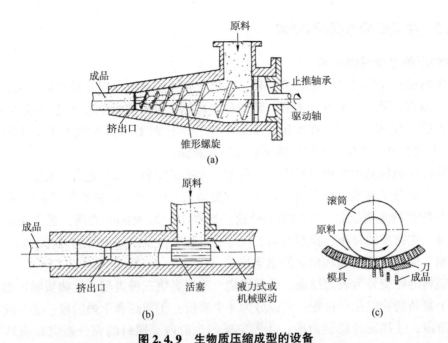

图 2.4.9 生物质压缩成型的设备

（a）螺旋挤压式；（b）活塞冲压式；（c）环模滚压式

力下，木质素与相邻颗粒、纤维素紧密黏结在一起，体积大幅度减小，密度显著增加。当取消外部压力后，由于非弹性的纤维分子之间相互缠绕，木质素一般不能恢复原来的结构和形状，因此在冷却以后强度增加，成为成型燃料。对于木质素含量较低的原料，在压缩成型过程中，可掺入少量的黏结剂，如黏土、淀粉、糖蜜、植物油、造纸黑液等，使成型燃料保持给定形状。

农林废弃物的压缩成型技术按生产工艺分为黏结成型、压缩颗粒燃料和热压缩成型工艺，可制成棒状、块状、颗粒状等各种成型燃料。压缩成型的工艺流程如下：①干燥，一般通过滚筒干燥机进行烘干，将原料的含水率降低至 8%~10%；②粉碎，通常使用锤片式粉碎机，粉碎的粒度由成型燃料的尺寸和成型工艺决定；③调湿，加入一定量的水分，使原料表面覆盖一层液体，增加黏结力，便于成型；④成型，生物质通过压缩成型，成型的设备一般分为螺旋挤压式、活塞冲压式和环模滚压式；⑤冷却，生物质在压缩成型时，其温度会升高至 90~95 ℃，通风冷却后可以提高成型燃料的持久性。原料种类、含水率、温度和粉碎程度将影响成型燃料的质量。

生物质成型燃料主要用于供热，包括区域房屋集中供热、家庭住宅独立供热。早在 20 世纪 30 年代，美国就开始研究生物质压缩成型机，在 20 世纪 80 年代中期，开发了自动化程度高的家用生物质成型燃料炉具，生物质成型燃料产业逐步建立起来，1993—1998 年，每年生物质成型燃料销售总量为 50 万~60 万 t，占美国住宅取暖需求量的 0.025%。瑞典、挪威、丹麦和奥地利等欧洲国家也广泛应用了生物质成型燃料，其中，2000 年瑞典生物质成型燃料的生产能力已经达到 100 万 t，具有 10 万个生物质供热站。我国在 20 世纪 80 年代开始引进技术，经过消化吸收，独立研发了固定炉排锅炉、链条炉排锅炉、往复炉排锅炉、鼓泡流化床锅炉和循环流化床锅炉等产品，具备比较成熟的产业化条件。

2.4.3 生物质能的利用技术

1. 生物质的直接燃烧技术

除了生物质转化的气体、液体燃料外，生物质固体燃料也可以直接燃烧，包括农作物秸秆、稻壳、锯末、果壳、果核、木屑、薪柴和木炭等。生物质燃烧技术是一项古老的技术，开始于人类的"钻木取火"。在我国许多史书中，都记载着远古时代人工取火的传说，如《韩非子·五蠹》中："有圣人作，钻燧取火以化腥臊。"

生物质固体燃料是由多种可燃质、不可燃的无机矿物质及水分混合而成的。其中，可燃质是多种复杂高分子有机化合物的混合物，主要由 C、H、O、N 和 S 等元素组成，其中 C、H 和 O 是生物质的主要成分。生物质的热值一般在 $18\sim21$ MJ/kg 之间，通常采用氧弹量热仪直接测定。生物质的分布、自然形状、尺寸、堆积密度及灰熔点等物理特性影响生物质的收集、运输、储存、预处理和相应的燃烧技术。

固体燃料的燃烧分为表面燃烧、分解燃烧、蒸发燃烧三种类型。生物质固定燃料的燃烧过程是一个复杂的物理化学过程，可以分为 4 个阶段：①预热和干燥阶段；②挥发分析出及木炭形成阶段；③挥发分燃烧阶段；④固定碳燃烧阶段。燃料的充分燃烧必须具备多个条件：一定的温度、合适的空气量及其与燃料的良好混合、足够的反应时间和空间。燃烧速度是由化学反应和气流扩散决定的，温度、气流扩散速度越大，燃烧速度就越大。生物质燃烧会产生烟尘、CO、CO_2、NO、SO_2、HC、二噁英等污染物，对环境产生不良影响。人类需要采取先进的燃烧技术和后处理技术，控制这些污染物的排放。

当生物质燃烧系统的功率大于 100 kW 时，一般采用现代化燃烧技术，主要应用于工业过程、区域供热、发电及热电联产等。这类系统一般都配备自动上料机构，而且可以对燃料进行预处理，以满足上料机构和不同燃烧技术的要求。生物质的现代化燃烧技术主要分为固定床、流化床和悬浮燃烧等三种方式，如图 2.4.10 所示。在固定床方式中，生物质平铺在炉排上，形成一定厚度的燃料层，进行干燥、干馏、燃烧及还原过程。空气（一次配风）从下部通过燃料层为燃烧提供氧气，可燃气体与二次配风在炉排上方的空间充分混合燃烧。在流化床方式中，床的下部装有孔板，称为布风板，空气从布风板下面的风室向上送入，布风板的上方堆有一定粒度分布的固体燃料层，是燃烧的主要空间。在悬浮燃烧方式中，生物质需要进行预处理，颗粒尺寸要求小于 2 mm，含水率不能超过 15%，生物质粉碎至细粉，然后与空气混合并且切向喷入燃烧室内部，形成涡流，呈悬浮燃烧状态，增加了滞留时间，可以在较低的过剩空气条件下高效运行。

2. 生物质的发电技术

生物质发电是利用生物质所具有的生物质能进行发电，是可再生能源发电的一种，包括农林废弃物直接燃烧发电、农林废弃物气化发电、垃圾焚烧发电、垃圾填埋气发电、沼气发电等。世界生物质发电起源于 20 世纪 70 年代。因为世界性的石油危机爆发，丹麦首先开始积极开发清洁的可再生能源，大力推行秸秆等生物质发电。从 1990 年以来，生物质发电在欧美许多国家开始大力发展。从全球来看，生物质发电已经成为化石燃料的有效补充，是可再生能源发电的重要组成部分。

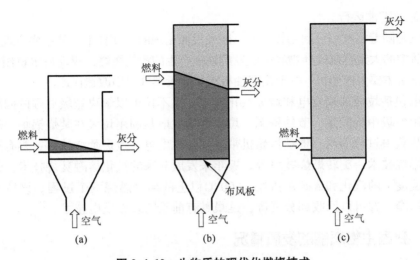

图2.4.10 生物质的现代化燃烧技术

(a) 固定床；(b) 流化床；(c) 悬浮燃烧

生物质直接燃烧发电是将生物质在锅炉中直接燃烧，产生蒸气带动汽轮机及发电机旋转，从而发电。如果驱动汽轮机之后的乏汽热量继续加以利用，则整个系统同时生产热量和电力，总体热效率更高。图2.4.11所示为某热电联产系统的工艺流程。生物质直接燃烧发电的关键技术包括生物质原料预处理、锅炉防腐、锅炉的原料适用性及燃料效率技术、汽轮机效率技术等。

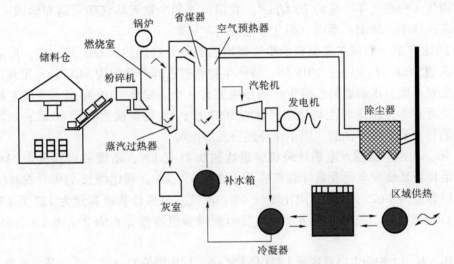

图2.4.11 某热电联产系统的工艺流程

生物质可以与煤混合作为燃料发电，称为生物质混合燃烧发电技术。混合燃烧方式主要有两种：一种是生物质直接与煤混合后投入燃烧，该方式对于燃料处理和燃烧设备要求较高，不是所有燃煤发电厂都能采用；另一种是生物质汽化产生的燃气与煤混合燃烧，将这种混合燃烧系统中燃烧产生的蒸汽一同送入汽轮发电机组。

生物质汽化发电技术是指生物质在汽化炉中转化为气体燃料，经净化后直接进入燃气机中燃烧发电或者直接进入燃料电池发电。生物质汽化发电的关键技术之一是燃气净化，汽化出来的燃气都含有一定的杂质，包括灰分、焦炭和焦油等，需经过净化系统把杂质除去，以保证发电设备的正常运行。

沼气发电是随着沼气综合利用技术的不断发展而出现的一项技术，其主要原理是利用工农业或城镇生活中的大量有机废弃物经厌氧发酵处理产生的沼气燃烧，驱动发电机组发电。用于沼气发电的设备主要为内燃机，一般由柴油机组或者天然气机组改造而成。

垃圾发电包括垃圾焚烧发电和垃圾汽化发电，这不仅可以解决垃圾处理的问题，同时还可以回收利用垃圾中的能量，节约资源。垃圾焚烧发电是利用垃圾在焚烧锅炉中燃烧放出的热量将水加热获得过热蒸汽，推动汽轮机带动发电机发电。垃圾焚烧技术主要有层状燃烧技术、流化床燃烧技术、旋转燃烧技术等。近年来发展起来的汽化熔融焚烧技术，包括垃圾在450~640 ℃温度下的汽化和含碳灰渣在1 300 ℃以上的熔融燃烧两个过程。该技术垃圾处理彻底，过程洁净，并可以回收部分资源，是最具有前景的垃圾发电技术。

2.4.4　我国生物质能的发展情况

在"十三五"期间，受大气污染治理和我国北方地区冬季清洁采暖的推动，我国生物质供热发展迅速，截至2019年底，生物质清洁供热项目超过1 100个，供热面积超过4.8亿 m^2，其中生物质热电联产供热面积超过3.4亿 m^2，生物质锅炉供热面积超过9 000万 m^2，炉具供热面积超过5 000万 m^2。

截至2019年底，我国户用沼气约有4 000万户，中小型沼气工程11.8万处，规模化大型沼气工程约8 720处，全国沼气年产量约190亿 m^3，其中户用沼气年产量约160亿 m^3，大中小型沼气工程沼气年产量约30亿 m^3。我国沼气和生物天然气项目遍布全国，在华北、东北、华东、华中、华南、西南、西北等地区均有分布。

截至2018年底，我国各类原料的生物燃料乙醇设计产能约为605万 t/年，形成年混配车用乙醇汽油2 000万 t以上；2018年，我国生物燃料乙醇产量约为340万 t；粮食乙醇的生产企业主要有6家，木薯燃料乙醇生产项目主要有9个。截至2018年底，我国生物柴油产能超过200万 t/年，2018年生物柴油产量约为97万 t，生物柴油企业近40家；我国生物柴油的生产原料主要是废弃油脂，属于循环经济发展范畴。

2022年，我国生物质发电累计装机容量达到0.41亿 kW，新增装机容量为334万 kW，其中，生活垃圾焚烧发电行业累计装机容量为2 386万 kW，同比增长11%；农林生物质发电累计装机容量为1 623万 kW，同比增长4%；沼气发电累计装机容量为122万 kW，同比增长11%。垃圾焚烧、农林生物质及沼气发电新增装机容量分别为257万 kW、65万 kW、12万 kW。

2022年，我国生物质发电量达到1 824亿 kW·h，同比增长11.42%，生物质发电量占整体发电结构的比例从2021年的6.6%下滑至4.9%。生活垃圾焚烧发电量达到1 268亿 kW·h，同比增长17%；农林生物质发电量为517亿 kW·h，同比增长0.2%；沼气发电量为39亿 kW·h，同比增长5%。其中，生活垃圾焚烧发电量占比从2020年的52%上升至2022年的70%，农林生物质发电量占比从2020年的45%下降至2022年的28%。

2.4.5　生物质能未来的科学与技术发展方向

生物质能转化利用的重点研究领域包括生物质热解液化技术及相关基础问题、生物质高效汽化工艺、先进生物质汽化发电技术和系统、生物质燃气和燃油精制技术及相关基础问题、秸秆先进燃烧发电和生物质混合燃烧技术及相关基础问题、沼气发电技术及相关基础问题、纤维素转化乙醇相关基础问题、微生物制氢技术相关基础问题、微生物燃料电池以及水生植物利用相关基础问题、微藻能源。

以下为生物质能未来发展的技术路线和目标。

（1）在 2030 年前后，我国将实现城乡生活垃圾无害化处理全覆盖，能源化、资源化利用率达到 90%；分布式区域秸秆类农业废物田间收集-清洁热利用系统应用面积达到 300 万亩，秸秆焚烧现象基本消除；农林废物能源化工技术系统全面提升，高品位成型燃料、气体燃料和液体燃料制备关键技术取得有效突破，建立年产 20 万 t 的成型燃料生产基地，推广年产 3 万 t 以上生物质成型燃料生产线，发展 100 兆瓦级生物质直燃发电站、100 兆瓦级混燃热电联产工程和分布式兆瓦级生物质汽化发电工程；逐步建立大中型畜禽粪便能源化工系统，推广年处理能力 10 万 t 以上的生物质燃气工程，多种农村有机废物协同处置与多联产系统全面提升，生物质功能材料制备技术全面推广，能源植物规模化种植关键技术取得关键性突破，能源植物年产能达到 1 亿 t 标准煤。

面向生物质能发展的中期愿景，需探索和发展前沿性核心技术，如高效低成本生物质成型燃料工业化生产技术，混合燃烧发电生物质计量检测技术，低结渣、低腐蚀、低污染排放的生物质直燃发电技术，高效洁净的汽化发电技术和规模化产业装备技术，高效低成本复合酶制备技术等。2030 年，生物质能总量实现标准煤当量 16.5 亿 t，减少碳排放量 117 亿 t。

（2）2050 年前后，我国将构建生物质能化工综合利用产业链，构建"种-养-能"循环农业体系，实现无废排放，同时，农作物秸秆、城乡生活垃圾、农林废弃物的能源化、资源化率达到 100%，实现规模化养殖场粪污零排放，实现高产、高能、易转化能源植物新品种的产业化应用，实现区域内单一工程对各类有机废弃物协同处置与全量利用，大幅提高农村废弃物综合利用的有效性和经济性，构建标准化生物质原料的可持续供应体系，形成具有竞争力的商业化运营能力。

面向未来，应力争改变传统单一处置模式，增进各种生物质的互补与融合，提高生物质能的利用效率和环境效益。2050 年，生物质能总量实现标准煤当量 21.8 亿 t，减少碳排放量 143 亿 t。

第3章 无碳能源的开发和利用

3.1 水电能源的开发和利用

3.1.1 概述

水能资源是指水体的动能、势能和压力能等能量资源。广义的水能资源是指河流水能、潮汐水能、波浪能、海流能等能量资源；狭义的水能资源是指河流的水能资源。在自然状态下，水能资源的能量能克服水流的阻力，冲刷河床、海岸，运送泥沙与漂浮物等。在采取一定的工程技术措施后，水能可以转换为机械能或电能，从而为人类服务。

我国水能资源总量位居世界第4位，但是人均占有量仅为世界平均值的1/4，约为日本的1/2，美国的1/4，俄罗斯的1/12。

我国水能资源具有以下特点。

（1）水能资源分布不均。

我国的水能资源主要集中在西南地区，其可开发量占全国总量的67.8%；其次是中南地区，占15.5%；然后是西北地区，占9.9%；而东北地区、华北地区、华东地区三个地区的可开发量仅占全国总量的6.8%。

（2）水电开发力度不均。

我国的海河流域和松辽流域水电开发率已超过37%，黄河流域、淮河流域在30%左右，珠江流域为25%，长江流域不到10%，雅鲁藏布江等西南诸河不到5%。

（3）水能资源开发中的大型水电站的比重大。

我国水能资源开发中，大中型水电站的比重较大，投资较大，对环境的影响也大。

中国古代已经广泛利用湍急的河流、瀑布等水力资源，建造水车、水磨和水碓等机械，进行提水灌溉、粮食加工、舂稻去壳。18世纪30年代，欧洲出现了集中开发利用水力资源的水力站，为面粉厂、棉纺厂和矿山开采等大型工业提供动力。现代出现了用水轮机直接驱动离心水泵，产生离心力提水进行灌溉的水轮泵站，以及用水流产生水锤压力，形成高水压直接进行提水灌溉的水锤泵站等，两者都是直接开发利用水的机械能资源。19世纪80年代，工程师根据电磁理论制造出发电机，进一步把水的机械能转换为水力发电站的电能，并输送电能到用户，使水电能源的开发利用进入了蓬勃发展时期。

3.1.2 水电能源的开发

1. 水力发电的基本原理

水力发电站是开发利用水力资源，把江河、湖泊水体中蕴藏的位能（重力势能）和动能转换为电能的设施。水力发电站使天然水流形成水头落差，汇集、调节水流进入水轮机，经水轮机与发电机的联合运行，把水能转换为电能，再经变压器、开关站和输电线路等设备，将电能输入电网用户。水力发电基本原理如图 3.1.1 所示。

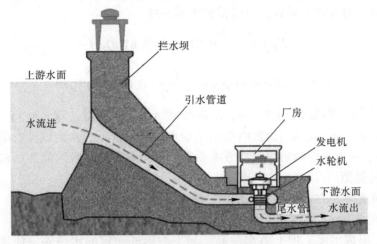

图 3.1.1　水力发电基本原理

在重力作用下，河水从上游流向下游，河段水能计算如图 3.1.2 所示。河水能量消耗于克服沿途的摩擦阻力、挟带泥沙和冲刷河床。

河流上、下游断面水体的能量为 E_1、E_2，根据流体力学的伯努利方程有

$$E_1 = \gamma W \left(Z_1 + \frac{p_1}{\gamma} + \frac{\alpha v_1^2}{2g} \right)$$

$$E_2 = \gamma W \left(Z_2 + \frac{p_2}{\gamma} + \frac{\alpha v_2^2}{2g} \right)$$

上、下游断面的能量差为

$$E = E_1 - E_2 = \gamma W \left(Z_1 - Z_2 + \frac{p_1}{\gamma} - \frac{p_2}{\gamma} + \frac{\alpha v_1^2}{2g} - \frac{\alpha v_2^2}{2g} \right)$$

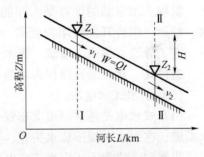

图 3.1.2　河段水能计算

式中：E_1、E_2 为上、下游断面水体的能量，kg·m；Z_1、Z_2 为上、下游断面水面高程水头，m；$\frac{p_1}{\gamma}$、$\frac{p_2}{\gamma}$ 为上、下游断面大气压力水头，m；$\frac{\alpha v_1^2}{2g}$、$\frac{\alpha v_2^2}{2g}$ 为上、下游断面水体流速水头，m；α 为流量系数；p_1、p_2 为上、下游断面的大气压力，Pa；γ 为水体密度，kg/m³；W 为水体容积，m³。

估算河段水能时，取间距较小的两个计算断面，可近似认为两断面的大气压力水头和水体流速水头相等，则有

$$E = \gamma W (Z_1 - Z_2) = \gamma W H$$

$$N = \frac{E}{T} = \gamma \frac{W}{T} H = \gamma Q H$$

式中：E 为能量，表示 T 时段内水体流过河段所做的功，kg·m；N 为出力，表示单位时间内水量所做的功，kg·m/s；W 为水体容积，m³；H 为河段落差，m；Q 为河流流量，m³/s；

T 为时间，s；γ 为水体密度，kg/m^3。

水电站水能计算的目的是要确定水电站实际的平均出力和平均发电量，为确定水电站设计方案及装机容量提供依据。实际出力和实际发电量需考虑水轮机组、发电机组、传动设备的运行摩阻损失，加入效率系数，可以得到下列公式

$$N_P = \frac{N}{n} = \frac{1}{n}9.81\eta QH = 9.81\eta Q_P H$$

$$E = N_P T = 9.81\eta Q_P H \frac{T}{3\,600} = 0.002\,72\eta W_P H$$

式中：N_P 为水电站平均出力，$kW \cdot m$；E 为水电站平均发电量，$kg \cdot m/s$；Q_P 为 n 个时段发电引用平均流量，m^3/s；W_P 为发电引用平均水体容积，m^3；H 为设计发电工作水头，m；n 为计算时段数；η 为水电站机组工作效率系数，大型水电站一般取值为 $0.82 \sim 0.90$。

2. 水电站的类型

按照集中河道落差方式的不同，水电站有 4 种不同的形式。

（1）筑坝式水电站。

拦河筑坝，形成水库。坝上游水位高，与下游形成一定的水位差，使原河道的水头损失，集中于坝址。用这种方式集中水头，在坝后建设水电站厂房，称为筑坝式水电站，如图 3.1.3 所示。这种开发方式最为常见，引用河水的流量越大，大坝修筑得越高，集中的水头越大，水电站发电量也越大，但水库淹没损失也越大。我国的三峡水电站及葛洲坝水电站属于筑坝式水电站。

筑坝式水电站的优点是水库能调节径流，发电用水量利用率稳定，并能结合防洪、供水、航运，综合开发利用程度高。但是，工程建设需统筹兼顾，综合考虑发电、防洪、航运、施工导流、供水、灌溉、漂木、水产养殖、旅游和地区经济发展等各方面的需要，工期长，造价高，水库的淹没损失和造成的环境生态影响大。

（2）引水式水电站。

引水式水电站是在河道上布置一个堤坝进行取水，修筑引水隧洞或坡降小于原河道的引水渠道，在引水末端形成水头差，布置水电站厂房开发电能，如图 3.1.4 所示。其引水道为无压明渠时，称为无压引水式水电站；引水道为有压隧洞时，称为有压引水式水电站。红水河上游的天生桥二级引水式水电站属于引水式水电站。

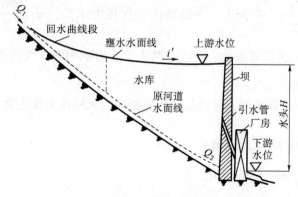

图 3.1.3　筑坝式水电站

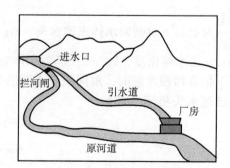

图 3.1.4　引水式水电站

引水式水电站开发的位置、坡降、断面选择，需要根据地形、地质和动能经济情况比较确定。引水道坡降越小，可获得的水头越大。但坡降小，流速慢，需要的引水道断面大，可能使工程量增大而不经济。目前世界上已建的引水式水电站，最高利用水头达到 2 000 多米。我国水能资源蕴藏量居世界首位，具有许多开发条件十分优越的地形和场址可建造引水式水电站。

（3）混合式开发水电站。

混合式开发水电站兼有前两种水电站的特点，在河道上修筑水坝，形成水库集中落差和调节库容，并修筑引水渠或隧洞，形成高水头差，建设水电站厂房，如图 3.1.5 所示。这种混合式水电开发方式，既可用水库调节径流，获得稳定的发电水量，又可利用引水获得较高的发电水头，在适合的地质地形条件下，是水电站比较有利的开发方式。在有瀑布、河道大弯曲段、相邻河流距离近和高差大的地段，采用混合式开发，更为有利。

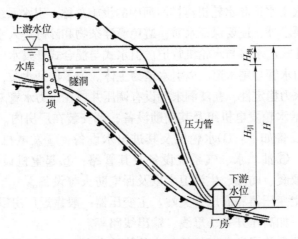

图 3.1.5　混合式开发水电站

（4）梯级水电站。

水电开发受地形、地质、淹没损失、施工导流、施工技术等因素的限制，往往不宜集中水头修建一级水库，开发水电。一般河流被分成几级，分段利用水头，建设梯级水电站，如图 3.1.6 所示。我国的长江上中游、黄河上中游、大渡河、乌江、红水河、以礼河、龙溪河等所有大、中、小河流的水电开发规划，都采用或初步拟定了梯级水电站开发方案。

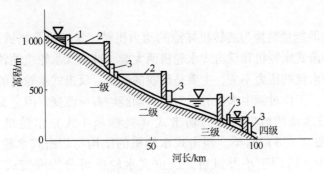

图 3.1.6　梯级水电站

1—坝；2—引水道；3—水电站厂房

3. 水电站的建筑物和设备

按照生产作用，水电站的建筑物和设备可分为如下组成部分：①集中落差部分；②调节流量部分；③引水系统部分；④转换能量系统部分；⑤输配电部分；⑥其他综合利用部分；⑦环境保护与维持生态平衡部分；⑧辅助生产和职工生活部分。

集中落差的基本设施有两种：一种是筑拦河坝提高水位，由坝的上、下游水位形成集中落差；另一种是筑低坝拦截河水，再在河岸上筑一段坡降比天然河道小得多的人工水道，由人工水道末端的水位与其下面的河道水位形成集中落差。

调节流量的基本设施是建筑蓄水库。水库可由本站的拦河坝截水形成，或在上游地点建坝形成，或在人工水道末端修筑调节水池。水库调节流量的能力主要取决于容积，而水库的容积又取决于坝高与库区地形。拦河坝是水电站最重要的建筑物之一，其形式有土坝、堆石坝、重力坝、拱坝、连拱坝、平板坝、橡胶坝等。

引水系统是引入人工水道和水轮机再排回河中的设施总称。引水系统的设施除了必须满足水电站最大用水量的要求外，还要保证水质，避免漂浮杂物和沙砾进入水轮机。筑坝式水电站引水系统一般只有深孔式进水口与水轮机管道。引水式与混合式开发水电站的引水系统一般有进水口、引水道、压力水管与尾水道，以引水道为主体。为了保证水质，在进水口设置拦沙坝和拦污栅。为了保证水力稳定性，在隧洞末端设有调压井或在压力水管末端安装降压阀。

转换能量系统包括水轮发电机组及其辅助设备，都安装在厂房内。厂房有露天式和地下式两种，内部的主要设备如下：①水轮机及其进出水设备；②发电机设备；③运行控制设备；④厂用配电设备；⑤油、水、气系统设备及其管路；⑥起重机设备；⑦维修及试验设备；⑧采光、通信、取暖、防潮、生活卫生以及保安防火等设备。

输配电部分包括主变压器和高压开关站。主变压器一般靠近厂房以节省电缆。高压开关站设有各种配电装置，如高压开关、母线、输出线路等。

其他综合利用部分是除了发电以外的、为其他综合利用部门服务的建筑物和设备，如船闸、筏道、灌溉、取水口等。这些建筑物一般按综合利用的要求，设置在拦河坝上或拦河坝附近。

环境保护与维持生态平衡部分包括鱼道与库区养鱼设施、水库淹浸区内珍贵动植物的保护设施和水库浅浸区的防护堤和排水设施。

辅助生产和职工生活部分包括汽车库、物资仓库、办公楼、住宅和生活服务站及环境美化建筑等。

4. 水轮机

水轮机是把水流的能量转换为旋转机械能的动力机械。水轮机及辅机是重要的水电设备，按工作原理可分为冲击式水轮机和反击式水轮机两大类。冲击式水轮机的转轮受到水流的冲击而旋转，工作过程中水流的压力不变，主要是动能的转换。反击式水轮机的转轮在水中受到水流的反作用力而旋转，工作过程中水流的压力能和动能均有所改变，但主要是压力能的转换。

冲击式水轮机按水流的流向可分为切击式（又称水斗式）水轮机（见图 3.1.7）和斜击式水轮机（见图 3.1.8）两类。斜击式水轮机的结构与切击式水轮机基本相同，只是射流方向有一个倾角，适用于小型机组。反击式水轮机可分为混流式、轴流式、斜流式和贯流式。在混流式水轮机（见图 3.1.9）中，水流径向进入导水机构，轴向流出转轮；在轴流式水轮机（见图 3.1.10）中，水流径向进入导叶，轴向进入和流出转轮；在斜流式水轮机中，水流径向进入导叶而以倾斜于主轴某一角度的方向流进转轮，或以倾斜于主轴的方向流进导叶和转轮；在贯流式水轮机中，水流沿轴向流进导叶和转轮。

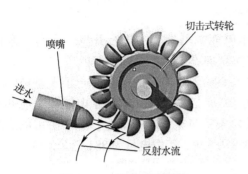

图 3.1.7　切击式水轮机

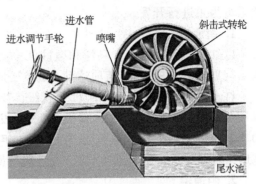

图 3.1.8　斜击式水轮机

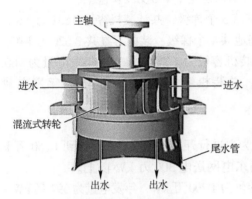

图 3.1.9　混流式水轮机

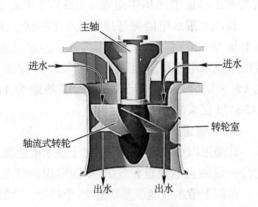

图 3.1.10　轴流式水轮机

水轮机有以下主要工作参数。

（1）水头。连续水流两断面间单位能量的差值称为水头。水头是水轮机的一个重要参数，其大小直接影响水轮机出力的大小和水轮机形式的选择，单位为 m。

（2）流量。单位时间内流经水轮机的水体积称为水轮机的流量，单位通常为 m^3/s。

（3）出力。单位时间内流经水轮机的水流所具有的能量，称为通过水轮机水流的出力，单位为 kW。

（4）效率。水轮机的出力与通过水轮机水流的出力之比，称为水轮机的效率。

（5）转速。水轮机主轴在单位时间内的旋转次数，称为水轮机的转速，单位为 r/min。

3.1.3　我国的水电建设

我国第一座水电站是石龙坝水电站，位于云南省昆明市郊，建于 1912 年，装机容量为 1 440 kW。到 1949 年，全国水电站总装机容量仅为 36 万 kW，年发电量为 12 亿 kW·h。1989 年水利部水利水电规划设计总院以 1979 年提出的《中国十大水电基地开发设想》为基础，补充修改了部分内容，提出了《十二大水电基地》的建设目标，该规划的建设形成了以南、中、北通道为主线的西电东送的总体格局。南通道以红水河、澜沧江、乌江和金沙江中游 4 个水电基地为主进行开发，南向广东送电。中通道以长江上游、金沙江下游、大渡河、雅砻江 4 个水电能源基地为主进行开发，自华中、华东送电。北通道以黄河上游、中游北干流为主进行开发。

1. 南通道

以红水河、澜沧江、乌江和金沙江中游 4 个水电能源基地为主进行开发，南向广东送电，规划送电规模 2020 年前达到 3 000 万 kW，并实现向泰国送电 300 万 kW。

红水河水电能源基地共有 11 个梯级，装机容量共 549.2 万 kW。澜沧江水电能源基地共有 14 个梯级，总装机容量为 2 137 万 kW，年发电量为 1 094 亿 kW·h。乌江水电能源基地共有 10 个梯级，总装机容量为 1 093.5 万 kW，年发电量为 337.94 亿 kW·h。金沙江中游水电能源基地，规划的一库 8 个梯级方案，总装机容量为 2 058 万 kW，年发电量为 883 亿 kW·h。

2. 中通道

以长江上游、金沙江下游、大渡河、雅砻江 4 个水电能源基地为主进行开发，2020 年前实现中部通道向华中送电 1 100 万 kW 左右，向华东送电 2 400 万 kW 左右。

长江上游水电能源基地干流 5 个梯级、清江支流 3 个梯级，共计装机容量 2 831 万 kW，年发电量为 1 260 亿 kW·h。金沙江下游水电能源基地共 4 个梯级，装机容量共 3 626 万 kW。大渡河干流水电能源基地开发为两库 17 个梯级，总装机容量为 1 772 万 kW，年发电量为 966.42 亿 kW·h。雅砻江干流水电能源基地为 11 级，总装机容量为 2 045 万 kW，年发电量为 1 156.75 亿 kW·h。

3. 北通道

北通道以黄河上游和中游北干流水电能源基地为主进行开发，建成后规模达到 1 750 万 kW，配合一定的火电建设，2020 年前实现向华北和山东电网送电 300 万 kW 以上。

黄河上游水电能源基地有 25 个梯级，总装机容量为 1 700 万 kW，年发电量为 597 亿 kW·h。黄河中游北干流水电能源基地规划开发 6 个梯级，总装机容量为 653 万 kW，年发电量为 193 亿 kW·h。

经过几十年的开发建设，目前中国已建成大中型水电站 230 余座，其中百万千瓦级以上的水电站 25 座，五十万千瓦级以上的水电站 40 余座。以下为中国的十大水电站情况。

1. 三峡水电站

三峡水电站是世界上规模最大的水电站，是中国有史以来建设的最大型的工程项目，于 2009 年全部完工。三峡水电站大坝高程 185 m，蓄水高程 175 m，水库长 2 335 m，库容 393 亿 m^3，装机容量达到 2 250 万 kW。

2. 溪洛渡水电站

溪洛渡水电站位于四川省雷波县和云南永善县交界的长江上游金沙江干流上，仅次于三峡和巴西伊泰普水电站。溪洛渡水库的坝顶高程 610 m，最大坝高 285.5 m，正常蓄水位 600 m，死水位 540 m，水库总容量 115.7 亿 m^3，最大装机容量 1 386 万 kW。

3. 白鹤滩水电站

白鹤滩水电站位于四川省宁南县和云南省巧家县交界的金沙江河道上，是金沙江下游干流河段梯级开发的第二个梯级水电站，2022 年工程完工。水库拦河坝为混凝土双曲拱坝，高 289 m，坝顶高程 834 m，顶宽 13 m，最大底宽 72 m，正常蓄水位 825 m，相应库容 206 亿 m^3。地下厂房装有 16 台机组，装机容量 1 600 万 kW。

4. 乌东德水电站

乌东德水电站位于四川省会东县和云南省禄劝彝族苗族自治县交界的金沙江河道上，是金沙江水电能源基地下游河段四个水电梯级的第一梯级，2021 年全部机组投产发电。乌东德水库初设蓄水位 975 m，总库容 74.08 亿 m³，电站装机容量 1 020 万 kW。

5. 向家坝水电站

向家坝水电站位于云南省昭通市水富市与四川省宜宾市叙州区交界的金沙江下游河段上，是金沙江水电能源基地最后一级水电站。拦河坝为混凝土重力坝，坝顶高程 384 m，最大坝高 162 m，坝顶长度 909.26 m。水库总库容 51.63 亿 m³，电站装机容量 775 万 kW，多年平均发电量 307.47 亿 kW·h。

6. 龙滩水电站

龙滩水电站位于红水河上游的广西壮族自治区河池市天峨县境内，有最高的碾压混凝土大坝（最大坝高 216.5 m，坝顶长 836.5 m，坝体混凝土方量 736 万 m³）、规模最大的地下厂房（长 388.5 m，宽 28.5 m，高 74.4 m）、提升高度最高的升船机。水库正常蓄水位 400 m，总库容 273 亿 m³。电站总装机容量 630 万 kW，年均发电量 187 亿 kW·h。

7. 糯扎渡水电站

糯扎渡水电站位于澜沧江下游云南省普洱市思茅区和澜沧拉祜族自治县交界处，是澜沧江下游水电核心工程。糯扎渡水电站水库正常蓄水位 812 m，位居同类坝型世界第三，总装机容量 585 万 kW，年均发电量 239.12 亿 kW·h。

8. 锦屏二级水电站

锦屏二级水电站位于四川省凉山彝族自治州木里、盐源、冕宁三县交界处的雅砻江干流锦屏大河湾上。坝址位于锦屏一级下游 7.5 km 处，厂房位于大河湾东端的大水沟。水电站水库正常蓄水位 1 646 m，回水长度 7.5 km，相应库容 1 401 万 m³，总装机容量 480 万 kW，多年平均发电量 242.3 亿 kW·h。

9. 小湾水电站

小湾水电站位于云南省大理白族自治州南涧彝族自治县与临沧市凤庆县交界的澜沧江中游河段。小湾水电站总库容约 150 亿 m³，调节库容约 100 亿 m³，装机容量 420 万 kW，保证出力 185.4 万 kW，年保证发电量 190 亿 kW·h。

10. 拉西瓦水电站

拉西瓦水电站位于青海省境内黄河干流上的青海省海南藏族自治州贵德县拉西瓦镇，是黄河上游龙羊峡至青铜峡河段规划的第二座大型梯级水电站。拉西瓦水电站最大坝高 250 m，水库正常蓄水位高程 2 452 m，总库容 10.79 亿 m³，6 台机组总装机容量 420 万 kW，多年平均发电量 102.23 亿 kW·h。拉西瓦水电站是黄河上最大的水电站和清洁能源基地，也是黄河流域大坝最高、装机容量最大、发电量最多的水电站。

3.1.4　水电能源未来的科学与技术发展方向

优先发展水电是我国的重要能源战略方针，提高水电能源在我国能源供给中的份额对解决能源供需矛盾具有重要意义。未来水电能源科学的重点研究方向如下：①多维广义耦合水电能源系统时空背景场演化机理；②复杂水电能源高效转换动力学机理及其安全调控的理论与方法；③水电能源混联系统可变时空尺度多目标联合优化运行理论与方法；④市场环境下复杂水电能源系统动均衡博弈的理论与方法；⑤多元能源结构下战略资源储备与新型水力蓄能及综合储能技术；⑥百万千瓦级巨型水力发电机组电磁设计、结构刚度、冷却方式；⑦大容量抽水蓄能发电机组循环冷却系统、结构设计计算研究；⑧水力发电机多物理场耦合仿真计算；⑨巨型水电机组状态监控技术；⑩长江上游巨型水电站群联合优化调度的重大工程科技问题等。

水电能源未来发展的目标和技术路线分以下两个阶段。

（1）在2030年，我国常规水电装机容量将达到4.5亿kW，年发电量达到14 500亿kW·h。

在工程建设方面，完成大坝建设全过程的建筑信息模型（building information model，BIM）集成系统研究，攻克高寒高海拔高地震烈度复杂地质条件下的筑坝技术，开展基于物联网技术的数字大坝的示范推广；完成非常规极端条件下水电工程的安全性研究，攻克重大水利工程的智能监控技术，并进行西南典型高坝施工与蓄水安全监控技术的推广。

在大型水电站长效运行方面，完成大坝风险标准、健康服役控制机理的研究，攻克重大水利工程的安全保障关键技术，开展对流域水库群灾害链效应、服役风险评估与安全保障技术攻关。

在常规机组的小型水电机组方面，完成微水头水轮机和鱼类友好型水轮机的研发，开展生态友好小型水电与其他新能源利用技术、小型水电机组3D打印技术的研究；在大型水电机组方面，完成大型水电机组效率、寿命、运行稳定性高度融合技术研究，攻克超高水头、大流量百万千瓦级机组研发和制造技术，开展超高水头、超大流量冲击式水电站的示范推广。

在陆上抽水蓄能机组方面，完成蓄能机组双向高效、稳定运行研究，攻克抽水蓄能水电站智能故障诊断技术和大容量变速机组关键技术。在海上抽水蓄能机组方面，完成海水抽水机组防腐、防微生物、防空化、海水渗漏控制与环境评价研究，攻克海水抽蓄与各种新能源联合运行技术。

（2）在2050年，我国常规水电装机容量将达到6亿kW，年发电量达到26 000亿kW·h。

在工程建设方面，完成高坝质量控制实时监控系统与数字大坝集成的实现和应用，以及大型水电工程智能安全监控、健康诊断与实时预测预报。

在大型水电站长效运行方面，完成金沙江中上游水库群风险管理的示范推广，攻克水利水电工程胁迫下的水环境、生态环境监控与调控技术，完成大型水电工程长效健康服役风险管理体系。

在常规机组的小型水电机组方面，完成无坝微水头水轮机组研发技术、环境友好型水电站的示范推广，实现漂浮式无坝水电站、大型水库温差发电与曝气综合系统的产业化；在大型水电机组方面，实现大型水电机组远程智能故障诊断系统。

在陆上抽水蓄能机组方面，完成超高水头、超大容量变速抽水蓄能电站示范，实现超高水头、超大容量变速抽蓄机组产业化；在海上抽水蓄能机组方面，完成大型海水抽蓄变速水电站示范与推广，实现大型海水抽蓄变速机组产业化。

3.2 核能的开发和利用

3.2.1 概述

19世纪末至20世纪初，科学界对于物质结构的研究进入微观领域，科学家先后发现了电子、X 射线、天然放射现象、放射性元素、质子、中子等，并发现在核子之间存在一种巨大的核力。核能就是通过原子核反应释放出来的巨大能量，既不是物理变化，也不是化学变化，而是原子核的变化。核反应有核裂变和核聚变两种形式，其释放的能量相应地称为裂变能和聚变能。

核裂变是将平均结合能比较小的重核分裂成两个或多个平均结合能大的中等质量的原子核，同时释放出核能的过程。自发裂变是原子核在没有粒子轰击或不加入能量的情况下发生的核裂变，是重核不稳定的一种表现。感生裂变是指重核在受到其他粒子（主要是中子）轰击时，裂变成 2~3 个中等质量的原子核，且伴随放出 2~3 个中子和 γ 射线，同时释放大量能量的现象。在一个铀-235 原子核裂变过程中产生的新中子，继续轰击其他的铀-235 原子核，促成下一轮的核裂变，再度释放巨大的能量以及产生更多新中子，新中子又轰击其他铀-235 原子核，这一过程称为链式反应，如图 3.2.1 所示。

目前，只有铀-235、铀-233 和钚-239 是可以发生核裂变反应的核燃料，其中铀-235 是天然的核燃料，铀-233 是由钍-232 捕获中子后再经 β 衰变形成的，钚-239 是铀-238 捕获中子后再经 β 衰变形成的。核燃料是能量密度极高的能源，1 g 铀-235 全部发生核裂变，可产生 $8.2×10^7$ kJ 的能量，约为同质量石油的 182 万倍，同质量氢的 57 万倍。铀主要存在于铀矿中，其中铀的含量约为 0.1%，且大部分为不能直接用作燃料的铀-238，需要经过大量的提纯、分离和浓缩过程，才能得到满足要求的核燃料。截至 2015 年 1 月，世界铀矿资源总量达到 954.69 万 t，主要分布在澳大利亚、加拿大、哈萨克斯坦等国家。

核聚变是在一定条件下，将平均结合能较小的轻核聚合成一个较重的、平均结合能较大的原子核，同时放出巨大能量的过程，又称热核反应。例如，可以将氢的同位素氘和氚的原子核结合在一起生成氦，如图 3.2.2 所示。目前，核聚变能仅可用于军事用途，如氢弹；只有当核聚变能可以被人为控制、缓慢释放时，才能实现大规模工业化应用。

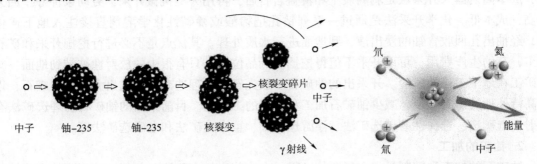

图 3.2.1　链式反应　　　　　　图 3.2.2　氘氚聚变示意

氢的同位素氘和氚是基本的核聚变材料。氘和氚之间、氘和氘之间发生的反应是最重要的核聚变反应，其中，氘和氚之间的核聚变是最容易的核聚变反应。一个氘原子核和一个氚原子核碰撞，结合成一个氦原子核，并释放出一个中子和 17.58 MeV 的能量。1 kg 氘和氚混合物全部发生聚变，将释放出 8 万 t TNT 当量的能量。每 1 L 海水中含 30 mg 的氘，这 30 mg 的氘核聚变产生的能量相当于 300 L 汽油燃烧产生的能量。据估计，全世界海水中所含的氘达到 $45×10^4$ 亿 t，按照目前世界上能源的消耗水平，可以满足人类 50 亿年以上的使用需求。

第二次世界大战末期，美国使用原子弹轰炸了日本的广岛和长崎。20 世纪 50 年代，苏联建成了世界上第一座核电厂。随后，核电技术的成熟应用不仅缓解了石油危机，也减少了

大量 CO_2 的排放。截至 2020 年底，全世界有 32 个国家共计 442 座核反应堆正在运行，全球核电名义装机容量达 392.6 GW，在建的核反应堆有 52 个。截至 2020 年底，中国在运行的核电机组共 49 台，总装机容量约 5.103×10^7 kW，约占全国电力总装机容量的 2.27%；在建核电机组 16 台，总装机容量约 1.738×10^7 kW。

3.2.2 铀矿的开采和加工

1. 铀矿的开采

铀矿物的种类很多，含有适量铀的矿物大约有 480 种。铀矿物按化学成分可以分为氧化物、盐类、与铀伴生的碳氢化合物、复杂的铌酸盐、钽酸盐、钛酸盐等。铀的氧化物主要有二氧化铀、八氧化三铀、三氧化铀和过氧化铀等。铀的卤化物有四氟化铀、六氟化铀和四氯化铀等。铀的氢化物为氢化铀。铀的碳化物主要为一碳化铀和二碳化铀。含铀的无机盐有硝酸铀酰、硫酸铀酰和三碳酸铀酰铵等。铀酸盐包括铀酸钠、重铀酸钠、重铀酸铵。

矿石品位和矿床储量是评价铀矿床的两个主要指标。通常将含铀量在 0.3% 以上的矿石称为富铀矿石，0.1%~0.3% 的称为普通矿石，0.05%~0.1% 的称为贫矿石。铀储量大于 5 000 t 的铀矿床为大型矿床，1 500 t 左右的为中型矿床，100~1 000 t 的为小型矿床，铀储量小于 100 t 的为铀矿点。铀矿常用的勘探方法是放射性测量，如利用航空 γ 总计数测量、航空 γ 能谱测量、车载步行放射性测量圈定放射性异常区。另外，还有一些先进的非放射性测量方法，如地球物理方法和遥感技术等。

通常，含铀量 0.1% 以上的铀矿具有开采价值。铀矿开采有三种方法：地下开采法、露天开采法、化学开采法。目前，常规的铀矿地下开采工艺有平硐开采、竖井开采、斜井开采和复合开采等多种成熟的采矿技术。地下开采法包括开拓、采准和回采三个步骤，其工艺复杂，成本高。露天开采法是剥离表土和覆盖岩石后，再用大型机械开采，劳动条件好，回采率高，成本低。化学开采法是通过一系列钻孔把稀酸或稀碱性化学溶剂直接注入地下矿体内，经抽出孔回收含铀的浸出液，到地面进行水质处理。其优点是不必进行挖掘开采和矿石加工，节约生产费用，可以开采不值得挖掘的低品位矿，只有很少的放射性被带到地面，减少矿工在地下工作的风险。开采出的铀矿石一般先经过物理选矿，筛选出大部分的废石，以提高待处理的矿石品位，减少铀矿石加工和精制的工作量。目前采用的铀矿石物理选矿法有放射性选矿法、选择性磨矿选矿法、浮游选矿法、重力选矿法和电磁选矿法等。

2. 铀矿的加工

铀矿石的加工和精制是一个复杂的过程，大体分为 4 个阶段，包括铀矿石预处理、铀矿石浸出、铀的浓缩与纯化、铀的精制与转化等步骤。

（1）铀矿石预处理。

铀矿石预处理是对铀矿石进行破碎、焙烧和磨矿。破碎是把大块矿石破碎成小块矿石，以便进行下一步的磨矿处理。破碎一般分为粗碎、中碎和细碎三级处理，根据铀矿石的特性采用具体破碎方法。常用的破碎机械有颚式破碎机、冲击式破碎机、圆锥破碎机、旋回破碎机等。

对于某些铀矿石，在破碎之后、磨矿之前，需要进行焙烧，目的是提高有用成分的溶解度和降低杂质的溶解度，以便后续的浸出处理；改善矿石的物理性质，以便后续的磨矿处理和浸出后的固液分离。常用的焙烧方法有氧化焙烧、加盐焙烧、改善物理特性的焙烧。

磨矿是将破碎后的矿石进一步研磨成一定粒度的原料。磨矿粒度有一定的要求，不能过细或过粗。磨矿机一般分为球磨机、棒磨机和砾磨机等。磨矿机通常与分级设备联合运行，组成闭环。分级设备有螺旋分级机、水力旋流器、直条筛等。有的情况下，磨矿不用钢球，而是靠待磨矿石自身的冲击将矿石磨细，称为自磨；而有的情况下，在磨矿机内加入少量钢球，称为半自磨。

（2）铀矿石浸出。

铀矿石的加工过程多采用湿法化学处理，一般把铀矿石的加工称为铀的水法冶金（又称湿法冶金）。水法冶金过程的富集系数（处理后与处理前铀的浓度之比）和回收率（处理前后铀的总量之比）都很高，可分别达到 90% 和 95% 左右。

水法冶金的第一步是铀矿石的浸出，又称固液萃取，主要目的是把铀从矿石中转入溶液。浸出处理矿石的液体称为浸出剂或浸取剂。浸出后转入浸出液中的铀量与浸出前矿石中总铀量的百分比称为铀的浸出率。由于浸出剂有选择性溶解的作用，因此矿石中有的杂质元素不会或很难被浸出。铀的浸出不仅要求浸出率高，还应尽量减少杂质元素的溶解。

铀矿石的浸出主要有酸法浸出和碱法浸出两种。酸法浸出的浸出剂有硫酸、硝酸和盐酸。硝酸、盐酸由于价格较贵、对设备材料腐蚀性强而很少采用。硫酸价格便宜，对设备腐蚀性小，铀的浸出率高，因而是比较理想的常用酸法浸出剂。对含碳酸盐较多的矿物，常用碱法浸出，可选用的浸出剂有碳酸钠、碳酸氢钠和碳酸铵，工业上选用碳酸钠和碳酸氢钠的混合溶液作为浸出剂。

处理低品位的铀矿石多用堆浸法，也有的采用地浸法。堆浸法的基本过程是首先将采出的矿石适当破碎，选择合适的场地，按照一定要求把矿石堆成矿堆，然后从矿石堆的顶部向下间歇喷洒浸出剂，从矿堆下部收集浸出液。地浸法是矿石不运出地面而在地下进行浸出操作，直接将浸出剂从注入井压入铀矿层中，在矿层中实现浸出，浸出液从回收井抽出。目前，多数地浸法采用碳酸铵–碳酸氢铵作为浸出剂，用过氧化氢作为氧化剂。

（3）铀的浓缩与纯化。

在铀矿石的浸出液中，铀的浓度很低，且含有大量杂质。因此，工艺过程还包括从浸出液中提取和浓缩铀，制备较纯的铀化合物。提取和浓缩铀的方法有化学沉淀法、离子交换法和溶剂萃取法。化学沉淀法由于缺点较多，目前基本不用。对铀浓度低的矿浆，一般使用离子交换法，使铀浸出液通过离子交换树脂，铀容易被吸附在树脂上，而杂质不容易被吸附，再用少量的淋洗液将铀淋洗下来，从而实现铀的浓缩和初步纯化。对铀浓度高的矿液，适合使用溶剂萃取法，使不互溶或基本上不互溶的两种液体相互接触，利用各组分在两种液体中不同的分配关系，使组分从一种液相传入另一种液相，从而实现组分间的分离。

（4）铀的精制与转化。

从铀的冶炼厂得到的铀化学浓缩物，一般是重铀酸盐或三碳酸铀酰盐，需要用溶剂萃取法精制，具体过程如下：先把铀的化学浓缩物溶于硝酸中，经过过滤，用磷酸三丁酯进行萃取分离，用小于 1% 的硝酸溶液或蒸馏水反萃得到高纯度、高浓度的硝酸铀酰溶液；再将硝酸铀酰溶液通过加热脱硝，转化为中间产物三氧化铀，将三氧化铀用氧气或裂解氨气在 590 ℃ 下还原为二氧化铀；然后使用无水氟化氢，在高温下将二氧化铀制备成四氟化铀，在高温下用氟气直接将四氟化铀转化为六氟化铀；最后用高纯的金属镁或钙对六氟化铀进行还原，得到粗铀。粗铀可直接应用，也可在真空反应炉中进一步纯化后再使用。

3. 铀同位素分离

世界上大多数核电站都使用铀-235 含量为 2%~5% 的低富集铀作为核燃料，有的游泳池式堆需要铀-235 含量为 10% 的核燃料，有的快中子堆燃料含铀-235 达到 25%，高通量堆则需要 90% 的高浓缩铀。核武器的核材料同样使用 90% 的高浓缩铀。由于天然铀矿中的铀-235 的含量很低，要想提高核燃料中铀-235 的含量，就要进行铀-235 和铀-238 同位素分离。

铀同位素分离，又称铀-235 的富集，分离方法有气体扩散法、气体离心法、气体动力学法、激光法等。

（1）气体扩散法。

气体扩散法的原理是两种不同分子量的气体混合物处于热运动平衡时，具有相同的平均动能，由于分子量不同，因此速度不同，其平均速度与分子量的平方根成反比。较轻分子的平均速度较高，当两种分子构成的气体混合物通过扩散膜时，较轻分子和扩散膜碰撞的机会比较重的分子多，因而可以实现一定程度的分离。为了实现分离，要求尽量不发生分子的相互碰撞，要求扩散分离膜的孔径小于气体分子运动的平均自由程。气体扩散器如图 3.2.3 所示，气体扩散法分离六氟化铀气体中的铀-235 和铀-238 是在足够低的气压下、扩散膜很薄、膜的孔径足够小的条件下进行的；当六氟化铀气体流过扩散器内部的扩散膜时，一部分气体从高压腔通过扩散膜进入低压腔，从而在膜的两侧形成了铀-235 的微小浓度差。经过一系列分离级，就可以达到对铀-235 和铀-238 的分离要求。

（2）气体离心法。

如图 3.2.4 所示，气体离心法是在高速旋转的离心机中，轻、重同位素的气体混合物在离心力的作用下，较重的分子靠近离心机的外周汇集，较轻的分子在靠近轴线处汇集，因而可以分别引出略为贫化和略为浓缩的两种流分。离心机的转速越高，分离系数越大，生产能力也越大，一般要求其外周的速度为 300~500 m/s。转筒材料可用特殊铝合金、铁合金和高强度纤维复合材料等。

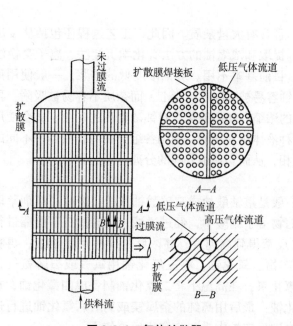

图 3.2.3　气体扩散器

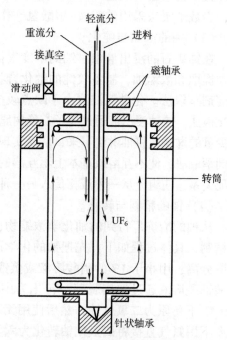

图 3.2.4　气体离心法原理

（3）气体动力学法。

如图 3.2.5 所示，气体动力学法的原理是在压力差的作用下，使用大量的氮气或氢气稀释六氟化铀气体，然后通过处于高度真空中的喷嘴狭缝面膨胀，在膨胀过程中离心加速到超声速的气流顺着喷嘴沟的曲面壁转弯；轻重分子受到不同的离心力，较重的分子靠近壁而汇集，较轻的分子远离壁而汇集，利用喷嘴口处的分离模尖将气体分为重流分和轻流分，并分别抽出。掺入氮气或氢气是为了提高流速以改进分离效果，最后再把氮气或氢气从混合气体中分离出来重复使用。

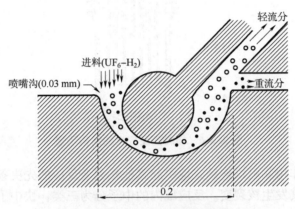

图 3.2.5　气体动力学法的原理

（4）激光法。

激光法的基本原理是利用原子或分子只吸收一定波长的光子并发生能态跃迁的性质，根据铀-235 和铀-238 的能级不同，使用精确调谐的激光束来进行激发，使一种同位素发生能态跃迁而另一种同位素不发生跃迁，从而使二者在性质上的微小差异加大，以便用物理和化学方法进行分离。激光法的优点是分离系数大，经单级分离就可将铀-235 的含量富集到约 3%，但这种方法尚处于实验研究阶段。

经铀同位素分离生产出来的富集铀和贫化铀是以六氟化铀的形式存在，需要将它们再转化为二氧化铀或金属铀才能使用。

3.2.3　核裂变反应堆

1. 核裂变反应堆的基本组成

核裂变反应堆是指能够在受控条件下安全、持续地进行核裂变链式反应的装置。其用途有产生动力、生产新的核燃料、生产放射性同位素、进行中子活化分析、进行中子照相、进行中子嬗变掺杂、生产高质量的单晶硅、利用中子进行基础研究及应用研究、利用 γ 射线进行辐射化学研究与辐射加工等。核裂变反应堆主要包括核燃料、中子、慢化剂、冷却剂、反应堆控制棒、反射层、屏蔽层。核裂变反应堆的结构示意如图 3.2.6 所示。

目前，只有铀-235、铀-233 和钚-239 可以作为反应堆的核燃料，核燃料浓度较低，如压水堆（pressurized water reactor，PWR）中铀-235 浓度仅为 3%~4%，比起原子弹 90% 以上浓缩铀的要求要低得多。对于自发裂变反应，铀-235 的可反应临界质量为 50 kg，钚-239 的可反应临界质量为 10 kg。反应堆的燃料元件称为堆芯，有液体和固体两大类布置形式。堆芯主要由核燃料芯块、包壳及其结构件组成。按照元件形状，芯块有棒状、薄片状、管状和六角套管等形式；按照燃料形态，芯块有金属型、弥散型和陶瓷型三种。包壳要有良好的化学稳定性、辐照稳定性和导热性能，可选用铝、锆合金、不锈钢等多种材料。

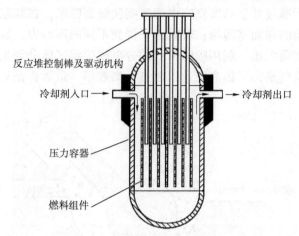

图 3.2.6　核裂变反应堆的结构示意

　　反应堆不靠外界作用就可以连锁式地引起其他核裂变反应的先决条件是具有数量足够的中子来轰击原子核使其发生核裂变。反应堆内的中子分为三类：快中子、慢中子和介于两者间的中能中子。铀-235每次核裂变产生的快中子与原子核发生反应的概率低，难以引起下一代核裂变。为了维持链式反应，必须将快中子减速为慢中子，增加与原子核发生反应的概率。中子在反应堆内的行为可能有4种情况：①中子被核燃料吸收并引发核裂变，产生新的中子；②中子被核燃料吸收但没有发生核裂变，而是生成新的核素；③中子被杂质或其他原子核吸收（有害吸收）；④中子发生泄漏损失。其中情况①和情况②是有用的，而情况③和情况④是有害的。

　　慢化剂是中子的减速剂，要求其对中子的慢化效率高，不捕获中子，不与包壳材料发生化学反应，不腐蚀包壳材料及结构材料。慢化剂通常选择质量较轻小元素，如轻水、重水、石墨、铍和氧化铍。实际上，快中子与慢化剂的原子核发生多次碰撞，才能将速度降下来，其中与轻水碰撞需要16次，与重水碰撞需要29次，与石墨碰撞需要91次。

　　冷却剂的作用是带走核反应所放出的巨大热量，并将反应堆的温度维持在正常水平。冷却剂具有高沸点、低熔点、比热容大、中子吸收率小、热稳定性好、辐照稳定性好的特点。通常，液态慢化剂可以同时用作冷却剂，如轻水和重水。对于采用石墨为慢化剂的反应堆，采用气体作为冷却剂，如氦气和二氧化碳。对于快中子反应堆，采用熔融状态下的金属钠、钠钾合金、铅等作为冷却剂。

　　核反应的控制是通过对中子数量的控制来实现的。当中子的产生率和消失率达到平衡时，链式反应不随时间变化，以恒定的速度持续进行，称为反应堆的临界状态。当中子产生数大于消失数时，多余的中子可轰击原子核引发更大规模的核裂变，称为反应堆的超临界状态。当中子产生数小于消失数时，核裂变反应会逐渐减弱直至完全停止，称为反应堆的次临界状态。在启动阶段，需要控制反应堆适度超临界；当核裂变达到预定的规模后，应立即控制其回归临界状态；当反应堆需要降低负荷甚至停堆时，应控制其在次临界状态。在反应堆正常运行时，如果出现超临界状态，则要迅速处理，以防止事故的发生。控制中子数量的方法有中子吸收法、改变中子慢化剂性能法、改变燃料含量法和中子泄漏法。

核反应堆内的中子有一部分会逃逸到堆芯外面损失掉，反射层是在堆芯外面围上一层材料（如慢化剂材料），将逃逸的中子反射回堆芯。在核反应堆工作时和停堆后，堆内部会产生大量中子、核裂变产物并辐射 γ 射线，屏蔽层的作用是将这些有害成分屏蔽在堆内，以保护人员与环境安全。最常见的屏蔽层是厚度很大、钢筋比例很高的重混凝土，也可以采用铁、铅、水和石墨等。

2. 核反应堆的分类

（1）用途分类法。

按照核反应堆的用途，核反应堆可以分为动力堆、生产堆、研究试验堆。动力堆主要是利用核裂变释放的能量来产生动力。生产堆主要是利用核裂变放出的中子来生产核反应堆裂变材料或其他材料（如制造氢弹用的氚），或者进行工业规模的辐照。研究试验堆主要是利用堆内中子来进行基础科学和应用科学的研究。

（2）中子能量分类法。

按照引起核裂变反应的中子能量，核反应堆可以分为热中子堆（中子能量小于 1 eV）、中能中子堆（中子平均能量介于 1 eV~0.1 MeV 之间）、快中子堆（通常中子能量大于 0.1 MeV）。

（3）核燃料分类法。

按照核燃料的不同，核反应堆可以分为天然铀燃料堆、低富集度燃料堆、高富集度燃料堆、钍增殖堆、混合氧化物燃料堆。

（4）慢化剂分类法。

根据所使用的慢化剂，核反应堆可以分为石墨堆、重水堆（heavy water reactor，HWR）、轻水堆（包括压水堆和沸水堆（boiling water reactor，BWR））、铍或铍的氧化物堆等。

（5）冷却剂分类法。

按反应堆所使用的冷却剂，核反应堆可以分为气体冷却堆、液体冷却堆、液态金属冷却堆等。

（6）核燃料布置形式分类法。

根据核燃料的布置形式，核反应堆可以分为均匀堆和非均匀堆。均匀堆的核燃料同慢化剂均匀混合，非均匀堆的固体或液体核燃料同慢化剂不混合。

（7）堆芯包容器结构分类法。

根据堆芯包容器的结构形式，核反应堆可以分为高压壳式堆、低压壳式堆和游泳池式堆。

3.2.4　核聚变装置

核聚变分为不受控核聚变和受控核聚变两种。氢弹爆炸的核聚变是不受控核聚变。为了实现受控核聚变，利用核聚变能进行发电或供热。要求核聚变燃料形成的等离子体温度要足够高，以使原子核具有足够的动能，容易碰撞在一起发生核聚变，并释放能量；要求等离子体中原子核的密度足够大，以核聚变反应的进行及核聚变能缓慢释放，不能超出装放容器的承受能力；要求约束等离子体的约束时间足够长，以使核聚变释放的聚变能大于损失的各种能量，获得净能量输出。

核聚变发生的等离子体温度要达到几千万摄氏度。等离子体加热的方法主要有三种：①欧姆加热，使大电流通过等离子体，由于等离子体具有一定的电阻，因而会产生能量进行加热；②波加热，将一些波的能量射入等离子体中，被等离子体吸收而将其加热；③将中性束注入加热，把高能的中性原子注入磁约束的等离子体中，使其和原来的等离子体发生碰撞和电离，进而加热等离子体。

为了避免高温的等离子体与容器发生强烈传热而损坏容器，需要将等离子体约束在一定的空间内，一般有磁约束和惯性约束两种方式。

磁约束是用磁场来约束等离子体中的带电粒子使其不逃逸的方法。以下两种方法可以对沿磁场方向运动的带电粒子进行约束：一种方法是在恒定均匀磁场区域的每一端增加磁场强度，使这个地方的磁力线非常密集，速度不够大的带电粒子无法通过而被反射回去；另一种方法是使磁力线弯曲成环形，磁场没有终端，带电粒子沿着磁力线做环形运动。托卡马克核聚变装置产生带有剪切的环形螺旋磁力线，是一种很好的磁约束等离子体装置，如图 3.2.7 所示。

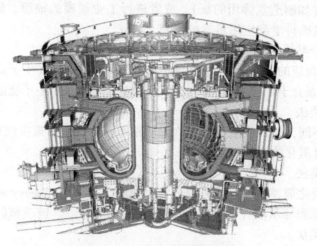

图 3.2.7　托卡马克核聚变装置

惯性约束是靠等离子体自身的惯性对其自身进行约束的方法。其原理是在核聚变反应的温度下，使等离子体核聚变燃料的原子核还没有逃逸掉就能在极短的时间内完成对燃料的加热，并实现核聚变反应。经过一段时间的研究和发展，已经出现了多种惯性约束核聚变，如激光核聚变、电子束核聚变、轻离子束核聚变、重离子束核聚变等。惯性约束核聚变装置如图 3.2.8 所示。

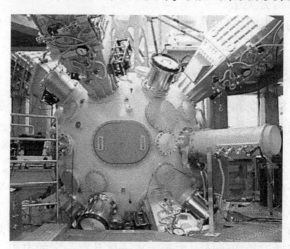

图 3.2.8　惯性约束核聚变装置

3.2.5 核能的利用

1. 核电站

核裂变释放的核能转换为电能称为核能发电，相应的设施称为核电站。按照目前世界的共识，将核能发电系统的发展分为 4 代。第 1 代核能系统为 20 世纪 50—60 年代前期世界上建造的早期原型反应堆，如希平港核电站的压水堆、德累斯顿核电站的沸水堆、镁诺克斯石墨气冷堆等。第 2 代核能系统是 20 世纪 60 年代后期至 20 世纪 90 年代前期世界上大批建造的、单机容量为 600~1 400 MW 的标准型商用核电站反应堆，主要采用了压水堆、沸水堆、重水堆、石墨水冷堆（graphite watercooled reactor，GWR）等核反应堆技术，是世界上目前运行的核电站的主体。第 3 代核能系统是 20 世纪 80 年代末开始发展，20 世纪 90 年代中期开始投入核电市场的先进轻水堆，主要包括改进型沸水堆、欧洲压水堆、美国 AP600、AP1000 等。第 4 代核能系统是指 2030 年之前可以投放市场的新一代核能系统，在可持续性、安全性、可靠性及经济性等方面具有重大进展。经过国际论坛的讨论，人们选定了 6 种第 4 代核能系统，分别是气冷快堆系统、铅冷快堆系统、熔盐反应堆系统、钠冷快堆（sodium-cooled fast reactor，SFR）系统、超临界水冷反应堆系统、超高温反应堆系统。

核能发电的基本原理：①核反应堆通过核裂变释放核能，并将核能转换成热能，是能量的源头；②使用合适的载热体将热能带出核岛，并产生蒸汽；③以蒸汽驱动汽轮机，将热能转换为机械能；④汽轮机带动发电机运转，将机械能转换为电能；⑤通过电网将电能送到用户。总体上讲，在核电站内发生的能量转换过程是核能—热能—机械能—电能。

压水堆核电站的工作流程如图 3.2.9 所示，核电站区域分为核岛和常规岛两部分。核岛主要包括核反应堆、稳压器、蒸汽发生器、主循环泵、化学与容积控制系统、停堆冷却系统、安全注射系统、安全喷淋系统、设备冷却系统、公用水系统以及连接管路，称为一回路系统。常规岛主要包括汽轮机、发电机、再热器、高低压加热器、冷凝器、厂用电系统和各种泵等设备，称为二回路系统、三回路系统。对于压水堆核电站，核岛与常规岛之间的唯一交换设备是蒸汽发生器。二回路系统的二次工质与一回路系统的冷却剂在蒸汽发生器内部仅发生热量交换而没有质量交换，所以不会将放射性物质带出核岛外。

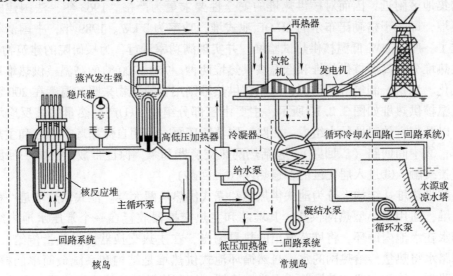

图 3.2.9　压水堆核电站的工作流程

反应堆的工作过程如下：①启动时，堆芯附近设置的人工中子源点火组件不断放出中子，引起堆内核燃料发生核裂变链式反应，持续不断地释放出核能量；反应堆常用的初级中子源是钋-铍源，钋放出粒子打击铍核，铍核发生反应放出中子，中子再轰击铀-235燃料棒。②在一回路系统中，通过主循环泵的驱动，冷却剂连续不断地流过反应堆堆芯，把核裂变反应所释放的热量带出，进入蒸汽发生器中，通过间壁换热的形式将热量传给蒸汽发生器管壳中的二次工质，自身的温度降低，重新由主循环泵打入反应堆循环使用。为了保证冷却剂一直保持液态，系统需要保持 15 MPa 以上的较高压力，并通过稳压器进行稳压。③二回路系统的工质（通常是水）在蒸汽发生器的管壳中接受冷却剂的加热而汽化，成为高温高压蒸汽；蒸汽驱动汽轮机，汽轮机带动发电机旋转发出电能，进入电网完成输配电后送至用户。蒸汽在汽轮机内做功后，再进入冷凝器中放出热量重新成为液态，被加热后泵入蒸汽发生器完成循环。④冷凝器的冷却介质是水，如果采用直流冷却系统，则直接抽用天然的江、河、湖、海中的水；如果采用循环冷却水系统，则需要建设三回路的大型冷却水装置。

对于沸水堆，燃料核裂变产生的热量使堆芯中的冷却剂沸腾、汽化产生蒸汽，这些蒸汽直接进入汽轮机，推动汽轮机带动发电机发电，因此不需要蒸汽发生器，也没有一回路系统和二回路系统之分，系统非常简单。这是沸水堆与压水堆的主要区别，但是沸水堆的蒸汽带有放射性，需将汽轮机归为放射性控制区并加以屏蔽，这样增加了检修的复杂性。

对于重水堆，以重水（D_2O）为慢化剂，对中子的慢化作用比普通水小，所以重水堆的堆芯体积和压力容器的容积要比轻水堆大得多。重水堆可以用任何一种核燃料，包括天然铀、各种富集度的富集铀、钚-239、铀-233 以及这些核燃料的组合。

2. 核供热堆

核能除了可以用于发电外，还可以用于供热。世界上处于温带、寒带的国家用于供热的能源远远多于发电，如德国、俄罗斯、日本等国以热能形式消耗的能源占总能源消耗的 60%~70%。因此，用核能取代化石燃料进行供热，是一个比发电更为广阔的新领域。从原理上说，各种堆型的反应堆都可用于供热，由于供热的管线不能过长，核供热堆必须建在城市人口密集地区附近，因而对核供热堆的安全性要求更为严格。1963 年，法国建立了第一个核供热堆，即位于格勒诺布尔的 SILOE 池式堆，功率为 3 kW。1989 年，中国清华大学核研院建立了一座 5 MW 低温核供热试验堆，并实现满功率运行，为核研院的建筑物供暖。

核供热堆分为高温核供热堆和低温核供热堆两种。750~900 ℃的高温核供热堆用于煤的液化和汽化、炼钢、制氢等的热源；低温核供热堆则用于建筑物采暖和温度在 200 ℃ 以下的热源。低温核供热堆如图 3.2.10 所示，主要由三部分组成：①产生热量的核反应堆和主热交换器，以及带有放射性的水组成一回路，取消循环泵，采用自然循环，堆芯和主热交换器成为一体；②中间回路（二回路），包括热网热交换器和泵，保证带放射性的一回路水不和热网水直接接触；③进入居民区的普通热网（三回路）。

低温核供热堆从结构上分为池式供热堆和壳式供热堆两大类。池式供热堆是一种结构简单的反应堆，适用于小型热网供热。其堆芯和主热交换器放置在一个常压水池内组成一回路，冷却水在水池内循环，将堆芯发出的热量输出，在主热交换器内将热量传给二回路水，再由二回路水将热量传给热网的水。自然循环池式供热堆是结构和系统最简单的核供热堆，它的一回路为一体化布置，其堆芯、主热交换器、控制棒及其连接流道放置在水池中成为一体；水池置于地下或半地下，保证具有良好的防漏措施，安全性好，投资少，运行费用低，经济性好，但其水温不超过 100 ℃，一回路热水一般不超过 90 ℃。

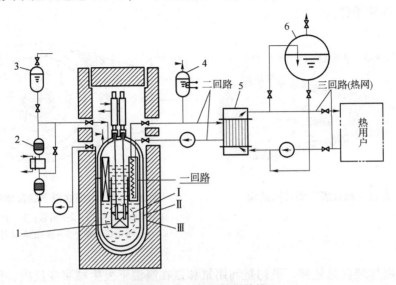

图 3.2.10　低温核供热堆
Ⅰ—释热区；Ⅱ—压力容器；Ⅲ—屏蔽层；
1—堆芯；2——次冷却剂净化系统；3—硼酸水注入系统；4—二回路容积补偿器；
5—热网热交换器；6—事故冷却系统

　　壳式供热堆适用于大中型热网供热。这种供热堆把反应堆堆芯、主热交换器和一回路管路流道布置在同一个压力容器内，容器上部充气作为稳压器。一回路的水在堆芯和主热交换器之间循环，取消水泵，实现自然循环。压力容器内的压力一般为 1.3~2.5 MPa，在压水工况下堆芯出口水温可达 200 ℃左右。

3. 核武器

　　核武器是利用核裂变链式反应或核聚变反应，在瞬间释放出巨大能量，产生核爆炸，具有大规模杀伤破坏作用的武器，本质上是核爆炸装置与运载工具的结合体。核武器可以制成弹头，由导弹、火箭运载，在陆上、水面水下舰艇上、飞机上发射；可以制成炸弹，由飞机投掷；可以制成炮弹，由火炮发射；也可以制成鱼雷，由舰艇发射。

　　第一代核爆炸装置是原子弹，利用的是核裂变链式反应。对原子弹的基本要求：① 能产生迅速的核裂变链式反应；②准确控制起爆时机；③使用的核材料应尽可能地发挥作用；④体积小，质量小。原子弹的基本组成包括核燃料、中子源、引爆装置、中子反射层、外壳体。核燃料的临界质量与其密度有关，密度越高，临界质量越小。原子弹分为枪式和内爆式两种，在使用前必须避免核燃料达到临界，而在使用时又必须确保核燃料超临界。枪式原子弹是将一小块核燃料用炸药推进到两块处于次临界状态的核燃料之间，使整个核燃料系统变为超临界，从而引起核爆炸，其实质是使几块核燃料压拢在一起而增加体积，以便达到临界质量，具体结构如图 3.2.11 所示。内爆式原子弹是采用内爆技术，通过多点炸药起爆，产生一个向内汇聚到中心的球面压力波，将处于中心的次临界状态的核燃料压紧变成高密度的超临界核燃料，从而产生核爆炸，具体结构如图 3.2.12 所示。1945 年 8 月 6 日，美国投在日本广岛的第一颗原子弹是枪式铀原子弹；美国于1945年8月9日投放在日本长崎的原子弹是内爆式钚原子弹。1964年10月16日，我国在新疆罗布泊成功爆炸了第一颗当量为2万t TNT的内爆式铀原子弹。

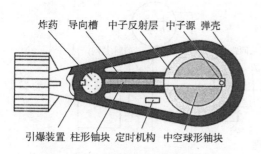

图 3.2.11　枪式原子弹具体结构

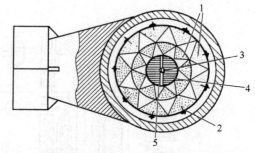

图 3.2.12　内爆式原子弹具体结构

1—楔形烈性炸药；2—雷管；3—中子源；
4—两个钚半球；5—铀-238反射层

第二代核爆炸装置是氢弹。最初是利用氘和氚在高温下发生核聚变反应，但由于用氘和氚直接做氢弹的核燃料，需要具备千万摄氏度的高温和极大的压力才能发生核聚变反应，实现困难且体积太大，因此科学家又找到了新理想的核聚变燃料——氘化锂-6。氘化锂-6氢弹利用原子弹引爆时释放出来的大量高能中子与氘化锂-6原子核反应产生氚，氚与氘再发生核聚变反应释放出巨大能量，爆炸原理如图3.2.13所示。氘化锂-6的成本低，体积小，做成的氢弹显著小型化，更适应实战的需要。1952年11月1日，美国研制了世界上第一颗氢弹，在太平洋马绍尔群岛的埃尼威托克岛试验成功。这枚氢弹高6 m，直径1.8 m，重65 t，爆炸威力达1 040万t TNT当量。1967年6月17日，我国用轰-6甲型轰炸机空投，成功爆炸了当量为300万t TNT的中国第一颗氢弹。

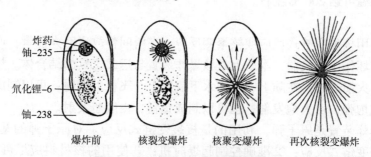

图 3.2.13　氘化锂-6 氢弹爆炸原理

第三代核武器是特殊性能的核武器，是在氢弹的基础上发展来的，分为两种。第一种是为了满足特定要求，将氢弹设计成增强某种毁伤效应而减少其他毁伤效应的特殊氢弹；第二种是使核武器小型化，即减小体积、质量和TNT当量。中子弹是以高能中子辐射为主要杀伤力、威力为千吨级的小型氢弹，其瞬发辐射高达30%，高于原子弹、氢弹的5%瞬发辐射，但大大降低了光辐射、冲击波的破坏和杀伤作用。中子弹设计的基本要求：①尽可能减少引爆原子弹的初级核裂变燃料；②使氘氚核聚变反应尽可能充分进行，以尽量增加高能中子的数量；③外壳要用中子容易穿透的高密度、高强度合金。因此，中子弹实际上是靠微型原子弹引爆的、没有铀–238 外壳的特种超小型氢弹。中子弹的爆炸威力一般只有 1 000 t TNT 当量，但已可以造成人员的重大伤亡，产生的高能中子和 γ 射线还可破坏电子设备，但对于建筑、武器本体等基本上没有毁伤作用。另外，第三代核武器还有减少剩余放射性弹、增强 X 射线弹、核电磁脉冲弹、核钻地弹等。1977 年 6 月，美国宣布研制成功中子弹，并批准生产中子弹。1988 年 12 月，中国成功测试了中子弹，并在 1999 年 7 月宣布拥有中子弹。

目前，美国、法国、俄罗斯等国已经提出了第四代核武器的概念，并开展了初步研究。第四代核武器以原子武器的原理为基础，用其他高含能物质的能量对核聚变进行点火，所用的关键研究设施是惯性约束核聚变装置。第四代核武器不产生剩余核辐射，威力可以任意调整，其发展不受《全面禁止核试验条约》的限制。这种核武器包括干净的核聚变弹、反物质弹、粒子束武器、激光引爆的炸弹、核同质异能素武器等。

4. 核应用技术

通常，核应用技术是指不作为动力，利用同位素和电离辐射与物质相互作用所产生的物理、化学及生物效应，进行应用研究与开发的技术。具有相同质子数、不同中子数的核素称为同位素，包括稳定同位素和放射性同位素两类，在科学研究和国计民生中得到广泛应用。电离辐射种类繁多，常见的类型有电磁辐射（包括 X 射线和 γ 射线），带电粒子射线（包括 β 射线、β⁺ 射线、电子束、α 射线、质子射线、氘核射线、重离子束、介子束等），以及不带电粒子射线（中子），常用来进行研究和生产等活动。

核应用技术的基本功能：①通过射线与各种物质的相互作用，在工业、农业、医学、科研等领域获得各种有用的信息，如同位素示踪、中子活化分析、中子照相、过程监测、工业无损探伤、火灾预警报警、资源探测、人体脏器显像、放射性免疫分析等；②利用辐射对物质的作用，改变物质的性质，获得具有优异性能的材料，以便为人类的生活和生产服务，如辐射加工、中子掺杂、静电消除、辐射育种、离子注入、癌症放射治疗等；③利用放射性同位素衰变释放出的能量作为能源，如同位素电池、光源、热源等。

核应用技术是一项跨学科、跨领域、跨行业，具有高度综合性的交叉融合技术。核应用技术的应用领域十分广泛，主要包括以下几方面。

（1）工业：包括工业生产过程中的检测与分析（工业同位素仪表、核微探针、集装箱检测系统等）和辐射加工（辐射化工、辐射消毒、辐射处理三废等）。

（2）农业：包括辐射育种、昆虫不育、同位素示踪等。

（3）医学：包括核技术诊断、放射性同位素外照射治疗、放射性药物治疗等。

（4）科学研究：在基础医学、生命科学及其他学科中，用同位素电离辐射可提供多种分析和实验研究手段，使人们的视野从宏观推向微观。

此外，核应用技术还用于资源、环境、公共安全等领域。

3.2.6　核安全与辐射防护

核能的开发和应用离不开放射性。放射性对人类有危害，这使人们对核能的安全性产生误解。核燃料生产过程中不会产生强放射性的核裂变产物，但存在辐射问题，可以通过一系列的辐射防护措施来保证核燃料生产的安全。核反应堆中通过核裂变生成大量具有强放射性的核裂变产物及毒性很大的铀钚混合物和次锕系元素，这是反应堆潜在的主要危险。另外，在铀的浓缩和核燃料后处理过程中也可能会发生临界事故，在核燃料后处理和高放废液处理中也可能引起辐射危害。

为了避免出现上述危险，通常会采取一系列防止临界事故、进行辐射防护的措施，重点要进行辐射监测。辐射监测一般分为环境监测和个人监测。环境监测又分为作业环境监测和周围环境监测。监测的目的是判断工作状况是否可以继续进行作业，以及是否发生需要对工作状况进行重新评价的变化。

核反应堆遵循纵深防御、多重保护、多样性的原则来防止核事故，确保核安全。一般设置纵深防御的三道防线。

（1）第一道防线是预防事故。在设计上，使工艺参数和设备尺寸留有充分的安全裕度。坚持"冗余性"原则，关键设施，如供电、核裂变链式反应的控制系统、仪器仪表系统等均设有具有相同功能的两个或两个以上的不同系统，第一个系统一旦发生故障立即切换到第二个系统。在设备、设施、土建等各个方面，结构、材料和加工工艺必须确保安全和质量，防止失效。在运行管理上，制定安全合理、细致缜密的运行规程，保证运行人员的素质并加强相关培训。

（2）第二道防线是控制事故。主要是防止核裂变产物和锕系元素进入环境，以保护运行人员和公众的安全。目前，常使用的压水堆或沸水堆设有三道屏障。第一道屏障是燃料元件包壳，将核燃料和所有的核裂变产物包容起来。第二道屏障是一回路压力边界、包容反应堆堆芯和冷却剂。第三道屏障是安全壳，由坚固钢筋混凝土制成，厚度超过1 m，万一核裂变产物溢出堆芯，可防止其向大气释放。

（3）第三道防线是缓解事故。万一所有预防事故的干预手段均失效，发生事故时，应立即采取措施尽量维持已损坏堆芯的冷却，把反应堆恢复到可控制的状态，尽量减少向安全壳外的放射性释放。同时，要启动反应堆专设安全设施，包括应急堆堆芯冷却系统、安全壳喷淋系统、安全壳隔离系统、应急给水系统等。

3.2.7　我国第四代核能系统的发展

2013年1月，全球首座球床模块式高温气冷堆（high temperature gas-cooled reactor, HTGR）核电站——中国石岛湾高温气冷堆核电站示范工程开工建设，2021年12月20日示范工程送电成功，装机容量20万kW，2022年实现投产、商业运行。高温气冷堆使用氦气作冷却剂，蒸发器的温度能够达到560 ℃，堆芯出口温度为850~1 000 ℃，甚至更高。高温气冷堆采用包覆燃料颗粒（见图3.2.14），以石墨作慢化剂，一般采用高浓二氧化铀为核燃料，也可以采用低浓二氧化铀。高温气冷堆核电站具有良好的固有安全性，能保证反应堆在任何事故下不发生堆芯熔化和放射性大量释放事故。高温气冷堆具有热效率高（40%~41%），燃耗深（最大高达20 MWd/t U[①]），转换比高（0.7~0.8）等优点。氦气化学稳定性好，传热性能好，而且诱生放射性小，停堆后能将余热安全带出，安全性能好。

国际原子能机构（International Atomic Energy Agency, IAEA）将电功率小于300 MW的反应堆称为小型堆。小型模块化反应堆的尺寸小、选址灵活、建设方便，适合在不需要大功率发电量的偏远或孤立地区部署，同时可为制氢或海水淡化提供能量。IAEA根据反应堆的建造位置、冷却方式及中子谱，将小型堆分为陆上水冷堆、海上水冷堆、高温气冷堆、快堆和熔盐堆（molten salt reactor, MSR）5种堆型。近年来，中国核工业集团

---

① MWd/t U表示兆瓦日/吨铀。

有限公司开始研发海上水冷堆 ACP100S、ACPR50S、ACP25S，可用于热电联产和海水淡化，为海岛和沿海地区提供能源供应和应急支持。ACP100S 反应堆的功率为 100 MW，主要技术特征有一体化反应堆技术、模块化高效直流蒸汽发生器技术、小型全密封主泵技术、固有安全加非能动安全技术、模块化技术。ACP100 的结构示意如图 3.2.15 所示。

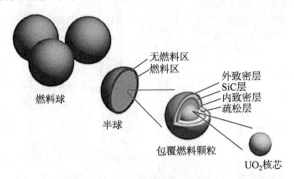

图 3.2.14　包覆燃料颗粒结构

超临界水冷堆（supercritical water-cooled reactor，SCWR）的概念由美国西屋公司和通用电气公司最先提出。目前，国际上已提出了多种超临界水冷堆技术方案，具有如下共同特点：①采用超临界压力轻水作为冷却剂，热效率明显高于轻水堆；②超临界压力水的比热容高，使单位堆芯功率的冷却剂质量流量大大减小；③超临界压力水的低密度导致堆内冷却剂总装量减少，安全壳载荷降低，使设计小安全壳成为可能；④由于正常运行工况下冷却剂是单相流体，因此排除了堆芯传热状态的不连续性。目前，国内各高校、中国核动力研究设计院、上海核工程研究设计院、中科华核电技术研究院等单位已积极开展超临界水冷堆设计研

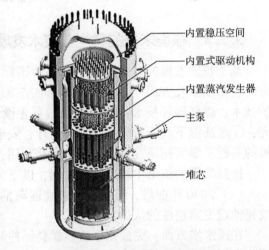

图 3.2.15　ACP100 的结构示意

究。2012 年，中国核动力研究设计院提出了超临界水冷堆（CSR1000），系统地研究了超临界水冷堆的整体设计、热工水力和材料等关键基础问题，并提出了百万千瓦级超级水冷堆的概念设计方案及可行性研究，为超临界水冷堆示范工程标准设计奠定了基础。

熔盐堆的研究始于 20 世纪 40 年代末美国飞行器反应堆试验，旨在为核动力轰炸机设计一款高功率密度引擎。熔盐堆的主冷却剂是一种熔融态的混合盐，可以在高温下工作时保持低蒸汽压，从而降低机械应力，提高效率和安全性，并且其比熔融钠冷却剂活性低。熔盐堆没有燃料芯块，易发生核裂变的同位素熔于高沸点的高温液态氟盐。燃料与熔剂盐结合构成低熔点共晶体，既是冷却剂也是燃料。2011 年 1 月，中国科学院启动"未来先进核裂变能——钍基熔盐堆（thorium molten salt reactor nuclear，TMSR）核能系统"战略性先导科技专项，研发第四代的核裂变反应堆 TMSR。根据我国武威市政府官网发布的消息，2021 年 5 月，全球首个钍基熔盐堆核能系统项目主体工程在甘肃省武威市基本建设完工，并启动调试。熔盐堆示意如图 3.2.16 所示。

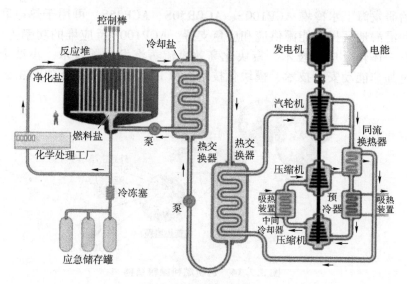

图 3.2.16 熔盐堆示意

3.2.8 核能未来的科学与技术发展方向

基于核能发展的"三步走"战略及国际核能研究最新发展趋势，未来核能重点研究的方向包括以下几方面。①高参数水冷堆基础理论及关键技术；②快中子堆设计技术、运行维护技术、燃料循环技术；③熔盐堆的概念设计、组分和成分的物理化学特性、运行控制研究；④超高温下气冷堆燃料和材料设计、安全系统设计、高性能氦气汽轮机研究；⑤核聚变堆的关键科学问题研究；⑥核能的综合利用；⑦核安全及管理技术研究。

按照我国的核电中长期发展规划，以下为核能未来发展的技术路线和目标。

（1）2030 年前后，第四代反应堆逐渐推向市场，发展方向将主要取决于对燃料的增殖或超铀嬗变紧迫性的认识。

在压水堆方面，完成耐事故核燃料元件开发和严重事故机理研究，改进和增强严重事故预防和缓解措施。进一步完善"实际消除大量仿生学物质释放"的应对措施，形成商业规模的后处理能力，与快中子堆初步形成闭式核燃料循环。

在快中子堆与第四代堆方面，将部分成熟堆型推向市场并逐渐扩大规模，以现阶段成熟度最高的钠冷快中子堆为主，尽快实现商业示范，不断提高经济性并产业化推广。

在受控核聚变方面，建设、运行磁约束核聚变工程试验堆，开展稳态、高效、安全核聚变堆科学和工程技术研究；建设峰值电流为 60~70 MA 的惯性约束核聚变装置用的 Z 箍缩驱动器，实现核聚变点火。

（2）在 2050 年前后，我国先进核能系统发展初具规模，基本实现压水堆与快中子堆的匹配发展，核电装机容量达到 3 亿~4 亿 kW。

在压水堆方面，压水堆和快中子堆匹配发展，实施可持续的燃料循环，建立地质处置库。

在快中子堆与第四代堆方面，发展以后处理为核心的燃料循环技术，并形成与核电相匹配的产业能力，力争实现快中子堆与压水堆的匹配发展。适当发展超高温气冷堆（very high temperature gas-cooled reactor，VHTGR）、铅冷快堆（lead-cooled fast reactor，LFR）等安全性好、用途灵活的小型化反应堆，以作为核能多用途的有力补充。

在受控核聚变方面，发展磁约束核聚变电站，探索核聚变商用电站的工程、安全、经济性相关技术。

3.3　太阳能的开发和利用

3.3.1　概述

太阳是距离地球最近的一颗恒星，直径约为 $1.39×10^6$ km，大约是地球直径的 109.3 倍；体积约为 $1.41×10^{18}$ km^3，约为地球体积的 130 万倍；质量约为 $1.99×10^{27}$ t，是地球质量的 $3.33×10^5$ 倍；平均密度只有 1 410 kg/m^3，是地球平均密度的 1/4，但太阳内部密度非常高，达 $160×10^3$ kg/m^3。太阳的内部结构分为内核区、辐射输能区、对流区。太阳大气的结构分为光球层、色球层、日冕层（见图 3.3.1）。太阳的物质组成为氢占 78.4%，氦占 19.8%，60 多种金属和其他元素占 1.8%。太阳是一个炽热的气态球体，其表面温度有 5 770 K，内部温度高达 $2×10^7$ K 左右，内部压力高达 $3.4×10^{16}$ Pa 左右。

太阳能是由太阳内部氢原子发生氢、氦核聚变释放出巨大核能产生的，来自太阳的辐射能量，包括电磁波辐射能和粒子辐射能。太阳辐射主要集中在波长 0.2~100 μm 紫外线到红外线的范围内，其中波长 0.3~2.6 μm 是能量最集中的范围，占总辐射能量的 95% 以上。地球轨道上的平均太阳辐射强度为 1 369 W/m^2，在海平面上的标准峰值强度为 1.0 kW/m^2。太阳辐射到地球大气层的能量仅为其总辐射能量的 22 亿分之一，但也高达 173 000 TW，相当于每秒燃烧 500 万 t 煤的能量。广义的太阳能涉及的范围非常大，地球上的风能、水能、海洋温差能、波浪能和生物质能都来源于太阳。狭义的太阳能则包括太阳辐射能的光热、光电和光化学的直接转换。

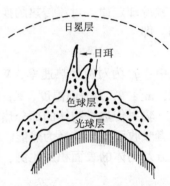

图 3.3.1　太阳大气的结构

根据古籍记载，早在公元前 11 世纪（西周时代），我们的祖先就已经发明利用铜制凹面镜汇聚阳光点燃艾叶取火，古书上称为 "阳燧取火"，这是一种原始的太阳能聚光器。近代太阳能利用的历史，一般从 1615 年法国工程师所罗门·德·考克斯发明世界上第一台利用太阳能驱动的抽水泵算起，随后经历了不同的发展时期。随着环境和气候的逐渐恶劣，世界众多国家重新制定基于能源革命的中长期发展规划。太阳能作为一种清洁的可再生能源，被利用和发展的速度明显加快。

太阳光普照大地，没有地域的限制，无须开采和运输。太阳能具有分散性，能流密度很低，受到昼夜、季节、地理纬度和海拔等自然条件的限制，某一地区的太阳辐照度既是间断的，又是极不稳定的，大规模应用太阳能具有较大难度。目前，太阳能利用的效率低，成本高，使其进一步发展受到经济性制约。太阳能利用的基本方式包括光热利用、太阳能发电、光化作用、光生物利用等。

截至 2020 年底，全世界的太阳能装机容量达 707.5 GW，其中中国的装机容量最大，为 253.8 GW。中国、美国、日本的太阳能装机容量位列前三名，分别占全世界总装机容量的 35.9%、10.4%、9.5%。截至 2020 年底，全世界的太阳能总发电量达到 855.7 TW·h，其中中国的太阳能发电量最大，为 261.1 TW·h。中国、美国、日本的太阳能发电量位列前三名，分别占全世界太阳能总发电量的 30.5%、15.6%、9.7%。

3.3.2 太阳能的热利用

1. 太阳能集热器

（1）集热器的传热基础。

太阳能集热器是吸收太阳辐射并将产生的热能传递到传热工质的装置，与传热学有着密切的关系，涉及热传导、对流传热和辐射传热的基本工作原理。

热传导是依靠物体质点的直接接触来传递能量的。根据傅里叶热传导定律，物体中的传热速率与温度梯度及热流通过的截面积成比例，即

$$q_k = -\lambda A \frac{dT}{dX}$$

式中：q_k 为传热速率，W；λ 为导热系数，W/(m·K)；A 为截面积，m^2；T 为温度，K；X 为沿热流方向的距离，m。

对流传热是指当流体的微团在空间的位置改变时，作为载热体而发生的热能传递。根据牛顿冷却定律，对流传热的换热速率与表面和流体的温度差及表面和流体接触的表面积成比例，即

$$q_c = h_c A (T_s - T_t)$$

式中：q_c 为对流换热速率，W；h_c 为对流换热系数，W/(m·K)；A 为与流体接触的表面积，m^2；T_s 为表面温度，K；T_t 为流体温度，K。

辐射传热是物体的部分热能转换为电磁波向外发射，当电磁波碰到其他物体时，部分被后者吸收而重新转换为热能。根据斯蒂芬-玻尔兹曼定律，物体的辐射功率与物体温度的 4 次方及物体的表面积成比例，即

$$q_R = \varepsilon \sigma A T^4$$

式中：q_R 为辐射功率，W；σ 为斯蒂芬-玻尔兹曼常数，5.669×10^{-8} W/(m^2·K^4)；ε 为发射率；A 为物体的表面积，m^2；T 为表面温度，K。

（2）集热器的分类。

1）集热器可按传热工质类型分类，分为液体集热器和空气集热器。

2）集热器可按进入采光口的太阳辐射是否改变方向分类，分为聚光集热器和非聚光集热器。

3）集热器可按是否跟踪太阳分类，分为跟踪集热器和非跟踪集热器。

4）集热器可按是否有真空空间分类，分为平板型集热器和真空管集热器。

5）集热器可按工作温度范围分类，分为低温集热器、中温集热器和高温集热器。

（3）平板型集热器。

平板型集热器主要由吸热板、透明盖板、隔热层和外壳等几部分组成，其结构如图 3.3.2 所示。

吸热板是平板型集热器内部吸收太阳能并向传热工质传递热量的部件。对吸热板的技术要求：①太阳光的吸收比高；②热传递性能好；③与传热工质的相容性好；④具备一定的承压能力；⑤加工工艺简单。吸热板的材料种类很多，有铜、铝合金、铜铝复合材料、不锈钢、镀锌钢、塑料、橡胶等，形式则有管板式、翼管式、扁管式、蛇管式等。

透明盖板是平板型集热器内部覆盖的，由透明（或半透明）材料制成的吸热板状部件。对透明盖板的技术要求：①太阳光的透射比高；②红外透射比低；③导热系数小；④冲击强度高；⑤环境适应性能好。透明盖板的材料主要有平板玻璃和玻璃钢板两大类。透明盖板的层数取决于集热器的工作温度及使用地区的气候条件，一般都采用单层透明盖板。透明盖板与吸热板之间的距离应大于 20 mm。

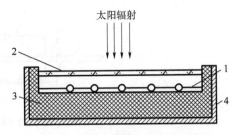

图 3.3.2　平板型集热器的结构
1—吸热板；2—透明盖板；
3—隔热层；4—外壳

隔热层是平板型集热器抑制吸热板向周围环境散热的部件。通常要求隔热层的导热系数不大于 0.055 W/(m·K)，不易变形，不易挥发，不能产生有害气体。用于隔热层的材料有岩棉、矿棉、聚氨酯、聚苯乙烯等。隔热层的厚度遵循以下原则：材料的导热系数越大、集热器的工作温度越高、使用地区的气温越低，隔热层的厚度就要求越大。

外壳是平板型集热器保护及固定吸热板、透明盖板和隔热层的部件。外壳要有一定的强度和刚度，有较好的密封性及耐腐蚀性。用于外壳的材料有铝合金、不锈钢、碳钢、塑料、玻璃钢等。

（4）真空管集热器。

真空管集热器是将吸热体与透明盖层（玻璃圆管）之间的空间抽成真空的太阳能集热器。一台真空管集热器通常由若干只真空集热管组成，真空集热管的外壳是玻璃圆管，吸热体可以是圆管状、平板状或其他形状。吸热体放置在玻璃圆管内，与玻璃圆管之间抽成真空。按吸热体的材料种类，可分为全玻璃真空管集热器和金属吸热体真空管集热器。

全玻璃真空管集热器是由内玻璃管、外玻璃管、选择性吸收涂层、弹簧支架、消气剂等部件组成，其结构示意如图 3.3.3 所示。所用的玻璃材料应具有太阳光透射比高、热稳定性好、热膨胀系数低、耐热冲击性能好、机械强度较高、抗化学侵蚀性较好、适合加工等特点。全玻璃真空管集热器采用选择性吸收涂层作为吸热体的光热转换材料，具有高的太阳能吸收比、低的发射率，可最大限度地吸收太阳能，同时又尽量抑制吸热体的辐射热损失。

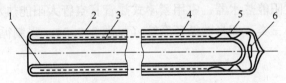

图 3.3.3　全玻璃真空管集热器结构示意
1—内玻璃管；2—外玻璃管；3—选择性吸收涂层；4—真空；5—弹簧支架；6—消气剂

金属吸热体真空管集热器由热管、金属吸热管、玻璃管、金属封盖、弹簧支架、蒸散型消气剂和非蒸散型消气剂等部分构成，其中热管又包括蒸发段和冷凝段两部分，其结构示意如图 3.3.4 所示。热管是利用汽化潜热高效传递热能的强化传热元件，一般都是重力热管，冷凝后的液态工质依靠其自身的重力流回蒸发段，因而结构简单，制造方便，工作可靠，传热性能优良。为了使金属吸热体真空管集热器保持良好的真空性能，可以采用熔封或热压封技术，内部同时放置蒸散型消气剂和非蒸散型消气剂。

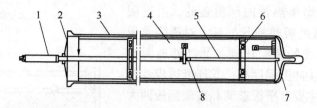

图 3.3.4　金属吸热体真空管集热器结构示意
1—热管冷凝段；2—金属封盖；3—玻璃管；4—金属吸热管；5—热管蒸发段；
6—弹簧支架；7—蒸散型消气剂；8—非蒸散型消气剂

2. 太阳能热水器

太阳能热水器是利用温室原理，将太阳的能量转换为热能，并向水传递热量，从而获得热水的一种装置。太阳能热水器由集热器、储热水箱、循环水泵、管道、支架、控制系统及相关附件组成。根据集热器的结构和集热温度范围不同，一般太阳能热水器可分为四种工作状况：低温集热，环境温度为 $10\sim20\ ℃$；中温集热，室外温度为 $20\sim40\ ℃$；中高温集热，室外温度为 $40\sim70\ ℃$；高温集热，室外温度为 $70\sim120\ ℃$。低温和中温太阳能热水器主要用于余热锅炉给水、民用生活热水、地下加热除湿工程、采暖和工农业中低温热水供应；中高温、高温太阳能热水器主要用于采暖、制冷或发电。

集热器和储热水箱合为一体的太阳能热水器称为闷晒太阳能热水器，集热器和储热水箱紧密结合的称为整体（或紧凑）太阳能热水器，集热器和储热水箱分离的称为分离太阳能热水器。根据集热器结构不同，太阳能热水器可分为闷晒太阳能热水器、平板太阳能热水器和真空管（包括全玻璃真空管和热管真空管）太阳能热水器。若按工质循环次数分类，可分为一次循环太阳能热水器（直接循环或单回路循环）和二次循环太阳能热水器（间接循环或双回路循环）。按集热器所使用的材料不同，可分为金属、玻璃和塑料太阳能热水器。按储热水箱内胆材料不同，太阳能热水器又可分为不锈钢水箱太阳能热水器、搪瓷水箱太阳能热水器、防锈铝水箱太阳能热水器、镀锌钢板太阳能热水器及塑料水箱太阳能热水器等。

家用太阳能热水器的基本类型有家用闷晒太阳能热水器、家用平板太阳能热水器、家用紧凑式全玻璃真空管太阳能热水器、家用紧凑式热管真空管太阳能热水器。太阳能热水器的热水系统基本上可分为三类，即自然循环系统（见图 3.3.5）、强制循环系统（见图 3.3.6）和直流式循环系统。

3. 太阳能灶

太阳能灶是利用太阳辐射能，通过聚光、传热、储热等方式获取热量，从而烹饪食物的一种装置。太阳能灶要求提供不同的温度，蒸煮或烧开水要求温度为 $100\sim150\ ℃$，煎、炒、炸则要求提供 $500\sim600\ ℃$ 的高温。一般家用太阳能灶的功率在 $500\sim1\ 500\ W$ 之间，截光面积为 $1\sim3\ m^2$，热效率（即太阳能灶提供的有效热能与接收太阳的能量之比）约为 50%。

太阳能灶根据收集太阳能方式的不同，可以分为箱式太阳能灶、聚光太阳能灶和综合型太阳能灶三种基本结构类型。

（1）箱式太阳能灶。

箱式太阳能灶的基本结构是一个箱体，如图 3.3.7 所示。箱体上面有 $1\sim3$ 层玻璃（或透明塑料膜）盖板，箱体四周和底部采用保温隔热层，其内表面涂以太阳能吸收率比较高

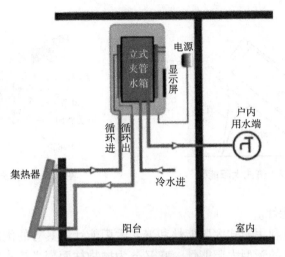

图 3.3.5　自然循环系统

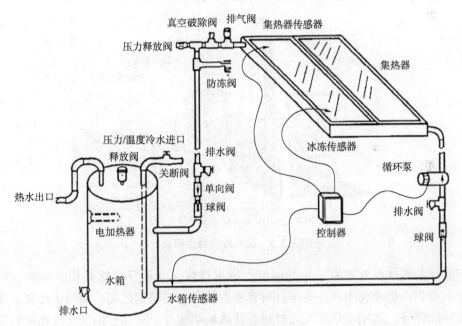

图 3.3.6　强制循环系统

的黑色涂料。此外，箱式太阳能灶还有外壳和支架。箱式太阳能灶可以用于蒸馒头、蒸米饭、炖肉、炒菜等，还可以用于蒸煮医疗器具和消毒灭菌。这种太阳能灶的优点是结构简单、成本低廉、使用方便，但是聚光度低，功率有限，箱温不高，升温时间较长。

（2）聚光太阳能灶。

聚光太阳能灶利用抛物面聚光的特性，大大提高了太阳能灶的功率和聚光度，使灶圈温度可以达到 500 ℃以上，大幅缩短了炊事作业时间，如图 3.3.8 所示。根据聚光方式的不同，聚光太阳能灶又分为旋转抛物面太阳能灶、球面太阳能灶、抛物柱面太阳能灶、圆锥面太阳能灶和菲涅耳聚光太阳能灶等。由于旋转抛物面太阳能灶具有较强的聚光特性、能量大，可获得较高的温度，因此使用最广泛。

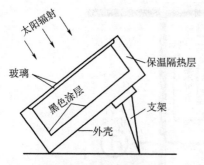

图 3.3.7　箱式太阳能灶

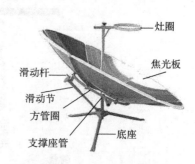

图 3.3.8　聚光太阳能灶

（3）综合型太阳能灶。

综合型太阳能灶是利用箱式太阳能灶和聚光太阳能灶所具有的优点，并吸收真空管集热器技术、热管技术研发的新型太阳能灶，它又分为抛物柱面聚光箱式太阳能灶、聚光双回路太阳能灶（见图 3.3.9）、储热太阳能灶、热管真空管太阳能灶等。

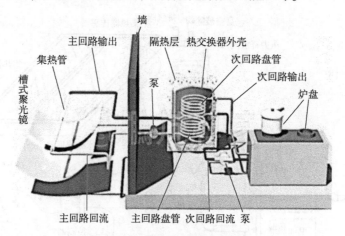

图 3.3.9　聚光双回路太阳能灶

太阳能灶的壳体材料要有一定的刚度，耐水性好，能承受冷热变化的影响，力学性能好，便于工业化、标准化生产。壳体材料有水泥灶壳、玻璃钢灶壳、菱苦土灶壳、薄壳铸铁灶壳、塑料灶壳等。太阳能灶的反光材料有普通玻璃镜片、高纯铝阳极化反光材料和聚酯薄膜真空镀铝反光材料三种类型。

4. 太阳能房

太阳能房是利用太阳能进行采暖和调温的环保型生态建筑，不仅能满足建筑物在冬季的采暖要求，也能在夏季起到降温和调节空气的作用，是一种节能建筑。我国东北、华北和西北地区累计年日平均温度小于或等于 5 ℃ 的天数，一般都在 90 天以上，总面积约占国土面积的 70%。这些地区的太阳能资源十分丰富，大力推广应用太阳能房，不仅具有明显的经济效益，而且具有明显的环境效益和社会效益。

太阳能房可以分为主动式太阳能房、被动式太阳能房和热泵式太阳能房三种类型。

（1）主动式太阳能房。

主动式太阳能房与常规能源采暖的区别在于，它以太阳能集热器作为热源替代以煤、石油、天然气、电等常规能源为燃料的锅炉。主动式太阳能房的主要设备包括太阳能集热器、储热水箱、辅助热源以及管道、阀门、风机、水泵、控制系统等。太阳能集热器获得太阳的热量，通过配热系统送至室内进行采暖，过剩热量储存在水箱内。当收集的热量小于采暖负荷时，由储存的热量来补充，热量不足时再由备用的辅助热源提供热量。主动式太阳能房供暖如图 3.3.10 所示。

主动式太阳能房的特点是用太阳能集热器代替采暖系统中的锅炉，一般要求太阳能利用率在 60% 以上，集热采光面积占采暖建筑面积的 10%~30%。由于照射到地面的太阳辐射受气象条件和时间的影响，太阳能不能成为连续、稳定的独立能源，因此系统中必须有储存热量的设备和辅助热源装置。储热设备可以用储热水箱，也可以用卵石槽。主动式太阳能房所采用的集热器要求结构简单、性能可靠、价格便宜，集热工质有空气加热采暖系统和水加热系统（见图 3.3.11）。

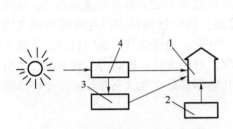

图 3.3.10　主动式太阳能房供暖

1—室内；2—辅助热源；3—储热水箱；4—集热器

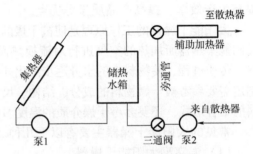

图 3.3.11　水加热系统

（2）被动式太阳能房。

被动式太阳能房不需要专门的集热器、热交换器、水泵（或风机）等部件，只依靠建筑方位的合理布置，通过窗、墙、屋顶等建筑物本身构造和材料的热工性能，以自然交换的方式（辐射、对流、传导）使建筑物在冬季尽可能多吸收和储存热量，以达到采暖的目的。被动式太阳能房分为 5 种：直接受益式、集热储热墙式、综合式、屋顶集热储热式、自然循环式。综合式被动太阳能房如图 3.3.12 所示。把房间朝南的窗扩大，做成玻璃温室，让阳光直接进到室内加热房间。房屋的南墙做成深色储热式墙体，吸收太阳的辐射热后，通过传导把热量传到墙内一侧，再以对流和热辐射方式向室内供热。由于温室效应，室内有效获得热量增加，同时减小了室温的波动。

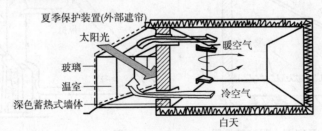

图 3.3.12　综合式被动太阳能房

（3）热泵式太阳能房。

热泵是一种反向使用的制冷机，通过消耗小部分的电能，可将低温环境的热能转移到温度

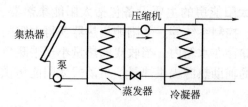

图 3.3.13　间接式太阳能热泵的工作原理

较高的环境中。热泵式太阳能房将太阳能集热器作为热泵系统中的蒸发器，换热器作为冷凝器，利用集热器从太阳能低温集热（10~20℃），再通过热泵将热量传递到温度为 30~50℃ 的采暖热媒介中。太阳能热泵采暖系统的主要特点是花费少量电能就可以得到几倍于电能的热量，同时可以有效利用低温热源，减少集热面积。图 3.3.13 所示为间接式太阳能热泵的工作原理。

5. 太阳能干燥器

太阳能干燥是指人类利用太阳能对物料如食品、农副产品、木材、中药材、工业产品等进行的主动式干燥。与常规能源干燥相比，太阳能干燥具有节约常规能源、保护自然环境、提高生产效率、提高产品质量等优点。

太阳能干燥器的工作原理是使被干燥的物料直接吸收太阳能并将其转换为热能，或者通过太阳能集热器所加热的空气进行对流换热而获得热能，再经过物料表面与物料内部之间的传热、传质过程，使物料中的水分逐步汽化并扩散到空气中，最终达到干燥的目的。干燥工艺的制定需要参考被干燥物料的成分、结构、尺寸、形状、导热系数、比热容、含水量、水分与物料的结合形式，还要参考干燥介质的温度、湿度、比热容和湿空气状态参数的变化规律等。

常见的太阳能干燥器主要有以下几种。

（1）温室型太阳能干燥器。

温室型太阳能干燥器如图 3.3.14 所示，太阳辐射通过干燥器（温室）玻璃盖层，被需要干燥的物料直接吸收，与室内空气一起被加热，物料脱去水分，达到干燥的目的。干燥器上部设有排气装置，用于及时排除湿度大的空气，以利于干燥过程的进行。

（2）集热型太阳能干燥器。

集热型太阳能干燥器如图 3.3.15 所示，该干燥器利用空气集热器获得热空气，通过风机将热风送入干燥室对物料进行干燥。与温室型太阳能干燥器不同，这种干燥器一般设计为主动式，即通过风机增强干燥过程的传热、传质效果，还可以根据物料的干燥特性调节热风温度。这种形式的干燥器特别适用于不宜直接暴晒的物料，如中药、木材、橡胶等。

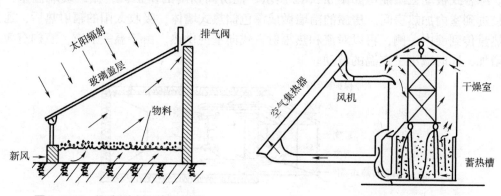

图 3.3.14　温室型太阳能干燥器　　　**图 3.3.15　集热型太阳能干燥器**

（3）混合型太阳能干燥器。

混合型太阳能干燥器如图 3.3.16 所示，它是集热型与温室型结合的一种太阳能干燥器。

该干燥器在温室外加一个空气集热器，以补充部分能量，物料一方面直接吸收透过玻璃盖层的太阳辐射，另一方面又与来自空气集热器的热空气直接接触，在这种双重作用下，物料可以较短时间内达到较低的含水率。这种干燥器多用于含水率较高、要求干燥温度较高的物料。

（4）整体式太阳能干燥器。

整体式太阳能干燥器（见图 3.3.17）将空气集热器与干燥室合并为一个整体，使辐射传热与对流传热同时起作用，干燥过程得以强化，大大提高了太阳能的利用效率，适用于果脯、药材等的干燥。

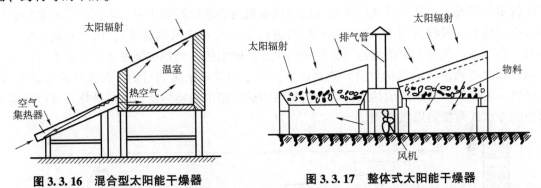

图 3.3.16　混合型太阳能干燥器　　　图 3.3.17　整体式太阳能干燥器

除了上述 4 种形式外，还有聚光型太阳能干燥器、太阳能远红外干燥器和太阳能振动液化床干燥器等。

6. 制冷系统

随着我国国民经济的迅速发展和人民生活水平的逐步提高，在全国能源消费不断增加的同时，温室气体的排放量也正在快速增长。近年来，我国城乡建筑的发展非常迅速，全国建筑耗能量已超过全国总耗能量的 1/4，而且有继续上升的趋势，人们对夏季空调的需求越来越强烈。由于地球表面的温度正在逐步上升，因此，节约能源、减少温室气体排放成为一项需要全社会不懈努力的重要任务。

当前，世界各国都在加紧进行太阳能空调技术的研究，除了季节适应性好的优点之外，它还具有其他几个主要优点：①制冷机的介质不含氟氯烃化合物，无臭、无毒、无害，有利于保护环境；②制冷机除了功率很小的屏蔽泵之外，无其他运动部件，运转安静，噪声低；③同一套太阳能空调系统可以将夏季制冷、冬季采暖和其他季节供热三种功能结合起来，从而显著提高太阳能系统的利用率和经济性。

太阳能制冷可以通过太阳能光电转换制冷和太阳能光热转换制冷两种途径来实现。太阳能光电转换制冷，首先是通过太阳能电池将太阳能转换成电能，再用电能驱动常规的压缩式制冷机。而太阳能光热转换制冷，首先是将太阳能转换成热能（或机械能），再利用热能（或机械能）作为外界的补偿，使系统达到并维持所需的低温。太阳能制冷系统主要有以下几种类型。

（1）太阳能吸收式制冷系统。

太阳能吸收式制冷系统是利用两种物质组成的二元溶液作为工质来运行的，这两种物质在同一压强下有不同的沸点，其中高沸点的组分称为吸收剂，低沸点的组分称为制冷剂。吸收式制冷就是利用溶液的浓度随其温度和压力变化而变化，将制冷剂与吸收剂分离，通过制冷剂的蒸发而制冷，又通过吸收剂实现对制冷剂的吸收。常用的吸收剂与制冷剂组合有两种：一种是溴化锂-水，另一种是水-氨。在溴化锂-水吸收式制冷中，溴化锂的沸点极高，作为吸收剂，水的沸点低，作为制冷剂。其装置主要由发生器、冷凝器、蒸发器、吸收器、换热器、循环泵等几部分组成。在水-氨吸收式制冷中，氨作为制冷剂，水作为吸收剂。其装置主要由发生器、冷凝器、蒸发器、吸收器、换热器、循环泵等几部分组成。

太阳能吸收式空调系统主要由太阳能集热器、吸收式制冷机、空调箱（或风机盘管）、辅助锅炉、储水箱和自动控制系统等几部分组成，其工作原理如图 3.3.18 所示。在夏季，被太阳能集热器加热的热水首先进入储水箱，当热水温度达到一定值时，从储水箱向吸收式制冷机提供热媒水；从吸收式制冷机流出并已降温的热水流回储水箱，再由太阳能集热器加热成高温热水。吸收式制冷机产生的冷媒水流到空调箱（或风机盘管），以达到制冷空调的目的。在冬季，先使太阳能集热器加热的热水进入储水箱，当热水温度达到一定值时，从储水箱直接向空调箱（或风机盘管）提供热水，以达到供热采暖的目的。在非空调采暖季节，只要将太阳能集热器加热的热水直接通向生活用热水箱中的换热器，通过换热器就可把储水箱中的冷水逐渐加热以供使用。

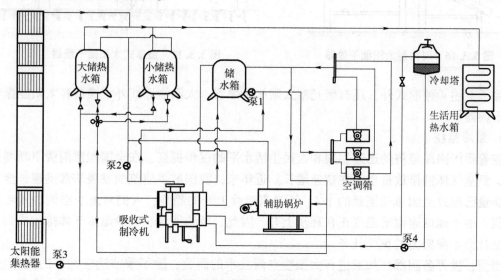

图 3.3.18　太阳能吸收式空调系统工作原理

（2）太阳能吸附式制冷系统。

太阳能吸附式制冷系统利用物质的物态变化来达到制冷的目的。用于太阳能吸附式制冷系统的吸附剂-制冷剂组合可以有不同的选择，如沸石-水、活性炭-甲醇等。太阳能吸附式制冷系统主要由太阳能吸附集热器、冷凝器、蒸发储液器、风机盘管、冷媒水泵等部分组成，如图 3.3.19 所示。

白天太阳辐照充足时，太阳能吸附集热器吸收太阳辐射能后，吸附床温度升高，使制冷剂从吸附剂中解吸，集热器内部压力升高；解吸出来的制冷剂进入冷凝器，经冷却介质（水或空气）冷却后凝结为液态，进入蒸发储液器；太阳能转化为代表制冷能力的吸附势能储备起来，实现化学吸附潜能的储存。夜间或太阳辐照不足时，环境温度降低，通过自然冷却后，集热器吸附床的温度下降，吸附剂开始吸附制冷剂，产生制冷效果。产生的冷量一部分以冷媒水的形式从风机盘管（或空调箱）输出，另一部分储存在蒸发储液器中，可以在需要时根据实际情况调节制冷量。另外，若在太阳能吸附集热器的埋管内通冷却水，回收吸附床的显热和吸附热，以此改善吸附效果，还可为家庭用户提供生活用热水。

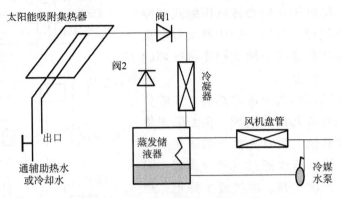

图 3.3.19　太阳能吸附式制冷系统

（3）太阳能除湿式制冷系统。

太阳能除湿式制冷系统的原理跟太阳能吸附式制冷系统的原理相近，是利用干燥剂（又称除湿剂）来吸附空气中的水蒸气以降低空气的湿度，进而实现降温制冷。该系统具有以下优点：①系统结构简单，无复杂的部件；②节电效果好，电能性能系数很高；③无氟利昂制冷剂，是一种真正的环保型系统；④噪声低，空气品质优良；⑤可以在常压条件下工作。

太阳能除湿式制冷系统按工作介质划分，可分为固体除湿系统和液体除湿系统；按制冷循环方式划分，可分为开式循环系统和闭式循环系统。在太阳能除湿式制冷系统中，除湿器可以分别采用蜂窝转轮结构（固体干燥剂）和填料塔结构（液体干燥剂）两种。

图 3.3.20 所示为开式太阳能除湿式制冷系统，主要由太阳能集热器、转轮除湿器、转轮换热器、蒸发冷却器、再生器等几部分组成。开式太阳能除湿式制冷系统工作时，待处理的湿空气进入转轮除湿器，被干燥剂绝热除湿，成为温度高于进气温度的干燥热空气。干燥的热空气经过转轮换热器冷却，再经过蒸发冷却器进一步冷却到要求的状态，然后送入室内，达到室内降温制冷的目的。室外空气经过蒸发冷却器后被冷却，再进入转轮换热器去冷却干燥的热空气，同时自身又达到预热状态，进入再生器被加热到需要的再生温度，然后进入转轮除湿器，使干燥剂得以再生。干燥剂中的水分释放到再生气流中，此湿热的空气最终被排放到大气中。

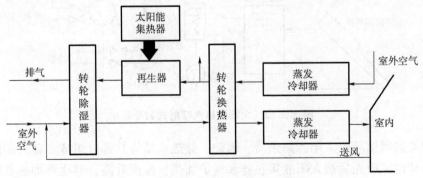

图 3.3.20　开式太阳能除湿式制冷系统

（4）太阳能蒸汽压缩式制冷系统。

太阳能蒸汽压缩式制冷系统主要由太阳能集热器子系统、蒸汽轮机子系统和蒸汽压缩式制冷机子系统三大部分组成，它们分别依照太阳能集热器循环、热机循环和蒸汽压缩式制冷机循环的规律运行，如图3.3.21所示。

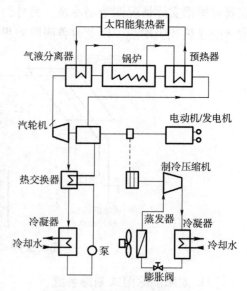

太阳能集热器循环由太阳能集热器、气液分离器、锅炉、预热器等几部分组成。在太阳能集热器循环中，水或其他工质首先被太阳能集热器加热至高温状态，然后依次通过气液分离器、锅炉、预热器，先后几次放热，温度逐步降低，最后又进入太阳能集热器再进行加热。如此周而复始，太阳能集热器成为热机循环的热源。

图3.3.21　太阳能蒸汽压缩式
制冷系统

热机循环由汽轮机、热交换器、冷凝器、泵等几部分组成。在热机循环中，低沸点工质从气液分离器出来时，压力和温度升高，成为高压蒸汽，推动汽轮机旋转而对外做功，然后进入热交换器冷却，再通过冷凝器变成液态。该液态的低沸点工质先后通过预热器、锅炉、气液分离器，再次被加热成高压蒸汽。由此可见，热机循环是一个消耗热能对外做功的过程。

蒸汽压缩式制冷机循环由制冷压缩机、蒸发器、冷凝器、膨胀阀等几部分组成。在蒸汽压缩式制冷机循环中，蒸汽轮机的旋转带动了制冷压缩机的旋转，然后再经过压缩、冷凝、节流、汽化等过程，完成蒸汽压缩式制冷机循环。在蒸发器外侧流过的空气被蒸发器吸收热量，从较热的空气变为较冷的空气，最后送入房间内来降低室温。

（5）太阳能蒸汽喷射式制冷系统。

太阳能蒸汽喷射式制冷系统主要由太阳能集热器循环和蒸汽喷射式制冷机循环两大部分组成，如图3.3.22所示。

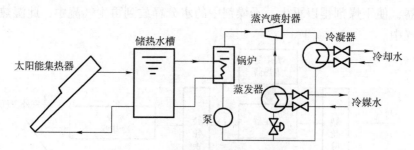

图3.3.22　太阳能蒸汽喷射式制冷系统

太阳能集热器循环由太阳能集热器、锅炉、储热水槽等几部分组成。在太阳能集热器循环中，水或其他工质先后被太阳能集热器和锅炉加热，温度升高，然后再加热低沸点工质至高压状态。低沸点工质的高压蒸汽与蒸汽喷射式制冷循环的设备换热，温度迅速降低，然后又回到太阳能集热器和锅炉再进行加热。如此周而复始，太阳能集热器成为蒸汽喷射式制冷机循环的热源。

蒸汽喷射式制冷机循环由蒸汽喷射器、冷凝器、蒸发器、泵等几部分组成。在蒸汽喷射式制冷机循环中，低沸点工质的高压蒸汽经过蒸汽喷射器的喷嘴，流出速度提高，压力降低，被吸至蒸发器内生成低压蒸汽。此低压蒸汽经过进一步扩压后，压力增加，速度降低，然后进入冷凝器，被冷凝成液态。该液态的低沸点工质在蒸发器内蒸发，吸收冷媒水的热量，从而达到制冷的目的。

3.3.3　太阳能的电利用

1. 太阳能热发电系统

太阳能热发电利用聚光集热器把太阳能聚集起来，将某种工质加热到数百摄氏度的高温状态，经过热交换器产生高温高压的过热蒸汽，驱动汽轮机并带动发电机发电。从汽轮机出来的蒸汽，其压力和温度大幅度降低，经过冷凝器变成液态后，被重新泵回热交换器，开始新的循环。太阳能热发电系统由集热子系统、热传输子系统、储热与热交换子系统和发电子系统组成，如图 3.3.23 所示。

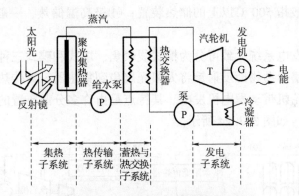

图 3.3.23　太阳能热发电系统的组成

集热子系统主要包括聚光装置、接收器、跟踪机构等部件。100 ℃以下的小功率装置多采用平板型集热器。对于高温条件下工作的系统，必须采用聚光集热器。聚光集热器的种类主要如下：①复合抛物面反射镜聚光集热器，其倾角需季节性调整；②线聚光集热器，常采用单轴跟踪的抛物面反射镜聚光；③固定的多条槽型反射镜聚光集热器和固定的半球面反射镜线聚光集热器，其吸热管都需跟踪；④点聚光集热器，提供了最大可能的聚光度，并且成像清晰，但需配备全跟踪机构；⑤菲涅耳透镜，常用硬质或软质透明塑料模压而成，可做成长的线聚焦集热器或圆的点聚焦集热器，要相应配置单轴跟踪机构或全跟踪机构；⑥塔式聚光集热器，是大功率集中式太阳能热发电系统的主要聚光集热器。部分聚光集热器的聚光倍率和工作温度见表 3.3.1。

对于热传输子系统的基本要求如下：①输热管道的热损耗小；②输送传热介质的泵功率小；③热量输送的成本低。分散型太阳能热发电系统中，通常将许多单元集热器串联或并联起来组成集热器阵列，这使由各个单元集热器收集起来的热能输送给储热与热交换子系统时需要较长的输热管道，热损耗增大。集中型太阳能热发电系统中，输热管道可以缩短，但是将传热介质送到塔顶，需要消耗动力。目前主要有两种方法解决这些矛盾：一种是在输热管外面包上陶瓷纤维等导热系数很低的绝热材料，另一种是利用热管传输热量。

表 3.3.1　部分聚光集热器的聚光倍率和工作温度

聚光集热器类型	聚光倍率/倍	工作温度/℃
复合抛物面反射镜聚焦集热器	1.5~10	100~250
菲涅耳透镜线聚焦集热器	1.5~5	100~150
菲涅耳透镜点聚焦集热器	100~1 000	300~1 000
柱状抛物面反射镜线聚焦集热器	15~50	200~300
盘式抛物面反射镜点聚焦集热器	500~3 000	500~2 000
塔式聚光集热器	1 000~3 000	500~2 000

储热与热交换子系统由真空绝热或以绝热材料包覆的热交换器构成，具体分为 4 种类型：①低温储热，一般指小于 100 ℃的储热装置；②中温储热，一般指 100~500 ℃的储热装置；③高温储热，一般指 500 ℃以上的储热装置；④极高温储热，一般指 1 000 ℃左右的储热装置。

目前，太阳能热发电系统大致可分为槽式线聚焦、塔式和碟式三种类型。槽式线聚焦太阳能热发电系统利用槽形抛物面反射镜将太阳光聚焦到集热器，对传热工质加热，在换热器内产生蒸汽，推动汽轮机带动发电机发电。其特点是由许多分散布置的槽形抛物面镜聚焦集热器串联或并联组成，如图 3.3.24 所示。

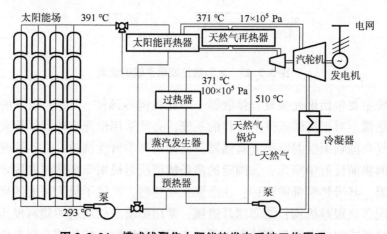

图 3.3.24　槽式线聚焦太阳能热发电系统工作原理

塔式太阳能热发电系统主要由聚光子系统、集热子系统、储热子系统和发电子系统等部分组成。其工作原理在很大面积的场地上装有许多大型定日镜，每台定日镜都配有跟踪机构，准确地将太阳光反射集中到一个高塔顶部的接收器上；接收器上的聚光倍率可超过 1 000 倍，把吸收的太阳能转换成热能，再将热能传给工质，经过储热环节，再输入汽轮机，膨胀做功，带动发电机，最后以电能的形式输出，如图 3.3.25 所示。

　　碟式太阳能热发电系统主要特征是采用盘状抛物面镜点聚焦集热器，从外形上看，其结构类似于大型抛物面雷达天线，聚光比可以高达数百到数千倍，可产生非常高的温度。这种系统可以独立运行，作为边远地区的小型电源，一般功率为 10~25 kW，聚光镜直径为 10~15 m。

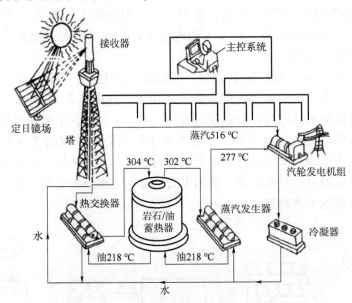

图 3.3.25　塔式太阳能热发电系统工作原理

2. 太阳能光伏发电系统

　　太阳能光伏发电系统是通过太阳能光伏电池将太阳能转换为电能的发电系统，其中最重要的部分是太阳能电池。太阳能电池多数为半导体材料制造，按照结构分类，有同质结太阳能电池、异质结太阳能电池、肖特基太阳能电池；按照使用的基本材料分类，有硅太阳电池、化合物太阳电池、染料敏化电池和有机薄膜电池。

　　太阳能电池的工作原理是当太阳光或其他光照射在半导体 P-N 结时，P-N 结的两边会出现电压，使 P-N 结短路，进而产生电流。如果在硅晶体中掺入能够捕获电子的硼、铝、镓或铟等杂质元素，就形成了空穴型半导体，简称 P 型半导体。如果在硅晶体中掺入能够释放电子的磷、砷或锑等杂质元素，就形成了电子型半导体，简称 N 型半导体。若把这两种半导体结合在一起，由于电子和空穴的扩散，在交界面处便会形成 P-N 结，并在结的两边形成内部电场，如图 3.3.26 所示。

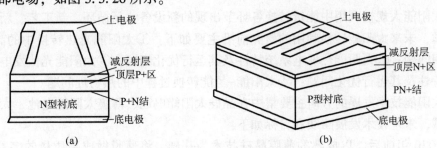

图 3.3.26　太阳能电池构型

（a）P+/N 型太阳能电池构型；（b）N+/P 型太阳能电池构型

太阳能电池的发展历程可以分为三个阶段：①第一代太阳能电池，主要有单晶硅太阳能电池和多晶硅太阳能电池，商业化多晶硅太阳能电池的效率为 12% ~ 15%；②第二代太阳能电池，是基于薄膜材料的太阳能电池，主要有非晶硅薄膜太阳能电池、多晶硅薄膜太阳能电池、碲化镉及铜铟硒薄膜太阳能电池等；③第三代太阳能电池，必须薄膜化、转换效率高、原料丰富且无毒，已经提出的第三代太阳能电池主要有叠层太阳能电池、多带隙太阳能电池、热载流子太阳能电池等。

太阳能光伏发电系统由太阳能电池组、控制器、蓄电池、直流-交流逆变器、测试仪表、计算机监控等电力设备及其他辅助发电设备组成，如图 3.3.27 所示。太阳能光伏发电系统的运行方式可以分为离网运行和联网运行两大类。未与公共电网相连接的太阳能光伏发电系统称为离网太阳能光伏发电系统，主要应用于远离公共电网的无电地区和一些特殊场所。与公共电网相连接的太阳能光伏发电系统称为联网太阳能光伏发电系统，是太阳能光伏发电系统进入大规模商业化发电阶段、成为电力工业组成部分的重要方向，是当今世界太阳能光伏发电技术发展的主流趋势。

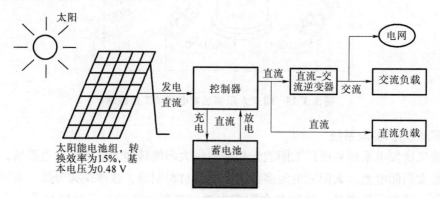

图 3.3.27 太阳能光伏发电系统

太阳能电池应用广泛，为人造卫星和宇宙飞船探测宇宙空间提供了方便、可靠的能源，以太阳能电池为动力的汽车、飞机等已经开发出来，太阳能电池也适合作为边远地区电视差转机的电源。这些成就标志着太阳能电池的开发应用已开始走向产业化、商业化。

3.3.4　太阳能未来的科学及技术发展方向

针对太阳能大规模利用中能量转换各环节出现的新设备、新循环、新工艺、新材料的基础学科问题，未来太阳能转换利用的研究前沿主要如下：①太阳能光热转换中的高效收集、传递、利用问题；②太阳能热发电系统特性及其运行优化问题；③太阳能光伏发电材料、器件、系统特性及其运行优化问题；④太阳能-氢能转换过程中的热物理问题。

我国太阳能技术发展的方向主要集中在晶硅太阳能电池、薄膜太阳能电池、太阳能光化学转换领域，未来技术发展路线和目标如下：

（1）2030 年前后，以成熟的薄膜晶硅技术为基础，将薄膜做成高质量的多晶硅薄膜，大幅度提高电池效率，降低成本。掌握适用于柔性衬底的多晶硅薄膜太阳能电池组件规模化生产工艺技术，可做到卷对卷连续规模生产核心设备。简化铜铟镓硒薄膜太阳能电池的生产工艺，优化合金结构，减少剧毒元素镉的影响。采用新一代替代材料铜锌锡硫，扩展对太阳光谱的响应范围，大幅度提高光电转换效率。建立小型钙钛矿电池组件的生产及应用示范系统，支持高稳定钙钛矿电池产业化技术研发。在染料敏化太阳能电池方面，研发宽光谱长激子寿命染料的设计与规模化合成，掌握全固态及柔性器件制备工艺。此外，还要加快推进新型可穿戴用的柔性轻便太阳能电池技术突破，实现示范应用。

（2）2050 年前后，成功研发以柔性基底的超薄可穿戴无毒太阳能电池，在电池材料、基底材料以及制备工艺方面进行改进与创新，实现光电转化效率提高。在此基础上，发展廉价的批量生产工艺与装备，推广至墙壁、公路等应用场合，实现商业化。在光解水制氢的基础上，突破 CO_2 的光化学转换技术，实现太阳能光化学转换的工业化应用。

3.4　风能的开发和利用

3.4.1　概述

风是地球上的一种自然现象，是由太阳辐射引起的。太阳光照射到地球表面，地球表面各处受热不同。赤道附近接收的热量多、温度高、气压低。南北极接收的热量少、温度低、气压高。大气层中压力分布不均匀，在地面和高空之间形成大气环流。全球大气环流示意如图 3.4.1 所示。气流从压力高的地方流向压力低的地方，产生对流运动而形成风。地球大气运动除受气压梯度影响外，还受到地球自转偏向力以及海洋、地形等因素的影响，从而造成了风速的增大或减小。

风的特性包括风速、风级、风能密度等参数。风速是单位时间内空气在水平方向上所移动的距离，可以用旋转式风速计、压力式风速计、散热式风速计、声学风速计测量。风向标是测量风向的通用装置，包括单翼型、双翼型、流线型等。风级是根据风对地面或海面物体影响引起的各种现象，按照风力的强度等级来估计风力的大小。目前，国际上的风力依据蒲福风力等级表分为 18 个等级，实际应用的是0~12 级，见表 3.4.1。风能密度是通过单位截面积的风所含的能量决定风能潜力大小的重要因素，其一般表达式为

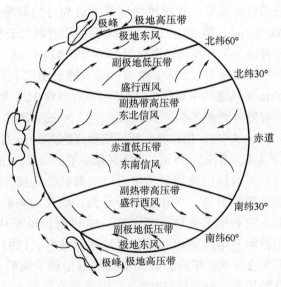

图 3.4.1　全球大气环流示意

$$\omega = \frac{1}{2}\rho v^3$$

式中：ω 为风能密度，W/m^2；ρ 为空气密度，kg/m^3；v 为风速，m/s。

表 3.4.1　实际应用风力等级

风级	名称	相应风速/(m·s⁻¹)	表现
0	无风	0.0~0.2	炊烟上，海面平静
1	软风	0.3~1.5	烟稍斜，海面微波
2	轻风	1.6~3.3	树叶响，小波浪无翻滚
3	微风	3.4~5.4	树枝晃，小波浪翻滚
4	和风	5.5~7.9	灰尘起，白浪增加
5	轻劲风	8.0~10.7	树枝摇摆，白浪增大增多
6	强风	10.8~13.8	大树枝晃动，大波浪呈飞沫
7	疾风	13.9~17.1	小树干晃动，浪大翻滚
8	大风	17.2~20.7	小树枝折断，浪花顶端现水雾
9	烈风	20.8~24.4	小茅屋毁坏，浪前倾翻滚
10	狂风	24.5~28.4	树根拔起，海面呈白色，浪翻滚
11	暴风	28.5~32.6	陆上罕见，海浪如山
12	飓风	>32.6	海浪滔天，充满水泡飞沫

　　风能就是空气的动能，其大小取决于风速和空气的密度，空气流速越高，动能越大。据估算，地球可供人类开发利用的风能总量约为 $1.46×10^{11}$ kW，风能资源丰富的地区主要集中在大陆的沿海地带。我国风能区域等级划分的标准：①风能资源丰富区，年有效风能密度大于 200 W/m²，3~20 m/s 风速的年累积小时数大于 5 000 h，年平均风速大于 6 m/s；②风能资源次丰富区，年有效风能密度为 150~200 W/m²，3~20 m/s 风速的年累积小时数为 3 000~5 000 h，年平均风速为 5.5 m/s 左右；③风能资源可利用区，年有效风能密度为 50~150 W/m²，3~20 m/s 风速的年累积小时数为 2 000~3 000 h，年平均风速为 5 m/s 左右；④风能资源贫乏区，年有效风能密度小于 50 W/m²，3~20 m/s 风速的年累积小时数小于 2 000 h，年平均风速为 4.5 m/s 左右。据估算，我国陆地离地面 50 m 高度可开发利用的 3 级以上风能资源约为 $2.38×10^9$ kW，水深5~25 m、近海区域海平面以上 50 m 高度可开发利用风能资源约为 $2×10^8$ kW。

　　人类利用风能的历史可以追溯到公元前，利用风力提水、灌溉、磨面、舂米，用风帆推动船舶前进。大约在几千年前，埃及的风帆船就在尼罗河上航行。公元前 2 世纪，古波斯人就利用垂直轴风车碾米。13 世纪，风车从中东传入欧洲。14 世纪，荷兰人用风车在莱茵河三角洲湖地和低洼湿地进行汲水。1891 年，丹麦建成了世界上第一座风力发电站。至少在 3 000 年前，我国的商代就出现了帆船；宋代是应用风车的全盛时代，当时流行垂直轴风车；14 世纪初叶，我国航海家郑和七下西洋，使用的是庞大的风帆船队；20 世纪 50 年代，仅江苏省就有木风车 20 多万台；20 世纪 70 年代中期，我国开展风能的开发利用；进入 80 年代中期，我国先后从丹麦、比利时、瑞典、美国、德国引进一批大中型风力发电机组（简称风电机组）。

　　数千年以来，风能技术发展缓慢。自 1973 年世界石油危机以来，风能作为一种无污染、可再生的新能源重新发展起来，具有巨大的发展潜力，特别是对于沿海岛屿、交通不便的边远山区、地广人稀的草原牧场、远离电网的农村和边疆，风能作为解决生产和生活能源的一种可靠途径，具有十分重要的意义。截至 2020 年底，全世界的风能装机容量达 733.3 GW，其中中国的风能装机容量最大，为 282 GW。中国、美国、德国的风能装机容量位列前三名，分别占总风能装机容量的 38.4%、16%、8.5%。截至 2020 年底，全世界的风能总发电量达到 1 591.2 TW·h，其中中国的风能发电量最大，为 466.5 TW·h。中国、美国、日本的风力发电量位列前三名，分别占全世界风能总发电量的 29.3%、22.4%、8.2%。

3.4.2　风能的开发利用

1. 风电行业发展历程

风电作为技术成熟、环境友好的可再生能源，已在全球范围内实现大规模的开发应用。早在 19 世纪末，丹麦就已开始利用风能发电。1973 年发生了世界性的石油危机，风力发电量重新得到重视。此后，美国、丹麦、荷兰、英国、德国、瑞典、加拿大等国家均在风力发电的研究与应用方面投入了大量的人力和资金。截至 2016 年，风电在美国已超过传统水电成为第一大可再生能源。2017 年，整个欧洲地区新建陆上风电平均成本为 4 美分/(kW·h)，风电占电力消费的比例达到 11.6%，其中丹麦的风电占电力消费的比例达到 44.4%，德国达到 20.8%，英国为 13.5%。

风电产业链可分为上游、中游、下游三个环节。上游为制造风电机组所需的原材料，包括增强纤维、树脂、夹层材料、结构胶、叶片、钢材等；中游为机组零部件，包括轮毂、齿轮箱、控制系统、轴承、发电机、风电主机、塔筒等；下游为风电场运营商、投资方及风电并网消耗。在风电整机成本中，塔架（塔筒）、叶片、齿轮箱的占比最高，分别为 26.3%、22.2%、12.9%，合计超过 60%。风电整机成本构成如图 3.4.2 所示。

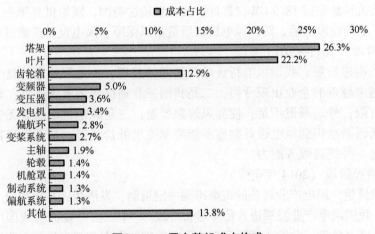

图 3.4.2　风电整机成本构成

我国的风力发电始于 20 世纪 50 年代后期，用于解决海岛及偏远地区供电难问题，主要发展非并网小型风电机组的建设。20 世纪 70 年代末期，我国开始研究并网风电，主要通过引进国外风电机组建设示范电场。1986 年 5 月，首个示范性风电场马兰风力发电场在山东省荣成市建成，并网发电。从第一个风电场建成至今，我国风电产业发展大致分为 6 个阶段。

（1）早期示范阶段（1986—1993 年）。

早期示范阶段主要利用国外捐赠及向丹麦、德国、西班牙政府贷款建设小型示范风电场。国家投入扶持资金，设立了国产风电机组攻关项目，支持风电场建设及风电机组研制。该阶段相继建成福建平潭岛、新疆达坂城、内蒙古朱日和等并网风电场，在风电场选址与设计、风电设备维护等方面积累了一些经验。

（2）产业化探索阶段（1994—2003 年）。

产业化探索阶段通过引入、消化、吸收国外技术进行风电装备产业化研究。从 1996 年开始，我国启动了乘风工程、双加工程、国债风电项目、科技支撑计划等一系列项目，推动了风电的发展。该阶段，我国首次探索建立了强制性收购、还本付息电价、成本分摊制度，保障了投资者权益，贷款建设风电场开始发展。该阶段，国产风电设备实现了商业化销售，国内风电年新增装机容量不断扩大，新的发电场也不断涌现。

（3）快速成长阶段（2004—2007 年）。

在快速成长阶段，国家不断出台一系列的鼓励风电开发的政策和法律法规，如 2005 年颁布的《中华人民共和国可再生能源法》和 2007 年实施的《电网企业全额收购可再生能源电量监管办法》，以解决风电产业发展中存在的障碍，迅速提升风电的开发规模和本土设备制造能力。在 2005 年出台的《国家发展改革委关于风电建设管理有关要求的通知》中有关风电设备国产化率要达到 70% 以上（2010 年已被取消）等一系列政策的推动下，风电装备国产化进程开启。2007 年新增装机容量达 3 311 MW，同比增长 157.1%，内资企业产品的市场占有率达 55.9%，新增市场份额首次超过外资企业。

（4）高速发展阶段（2008—2010 年）。

在高速发展阶段，我国风电相关的政策和法律法规进一步完善，风电整机制造能力大幅提升。该阶段，我国提出建设 8 个千万千瓦级风电基地，启动建设海上风电示范项目。2010 年，我国风电新增装机容量超过 18.9 GW，累计装机容量超过美国，跃居世界第一。在快速发展的同时，也出现了电网建设滞后、国产风电机组质量难以保障、风电设备产能过剩等问题。

（5）调整阶段（2011—2013 年）。

经过几年的高速发展，我国风电行业的问题开始显现：一是行业恶性竞争加剧，设备制造产能过剩，越来越多的企业出现亏损；二是我国三北地区风力资源丰富，装机容量大，但地区消纳能力有限，外送通道不足，使弃风现象严重；三是风电机组质量无法有效保障。在调整阶段，市场逐渐意识到风电设备制造不能简单追求低价优势，更不能盲目上项目，应充分重视产品质量，并提高服务能力。

（6）稳步增长阶段（2014 年至今）。

经过前期的调整，风电产业过热的现象得到一定遏制，发展模式从重规模、重速度变为重效益、重质量，我国风电产业发展进入稳步增长阶段。"十三五"期间，我国风电产业逐步实行配额制与绿色证书政策，并发布了国家五年风电发展的方向和基本目标，明确了风电发展规模将进入持续稳定的发展模式。2021 年，我国风电累计装机容量达到 328.5 GW，海上风电累计装机容量为 26.39 GW，增速快于全球，风电成为继煤电、水电之后我国第三大电源。

2. 风力提水

以风能提供动力，将水从低位送到高位的过程称为风力提水。风力提水既可以由风力机直接带动水泵抽水，也可以由风力发电机输出的电力驱动电动机旋转再带动水泵工作。通常，用于风力提水的水泵可选用往复泵、回转式容积泵或叶片式泵。目前，我国开发的风力提水机组主要有以下两类。

（1）高扬程小流量型风力提水机组。

高扬程小流量型风力提水机组是由低速多叶片风力机与活塞水泵相匹配组成的。这类机组的风轮直径一般都在 6 m 以下，水泵扬程为 10~150 m，流量为 0.5~5 m³/h，主要提取深井地下水。我国的内蒙古、甘肃、青海、新疆等西北各省区草原面积大，地表水匮乏，电网覆盖率低，但风能资源和地下水资源比较丰富，适宜采用这种类型的风力提水机组。

（2）中扬程大流量型风力提水机组。

中扬程大流量型风力提水机组是由高速桨叶匹配容积式水泵组成的提水机组，主要用来提取地下水。这类提水机组的风轮直径一般为 5~8 m，水泵扬程为 0.5~20 m，流量为 15~100 m³/h。此类机组在我国的东北地区有较好的应用条件，利用风力提水进行农业灌溉，可以大大降低生产成本。

3. 风力致热

风能致热是指利用风能产生低品位热能，以用于工业、农业生产和日常生活中。例如，风能致热可用于在水产养殖中提高水温，或对沼气池增温加热以提高生成沼气的速度，或用于温室大棚中种植反季节农作物等。风力致热主要有以下几种形式。

（1）搅拌式致热。

搅拌式致热是指通过风力机驱动搅拌器转子转动，转子叶片搅拌液体容器中的载热介质（如水或其他液体），使之与转子叶片及容器摩擦、冲击，提高液体分子温度，从而将搅拌器做的功转换为热能。

（2）固体摩擦致热。

固体摩擦致热是指由风力机驱动一组摩擦片，利用运动中的摩擦片与静止的容器壁面摩擦生成热能，并加热载热介质（如水或其他液体）。

（3）压缩空气致热。

压缩空气致热是指用风力机带动空气压缩机压缩空气，使其温度、压力升高，在获得热能的同时，也获得压力能。

（4）节流式致热。

节流式致热是指由风力机驱动液体泵，使流体升压，再将高压流体通过节流降压的方式，完成从风能—机械能—压力能—热能的转换。

（5）涡电流致热。

涡电流致热是指由风力驱动导体运动，切割磁力线，形成涡电流而产生热。

（6）电热致热。

电热致热是指利用风力发电，使电流通过电阻丝发热，从而加热空气或水。

3.4.3　风力发电技术

1. 风力发电的原理

风力发电的原理是风轮在风力的作用下旋转，将风的动能转换为传动系统的旋转机械能，产生输出转矩 M 和角速度 Ω，传动轴带动发电机旋转发电，产生输出电功率 P，交流电经过变压器升压后，可以输入电网，如图 3.4.3 所示。控制系统通过测风系统接收风速、风力、转速、风电功率等物理量的信息，对输入信息进行处理和分析比较后，及时发出控制指令，如变桨距指令、偏航指令、调速指令、停机指令、启动指令等。风力发电模式分为并网风电和非并网风电两大类。并网风电系统的风电机组直接与电网相连接，输出功率不稳定，因此电网系统内需要配置一定的备用负荷。非并网风电系统的风电机组是指 10 kW 以下的风电机组，多用于在电网不易到达的边远地区，为用户提供应急动力，需要配置蓄能装置。

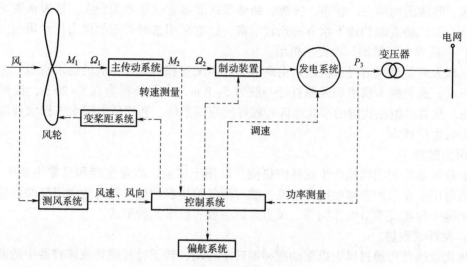

图 3.4.3　风力发电的原理

2. 风力发电机的组成

风力发电机一般由风轮、发电机（包括传动装置）、调向器（尾翼）、塔架、限速安全机构和储能装置等构件组成，如图 3.4.4 所示。风轮是集风装置，作用是把流动空气具有的动能转换为风轮旋转的机械能，一般由 2~3 个叶片构成。叶片的材料有玻璃钢、尼龙等，根据风力发电机的型号和功率大小而定。风力发电机有 3 种，即直流发电机、同步交流发电机、异步交流发电机。小功率风力发电机多采用同步或异步交流发电机，发出的交流电通过整流装置转换成直流电。传动装置的作用是将风轮的转速提升到发电机的额定转速，主要包括低速轴、齿轮箱、高速轴、轴承、联轴器、机械刹车等部件。调向器是利用尾翼来控制风轮的迎风方向，使风力发电机的风轮随时都迎着风向，从而能够最大限度地获取风能，尾翼的材料通常采用镀锌薄钢板。限速安全机构用来保证风力发电机运行安全，使风轮的转速在一定风速范围内保持基本不变。塔架是风力发电机的支撑机构，多采用管式塔架，即以钢管为主体，在 4 个方向上安置张紧索，稍大的风力发电机塔架一般采用由角钢或圆钢组成的桁架结构。储能装置是把风力发电机发出的电能先储存起来，然后再向直流电器供电，或通过逆变器将直流电转变为交流电后再向交流电器供电。

风力发电机按照风轮轴的不同可分为水平轴风力发电机和垂直轴风力发电机。能量驱动链呈水平方向、转轴平行于气流方向的，称为水平轴风力发电机；能量驱动链垂直于地面和气流方向的，称为垂直轴风力发电机。风力发电机按照风轮的推进方式可分为阻力型风力发电机和升力型风力发电机。阻力型风力发电机依靠风对叶片的直接吹压，驱动风轮旋转；升力型风力发电机依靠空气动力学，在垂直于流速的方向上产生升力，推动风轮旋转。风力发电机按照功率调节方式可分为定桨距失速调节型风力发电机、普通变桨距调节型风力发电机、主动失速调节型风力发电机。定桨距失速调节型风力发电机的叶片固定安装在轮毂上，角度不能改变，功率调节完全依靠叶片的气动特性；普通变桨距调节型风力发电机通过改变桨距角，保持功率输出的稳定；主动失速调节型风力发电机在风力发电机达到额定功率后，相应增加攻角，使叶片的失速效应增加，从而限制风能的捕获。风力发电机按照传动形式可分为高传动比齿轮箱型风力发电机、直接驱动型风力发电机、中传动比齿轮箱型风力发电机。

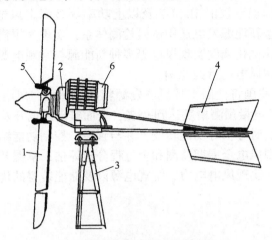

图 3.4.4　风力发电机的组成

1—风轮；2—传动装置；3—塔架；4—调向器；5—限速安全机构；6—发电机

3. 风力发电系统的种类

风力发电系统分为并网风电系统和独立风电系统两大类。并网风电系统的风电机组直接与电网相连接，需要有一套交流变频系统相配套，将风力发电机的交流电转换成交流电网频率的交流电，再进入电网。由于风电的输出功率不稳定，因此需要配置一定的备用负荷。独立风电系统主要建造在电网不易到达的边远地区，因此需要配置储能系统。在风电过剩时，电力通过逆变器转换为直流电，向蓄电池充电；在风电不能提供足够电力时，蓄电池再向逆变器提供直流电，逆变器将直流电转换为交流电，向用电负荷提供电力。

在选择风力发电机安装场址时，首先考虑当地能源市场的供求状况、负荷的性质和每昼夜负荷的动态变化，以获得尽可能多的发电量；其次考虑风力发电机的安装和运输情况，尽可能降低风力发电成本。理想的风电场址一般应具备丰富的风能资源，具有较稳定的盛行风向，湍流小，自然灾害小。平原内陆地区的风速低于山区和海边，年平均风速不超过5.8 m/s，但是其面积大，因此必须开发低风速风力发电技术。在高空中，由于其风力远大于地面的风力，而且稳定，所以高空发电技术更适合人口稠密的地区。在大海上，风力强劲且持续时间长，采用悬浮式风力发电技术可以为更多的海上活动提供能源。

3.4.4　风能未来的科学及技术发展方向

风能领域的基础研究涉及风能资源评估、风电机组、风电并网、近海风电等方面。未来风能转化利用的重点研究方向包括反映中国复杂地形特点的风电场模拟研究、适合中国风电场实际工况特点的风电叶片气动优化设计研究、风电机组空气动力与结构动力特性及优化设计理论研究、大型风电机组优化控制研究、大型风电场同电力系统相互影响的分析研究、近海风电机组关键技术研究、大规模风能储存途径的基础研究、大规模风能海水淡化研究等。

我国风能领域总体技术向着功率精确预测、装备灵活控制、智能调度运行、主动支撑电网运行的技术性能发展，未来发展的技术路线和目标如下：

（1）2030年前后，我国的风电功率超短期与短期预测误差降低至5%~8%，年电量预测精度达到95%，月电量预测精度达到90%；建立涉及经济性和可靠性的风电并网分析的全景仿真和评估体系；海上风电发展成为一定程度可控制、可预测、可调度的电网友好型发电技术；研制拥有自主知识产权的10 MW及以上功率等级海上风电机组的控制系统产品；建立包含风电的多种类型新能源发电通用试验检测体系；实现大规模风电具有与常规电源接近的调控性能，通过智能优化调度实现风电等多种新能源与常规电源协调互补、可预测、可控制；大幅提高系统消纳风电电量的比例。

（2）2050年前后，我国将全面实现风能资源精细化评估，风电功率超短期与短期预测误差降低至2%~5%，年电量预测精度达到98%；全面实现风电开发建设的环境友好；风电仿真分析技术向在线、实时分析等功能转变，并与预警、控制功能结合；实现海上风电规模化开发与高效利用；实现风电全周期监测和全过程分析评估；掌握基于预测的多电源系统高效运行与能量优化技术，实现风电电力、常规电源以及储能装置的优化调度和经济运行，基本实现风力全部消纳。

3.5 地热能的开发和利用

3.5.1 概述

地热能是清洁、无污染的可再生能源，来源于高温高压的地核内部，分布广，可直接利用，具有连续、稳定的特点。地球是一个巨大的实心椭圆形球体，主要分为三层：地壳、地幔和地核。地核温度高达4 100~6 800 ℃，蕴藏着$1.25×10^{31}$ J的巨大能量，地球表面每年向太空散发的热能约为$9.61×10^{17}$ kJ，相当于328亿t标准煤燃烧时所放出的热量。如图3.5.1所示，从地表向地球内部，温度逐渐上升；地表至地幔顶部（约410 km），温度达到约1 000 ℃；地幔顶部至地幔底部（约2 900 km），温度逐渐升高，达到约2 730 ℃；地幔底部至内外核界面（约5 150 km），温度达到约4 730 ℃；内地核界面至地心（约6 370 km），温度达到6 800 ℃。

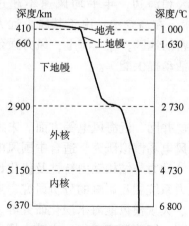

图3.5.1 地球内部推测温度分布曲线

地热资源按照储存形式可分为热水型地热、蒸汽型地热、地压型地热、干热岩型地热和熔岩型地热5类。热水型地热是指以水为主体的对流水热系统，分布较广，约占已探明的地热资源的10%，其温度范围在室温和390 ℃之间。蒸汽型地热是指以蒸汽为主体的对流水热系统，以生产温度较高的过热蒸汽为主，并夹杂有少量的不凝结气体和少量的水，占已探明的地热资源总量的0.5%左右。地压型地热是指在高压下由深部地层提取的高盐分热水，温度为150~260 ℃，约占已探明地热资源的20%。干热岩型地热是指地层深处广泛存在的不含水分（或含有少量蒸汽）的岩石热量，温度为150~650 ℃，约占已探明的地热资源总量的30%。熔岩型地热是埋藏部位最深的一种完全熔化的热熔岩热量，温度高达650~1 200 ℃，约占已探明的地热资源总量的 40%。

地热资源按照地热区形成的要素可分为岩浆型地热资源、隆起断裂型地热资源、沉降盆地型地热资源。岩浆型地热资源是由板块碰撞边缘发生强烈的活动在火成岩、沉积岩上形成的沸泉、喷泉，温度一般为 150~330 ℃。隆起断裂型地热资源是由板块内基岩隆起区域活动性断裂在花岗岩、火山岩上形成的一般性温泉，温度一般为 40~150 ℃。沉降盆地型地热资源是由板块内新生代沉降盆地稳定活动在中生界沉积岩、砂岩上形成的微弱露出温泉，温度一般为 50~70 ℃。

地热资源按温度的高低可分为高温、中温和低温三类。温度大于 150 ℃ 的地热资源以蒸汽形式存在，称为高温地热资源；90~150 ℃ 的地热资源以水和蒸汽的混合形式存在，称为中温地热资源；温度为 25~90 ℃ 的地热资源以温水的形式存在，称为低温地热资源。

世界各国对地热资源的利用已经有几千年的历史。人类利用地热从温泉洗浴、治病开始，逐渐发展为把地热水引入室内取暖，用天然喷气孔的蒸汽煮食物，建造农作物的温室，使用地热蒸汽发电。全世界地热资源的总量大约为 14.5×10^{25} J，是全部煤炭资源储量的 1.7 亿倍。随着人类社会的发展，科学的进步，地热资源的开发和利用会愈来愈广泛，对于保护环境、缓解能源紧张、促进社会可持续发展具有积极的意义。

3.5.2 地热能的资源分布

按照板块构造学说，在全球范围内，整个岩石层被划分为不同大小的若干板块。岩石圈下有软流圈，板块漂浮在软流圈的上面。地壳的运动是由软流圈内的对流运动引起的，大陆的各个板块在运动中相互碰撞或分离，就产生了造山、火山喷发等地质活动。这些活动产生了热的岩浆，加热地壳中的岩石或热水，就形成了地热资源。全球的地热带可划分为板缘（或板间）地热带和板内地热带两大类。

板缘地热带属于火山型，在这些区域的地壳浅层处，存在强大的火山热源或岩浆热源，可以观测到高热流、高强度的区域地热异常。地表的水热活动强烈，高温地带资源丰富，大多数地热田的温度在 200 ℃ 以上。全世界共有 4 个主要板缘地热带：①环太平洋地热带（复合型），是太平洋板块与美洲大陆、欧亚大陆、印度大陆的碰撞边界；②大西洋地热带（洋中脊型），是大西洋板块开裂的部位；③红海-亚丁湾-东非裂谷地热带（洋中脊型），包括吉布提、埃塞俄比亚、肯尼亚等国的地热田；④地中海-喜马拉雅地热带（缝合线型），是欧亚板块与非洲板块和印度板块的碰撞边界。

板内地热带是指板块内部地壳隆起区（皱褶山系、山间盆地）、沉降区（主要为中新生代沉积盆地）内广泛发育的板内低温地热带和少量在板内特定条件下形成的高温地热带。板内地热带一般无火山或岩浆热源，热源来自地下水的深循环在地壳内部获得的热量。

我国是一个地热资源丰富的国家，总能量为 11×10^6 EJ，占全球总量的 7.9%。根据地热资源的成因不同，我国地热资源可以划分为以下几种类型：火山型地热带，主要分布在台湾北部大屯和云南腾冲；岩浆型地热带，主要位于现代大陆板块碰撞边界附近，如西藏南部的高温地热田；断裂型地热带，主要分布在断裂所形成的断层谷地、山间盆地，单个热能潜力不大，如辽宁、山东、山西、陕西、福建、广东等地；断陷、凹陷盆地型地热带，主要分布在板块内部巨型断陷、凹陷盆地之内，单个地热潜力巨大，如华北盆地、松辽盆地、江汉盆地等。

　　我国的地热资源不均衡，根据地理位置的不同，地热资源可以划分为 7 个地热带：①藏滇地热带；②台湾地热带；③东南沿海地热带；④鲁皖鄂断裂地热带；⑤川滇青新地热带；⑥祁吕弧形地热带；⑦松辽及其他地热带。我国的高温地热资源（温度 ≥150 ℃）主要分布在藏南、滇西、川西及台湾地区。我国中低温地热资源有两种类型：一类为传导型地热资源，是指埋藏在沉积盆地中的地下热水，如华北、松辽等地，其资源分布面积广、储量大、易开采；另一类为直接露出地表或在地下做深循环的对流型地热资源，大多数零星分布在福建、广东、海南等东南沿海各省及江西、湖南一带。目前，我国已经发现的水温在 25 ℃以上的热水点约 4 000 处，西藏、云南、广东、福建、台湾的温泉约占全国温泉总数的 1/2，辽宁、山东、江西、湖南、湖北和四川等省也各有 50 多处。全国水温高于 80 ℃的温泉有 121 个，云南、西藏占 62%，广东、福建占 18.2%，其他省区不到 20%。

3.5.3　地热能的勘探

　　地热资源与煤、石油、天然气等矿产资源一样，均有一定的运动和富集的规律。从宏观上讲，高温地热资源主要集中分布在全球板块边缘地区，低温地热资源主要集中分布在板块内部，地热异常区域是勘探的首选区域。地热资源的勘探，首先要开展区域水文地质调查，了解地热资源所处的地质背景，查明地热田的地层年代、岩性、岩浆岩的时代及其分布范围、地质构造特征、地下水补给和排泄等条件，为进一步进行地热勘探提供依据。在有地表热显示的地区，如有温泉，则调查工作应该以地热显示区域为中心，向四周展开。在调查时，除了按照一般水文地质调查要求外，还要将各种地质、水文现象与地热相关的问题联系起来，进行综合分析。

　　地热地球化学研究的是地热流体的化学成分及其富集、运动规律以及成因机制等。世界各国广泛应用地热地球化学（包括同位素地球化学）方法圈定地热异常，寻找地热资源，探索地热流体来源、成因和年龄，研究化学沉淀、水热蚀变、成矿作用、深部热储温度等。通过水文地球化学资料的解释，编制分析水样中所含各种离子等值、总矿化和水化学类型等项目的水化学平面图、水化学剖面，可以圈定地热异常区的分布范围；利用土壤汞测量圈定地热异常区；应用地球化学地热温标，如二氧化硅地热温标、钠-钾地热温标、同位素地热温标，预测深部热储区域可能具有的温度；应用氢氧同位素、放射性同位素研究探索地下热水成因、年龄、补给、径流、排泄等有关问题。

　　在地热勘探中，地球物理方法用于圈定地热田和确定开采地热流体钻孔的适宜位置。目前，几乎所有的地球物理方法都应用于地热勘探，重点集中于确定对温度变化最敏感的参数。地球物理勘探所提供的资料具有多解性，对其物探资料的解释推断应遵循"从已知到未知，从定性到定量，综合解释与反复解释"的原则，还要与地质学、水文学和地球化学密切配合，这样，勘探结果才能经受地质实践的验证。目前，地热勘探常见的地球物理方法有地表浅孔测温、热流量测量、电法勘探和电磁法勘探、重力勘探和磁法勘探、地震和微地震观测法勘探、近红外或红外区成像的遥感方法等。

　　对于地热勘探，不管是地球物理勘探、地球化学勘探还是其他勘探，任何一个单一的测量手段都不能取得唯一的明确定论。钻探工作是地热能勘探中最重要的阶段，为地球化学和地球物理资料的许多早期解释提供了检验的机会。在地热井的钻进过程中可以获取三方面的信息：①从钻进的岩屑和岩心中获得地质信息；②从回流的泥浆温度与泥浆流量获得地下温度的信息；③从循环钻液的漏失量获得岩层渗透率的信息。钻探的最终目的是确定地下蒸汽或热水储存最合理的开发层位，尽可能在埋深浅的位置钻取到具有高压、高温和高流量的地热流体。

3.5.4　地热能的利用

目前，世界上 120 多个国家和地区已经发现和开采地热泉及地热井。地热能开发利用的主要目的是采暖、发电、育种、栽培和洗浴等方面。对于不同温度的地热流体，利用的方式不同，具体见表 3.5.1。为提高地热能的利用率，多数情况下采用梯级开发和综合利用的办法，如热电联产联供，先供暖后养殖等。

表 3.5.1　地热流体利用方式

温度/℃	利用方式
20~50	洗浴、水产养殖、饲养畜牧、土壤加温、脱水加工
50~100	供暖、温室、家庭用水、工业干燥
100~150	双循环发电、供暖、制冷、工业干燥、回收盐类
150~200	双循环发电、制冷、工业干燥、热加工
200~400	直接发电及综合利用

1. 地热发电技术

地热发电起源于 1904 年，意大利在拉德瑞罗建立了第一座天然蒸汽试验电站，1913 年正式投入运行。此后，许多国家都相继建立了地热电站。地热发电是利用地下热水和蒸汽作为动力源的一种新型发电技术，其基本原理与火力发电类似，首先把地热能转换为机械能，再把机械能转换为电能。地热发电系统主要有以下 5 种类型。

（1）地热蒸汽发电系统。

地热蒸汽发电系统利用地热蒸汽推动汽轮机运转，产生电能，如图 3.5.2 所示。该系统简单、技术成熟、运行安全可靠，热效率为 10%~15%，厂用电率在 12% 左右，是地热发电的主要形式之一。这种方法要求地热资源温度在 150 ℃ 以上，因此应用受到限制。

（2）扩容法地热水发电系统。

扩容法地热水发电系统是将地热水送至一个密闭的低压容器中，使在常压下未达沸点的地热水在低压下沸腾，产生低压水蒸气推动汽轮机发电。该系统适用于温度为 90~150 ℃ 的中温地热资源，选用率相当高。在实际应用中，将地热水经过一次闪蒸扩容称为单级扩容系统，具有系统简单、投资少、操作简便等优点，原理如图 3.5.3 所示。如果地热水经过两次闪蒸扩容，则称为双级扩容系统，其热效率、厂用电率等指标都比单级扩容系统好，但系统复杂、投资大。

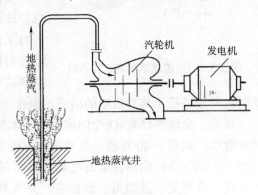

图 3.5.2　地热蒸汽发电系统

（3）双循环发电系统。

双循环发电系统利用低沸点物质，如氯乙烷、正丁烷和氟利昂等作为发电的中间工质，地热水通过换热器加热，使低沸点物质汽化，利用所产生蒸汽进入汽轮发电机组做功，做功后的工质从汽轮机排入冷凝器，经冷却系统降温，重新凝结成液态工质后再循环使用。这种双循环发电系统又称有机朗肯循环系统，原理如图 3.5.4 所示。这种发电方式安全性较差，封闭容器稍有泄漏，工质逸出后就很容易发生事故。

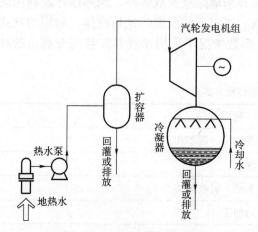

图 3.5.3　单级扩容系统原理

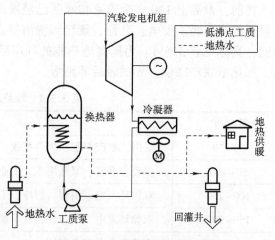

图 3.5.4　双循环发电系统原理

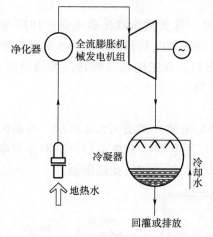

图 3.5.5　全流发电系统工作原理

（4）全流发电系统。

全流发电系统将地热井口的全部流体，包括所有蒸汽、热水、不凝气体及化学物质等，经过简单净化处理后，直接送进全流动力机械中膨胀做功，然后排放或收集到冷凝器中，其工作原理如图 3.5.5 所示。这种形式可以充分利用地热流体的全部能量，但技术上有一定的难度。

（5）干热岩发电系统。

美国人莫顿和史密斯在 1970 年提出了利用地下干热岩体进行发电的设想，并于 1972 年在新墨西哥州北部打了两口约 4 000 m 的深斜井，从一口井将冷水注入干热岩体中，从另一口井取出被岩体加热产生的蒸汽，功率达 2.3 MW。此后，日本、英国、法国、德国和俄罗斯也开始进行干热岩发电的研究，但迄今为止均没有大规模应用。

目前，全世界已有 83 个国家开展了地热发电方面的工作，其中 50 多个国家具有相当的开发规模。截至 2020 年底，全球地热发电总装机容量为 15 950.46 MW，每年产生的能量为 9 509.84 GW·h；地热发电装机容量最多的 10 个国家分别是美国、印度尼西亚、菲律宾、土耳其、肯尼亚、墨西哥、新西兰、意大利、冰岛、日本；2020 年，中国地热发电装机容量为 34.89 MW，每年产生的能量为 174 GW·h。

1970 年 8 月，我国在广东省梅州市丰顺县建立了第一座地热发电试验站，设计装机容量为 86 kW。后来江西宜春、山东招远、河北怀来、辽宁熊岳、湖南灰汤、广西象州等地也建立了地热试验电站，装机容量为 50~100 kW，大多数采用一次扩容发电技术。1977 年 7 月，西藏自治区第一个地热电站羊八井地热电站建成，同年 10 月发电成功。电站地热田位于西藏自治区拉萨市西北约 90 km 处，海拔 4 300 m，其热泉分布范围大约为 7 km²。经过几十年的连续开发，目前装机容量为 25.18 MW，年发电量为 100 GW·h，名列世界第 10 位，其发电原理如图 3.5.6 所示。羊八井地热田开发和电站建设具有探索试验性质，不仅关系到拉萨供电，而且对开发西藏丰富的地热资源乃至全国地热资源都具有重要的影响。

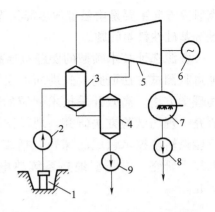

图 3.5.6　羊八井地热电站发电原理
1—地热井；2—热水泵；3—一级扩容器；
4—二级扩容器；5—汽轮机；6—发电机；
7—混合式冷凝器；8—排水泵；9—排污泵

2. 地热供暖技术

中低温地热资源用于发电的转换效率比较低，更适合采暖、干燥、制冷、游泳、洗浴、灌溉、治疗、温室种植及水产养殖等应用。地热供暖分为直接供暖和间接供暖，一般根据地热水的温度和水质来选择。

直接供暖是将地下抽出的热水直接输送到供热系统中，可分暖气、地板采暖和风机盘管等形式。直接供暖的优点是不需要换热器、供水管网简单、热损失小、造价低；缺点是由于地热水的矿化度高，水中含有硫酸根、氯离子等成分，所以对金属有严重的腐蚀作用。因此，目前只有少部分矿化度较低的地热井采用了暖气形式直接供暖。近年来出现地板采暖形式，是地热流经过埋在地板下的非金属管线，使建筑物变暖，热水温度一般为 30~50 ℃。由于其散热合理，具有较好的采暖效果，特别适合水温不高的浅地热资源的利用。

间接供暖是将地下抽出的热水通过抗腐蚀性较好的热交换器与自来水热交换后，供到暖气系统中，降低温度后的地热水再回流到地下。这种方案暖气系统中流的是自来水，对管道腐蚀作用大大减少，但是因为增加了造价较高的金属换热器，所以增加了设备费用，换热的热量损失大约为 5%。此外，还可以利用地热给工厂供热，用作干燥谷物和食品以及硅藻土生产、木材、造纸、制革、纺织、酿酒、制糖等生产过程的热源。

地热供暖技术备受各国重视，日本、冰岛、法国、美国、新西兰等都大量利用地热采暖。我国利用地热供暖和供热水发展得非常迅速，地热的勘查、开发利用技术与管理逐渐成熟，北京、天津、辽宁、陕西等省市，地热采暖面积逐年增加，已成为北方城镇地热利用最普遍的方式。2020 年中国地热能直接利用装机容量达 40.6 GW，连续多年居全球首位。水热型地热能供暖装机容量为 7.0 GW，温泉游泳开发利用地热能装机容量为 5.7 GW，水产养殖开发利用地热能装机容量为 482 MW，温室种植开发利用地热能装机容量为 346 MW，浅层地热能供暖（制冷）装机容量为 26.5 GW。

3.5.5　地热能未来的科学及技术发展方向

我国在增强型地热系统方面的研究起步较晚，基础薄弱。我国未来地热能转化利用的重点研究方向主要是增强型地热资源选址技术领域、高效开采技术领域及高效能量转换技术领域等基础性科学问题。

资源选址技术领域的课题包括高等级资源的选址技术研究、先进的勘查技术研究、选址过程测试方法研究、先进的地质评估模型研究以及评估增强型地热裂隙带的先进地球物理学方法。高效开采技术领域的课题包括降低钻井成本的模型研究，低成本钻井技术研究，现场试验方法研究、现场试验动态模型研究及资源开采过程的经济模型研究。高效能量转换技术领域的课题包括高效发电工质研究、超临界发电技术研究、新型高效发电技术研究、增强型地热系统热电冷联供技术研究、增强型地热发电过程的环境效应研究。

3.6 海洋能的开发和利用

3.6.1 概述

地球上海洋的总面积为 3.6106×10^8 km^2，约占地球表面积的 71%，海水的总体积为 1.37×10^{18} m^3，海水的总质量为 13×10^8 亿 t，占地球上全部水量的 97.2%。海洋可以细分为海和洋。洋是海洋的主体，约占海洋面积的 89%，水深一般在 3 000 m 以上。大洋远离陆地，水温和盐度的变化不大，水色蔚蓝，透明度大，杂质很少。海是洋的边缘，面积约占海洋的 11%，水的平均深度从几米到 2 000 多米。海临近大陆，水的温度、盐度、颜色和透明度受到陆地的影响，随着季节的变化而明显变化。

海洋能指海洋本身所蕴藏的能量，通过各种物理和化学过程接收、储存和散发，通常以潮汐、波浪、温度差、盐度梯度、海流等形式存在于海洋中。潮汐能是指海水在潮涨和潮落时形成的水的势能，其能量密度比较低，潮差在 3 m 以上的潮汐能有应用价值。波浪能是指海洋表面波浪所具有的动能和势能，是能量最不稳定的一种海洋能，波浪能最丰富的地区，其功率密度达 100 kW/m。海流能指由风的吹动、海水的密度差引起海水流动的动能，一般是指海底和海峡中较为稳定的流动，最大流速在 2 m/s 以上的水道具有实际开发的价值。海水与淡水之间含盐浓度的差异形成了盐度差能。海洋各处水温的差异形成了温差能。这些都是取之不尽、用之不竭的可再生能源，是人类的巨大财富。

海洋能具有如下特点：①海洋能在海洋水体中的蕴藏量巨大，但能量密度较低，只有从大量的海水中才能获得数量足够大的能量；②海洋能来源于太阳辐射与天体间的万有引力，具有可再生性；③海洋能可划分为较稳定能源与不稳定能源，温差能、盐度差能和海流能较稳定，潮汐能与潮流能属于不稳定但变化有规律的能源，波浪能是既不稳定又无规律的海洋能；④海洋能是清洁能源。

据科学家估算，全球可以利用的海洋能共 766 亿 kW，技术上可以利用的海洋能为 64 亿 kW，其中潮汐能 10 亿 kW，海洋波浪能 10 亿 kW，盐度差能 30 亿 kW，潮流能 3 亿 kW。我国沿海可开发潮汐电站的理论装机容量为 2 179 万 kW，沿海波浪能的理论装机容量约为 1 470 万 kW，潮流能的理论装机容量为 833 万 kW，盐度差能的理论装机容量为 11 300 万 kW，其中，浙江、福建、广东、台湾沿海的海洋能较为丰富。

3.6.2　潮汐能的开发和利用

（1）潮汐能发电原理。

潮汐能是指海水潮涨和潮落形成的水的势能，其能量与潮差的平方、水库的面积成正比。和水力发电相比，潮汐能的能量密度很低，相当于微水头发电水平。世界上潮差的较大值为 13~15 m，我国潮差的最大值（杭州湾）为 8.9 m。从能源的属性上划分，潮汐能属于往复的低水头、大流量水力能源。

潮汐能的利用方式主要是发电。潮汐能发电原理是选择海湾、河口等有利地形，修建堤坝，形成水库，涨潮时，将海水储存在水库内，以势能的形式保存，落潮时，放出海水，利用高、低潮位之间的落差，推动水轮机组发电。潮汐能发电原理如图 3.6.1 所示。潮汐能发电主要有如下 3 种形式。

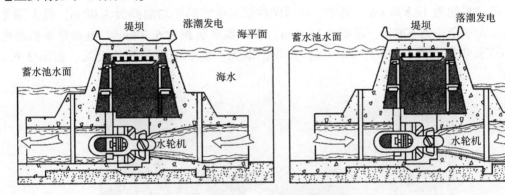

图 3.6.1　潮汐能发电原理

1）单库单向式。

在海湾或江河入海口筑起堤坝、厂房和水闸，将海湾或江河入海口与外海隔开，形成潮汐电站水库。涨潮时，开启水闸，海水充满水库；落潮时，关闭水闸，利用库内与库外的水位差，引导海水冲击水轮发电机组发电。这种方式称为单库单向式发电。

2）单库双向式。

单库双向式是指在建设水库时，利用两套单向阀门控制两条引水管，在潮起、潮落时，分别将海水通过不同的引水管道引入水轮机；或采用双向水轮发电机组，使电站在涨潮、落潮时都能发电。我国的江厦潮汐电站就属于单库双向式。

3）双库联程式。

在某些地势适合的海湾或江河入海口建起两个水库，水位一高一低。高水库仅在高潮位时与外海相通，低水库仅在低潮位时与外海相通，因此两库的水位始终保持一定的落差，将水轮发电机组安装在两水库之间，就可以连续不断地发电。这种方式称为双库联程式发电。

（2）潮汐能的资源和应用现状。

在世界范围内，开阔海域低纬度为半日潮，高纬度为全日潮。北大西洋的加拿大、英国、美国和法国沿岸为正规半日潮。墨西哥湾、东南亚沿海为正规全日潮。世界上适于建设潮汐电站的地方有 20 多处，其中包括美国阿拉斯加州的库克湾、加拿大的芬地湾、英国的塞文河口、阿根廷的圣约瑟湾、澳大利亚的范迪门湾、印度的坎贝河口、俄罗斯远东的鄂霍次克海品仁湾、韩国的仁川湾等地。在加拿大芬迪湾顶部曾观察到世界上最高的潮差，为

16.2 m，法国格朗维尔港口的潮差为 14.7 m，英国塞汶河口的潮差为 14.5 m。第一座具有商业实用价值的潮汐电站是 1967 年建成的法国郎斯电站，该电站位于法国圣马洛湾郎斯河口，最大潮差为 13.5 m，平均潮差为 8.5 m；横跨郎斯河口的大坝长 750 m，坝下设置船闸、泄水闸和发电机房，电站机房中装有 24 台双向水轮发电机，涨潮、落潮都能发电，总装机容量为 240 MW，年发电量为 5.4 亿 kW·h。

我国潮汐能的理论蕴藏量达到 1.1×10^8 kW，在我国东南沿海的很多地方有能量密度较高的潮汐，平均潮差为 4~5 m，最大潮差为 7~8 m。其中，浙江、福建两省蕴藏量最大，约占全国的 80.9%。根据我国潮汐能资源调查统计，可开发装机容量在 200 kW 以上的潮汐能资源的总装机容量为 2179 万 kW，年发电量约 624 亿度。目前，我国已经建成浙江的江厦潮汐试验电站、海山潮汐电站、岳浦潮汐电站、沙山潮汐电站，山东的白沙口潮汐电站，江苏的浏河潮汐电站，广西的果子山潮汐电站，广东的甘竹滩潮汐电站，福建的幸福洋潮汐电站等，总装机容量约为 10 800 kW。其中，江厦潮汐试验电站的平均潮差为 5.08 m，最大潮差为 8.39 m，大坝全长 670 m，高度为 15.5 m，水库集水面积为 5.3 km²。电站总装机容量为 3 200 kW，年发电量 1 070 万 kW·h，是我国最大、世界第三的潮汐电站，如图 3.6.2 所示。

图 3.6.2　江厦潮汐试验电站

3.6.3　波浪能的开发和利用

（1）波浪能发电原理。

波浪可以分为风浪和涌浪。风浪是指由当地风作用产生的海面波动状态，涌浪是指由其他海区传来的波动或风向发生改变后海面上遗留下来的波动。通常可以把海水的波动看作简谐波动（正弦波）或简谐波动的叠加。

波浪能是指波浪所具有的动能和势能，与波高的平方、波浪的运动周期及迎波面的宽度成正比，以单位时间在传播峰面单位长度上的能量 P_w 来表示，计算式为

$$P_w = \frac{\rho g^2}{32\pi} H^2 T$$

式中：ρ 为海水密度；g 为重力加速度；H 为波高；T 为波浪的运动周期。

波浪能发电装置的形式多样，原理基本一致，即先通过波浪能发电装置将波浪能吸收，

再通过传动机构将波浪能转换成稳定输出的机械能，然后利用发电装置将机械能转换成电能。现有波浪能发电装置包括振荡水柱式、越浪式、鸭式、筏式、摆式、点吸式等多种形式，如图 3.6.3 所示。在传动方式上，振荡水柱式装置采用气压传动，越浪式装置通过水轮机传动，其他装置则采用液压传动。根据修建位置，波浪能发电装置分为海岸、近岸、离岸三类。根据捕捉装置相对大小以及相对于波浪的摆放方式，分为消浪式、点吸式和终端式，其中，消浪式装置的长轴与波浪传播方向一致，点吸式装置的长轴与波峰垂直，终端式装置的长轴则与波峰平行。

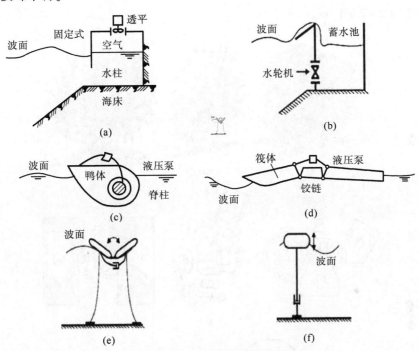

图 3.6.3　波浪能发电装置的形式
（a）振荡水柱式；（b）越浪式；（c）鸭式；（d）筏式；（e）摆式；（f）点吸式

　　压力差式波浪能捕捉装置是利用波峰与波谷之间的压力差，通过气压传递能量。越浪式波浪能捕捉装置是将越过该装置的水体截留下来，并利用该部分水体回流带动叶轮转动。浮体式波浪能捕捉装置是利用漂浮在水面的浮体随波浪产生的相对和绝对运动捕捉波浪能。摆式波浪能捕捉装置是利用随波浪运动的摆体捕捉波浪能。

　　波浪能发电系统的传动装置有空气传动装置、水力传动装置、液压传动装置、直驱式传动装置，如图 3.6.4 所示。空气传动装置的波浪能发电常采用空气透平，将气流转换成机械能。由于气流会改变方向，空气透平实际上是自整流的空气涡轮机。空气透平主要有威尔斯透平、丹尼斯透平和轴流冲击式透平三类。水力传动装置的波浪能发电采用的水轮机分为轴流式和冲击式两类：轴流式水轮机，将喷嘴连接到转子上，水流在管道上产生反作用力，使转子沿与水流方向相反的方向旋转；冲击式水轮机，由高速水射流冲击叶片，带动涡轮旋转。液压传动装置主要由液压缸、蓄能器、控制歧管和液压电动机组成，浮体运动通过液压缸转换成液压能，而液压能通过连接液压电动机的发电机转换成电能。直驱式传动装置是利用浮体的运动直接推动永磁线性发电机做往复直线运动发电。

（2）波浪能的资源和应用现状。

世界能源委员会的调查显示，全球技术上可利用的波浪能达到 10 亿 kW。我国的沿海地区属于季风区，风向、风量以及引起的波浪都与季节有密切的关系。冬季偏北向浪，平均风力大，浪高也大；夏季偏南向浪，各海区平均浪高均明显降低。我国东部海域沿岸的波高分布为北部小，南部大。南部海域沿岸的波高分布为粤东和西沙地区大，其他地区小。我国沿海波浪的运动周期一般为北部小、南部大；渤海为 $2.0 \sim 3.0$ s，浙江、福建和台湾为 $4.5 \sim 6.4$ s。据估计，我国波浪能的理论储量为 0.7×10^8 kW 左右，沿海波浪能的功率密度为 $2 \sim 7$ kW/m。

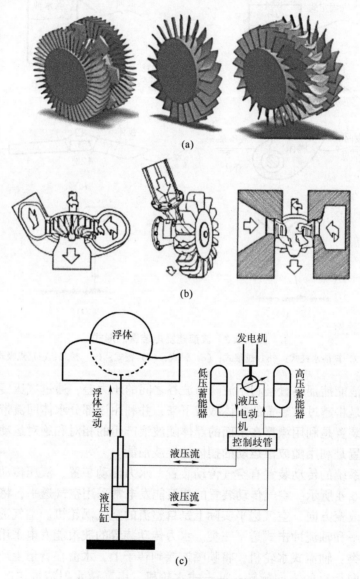

图 3.6.4　波浪能发电系统的传动装置

（a）空气传动装置；（b）水力传动装置；（c）液压传动装置

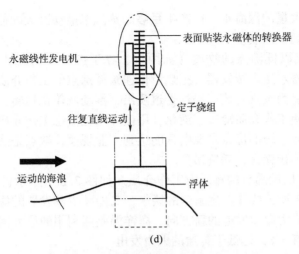

图 3.6.4　波浪能发电系统的传动装置（续）

（d）直驱式传动装置

　　1799 年，法国科学家提出了首个关于波浪能利用的专利。1973 年世界石油危机出现，英国、美国等发达沿海国家开始重视波浪能发电技术。英国在 20 世纪 80 年代初就已成为世界波浪能研究中心，并于 1994 年在苏格兰奥斯普雷建成了 2 万 kW 固定式岸基波浪能发电站。日本从 1988 年开始，在酒井港建造一座 20 万 kW 的波浪能发电站，用海底电缆向陆地供电。我国对波浪能发电技术的研究起步较晚，于 1990 年 12 月，才在广东大万山岛建成了第一座波浪能发电站，并成功发电，装机容量仅 3 kW；"九五"期间在汕尾市建起一座 100 kW 的波浪能发电站，该发电站是一座布置在海岸边的振荡水柱式波浪能发电装置，同时具备过压时自动卸载、过流时自动调控、水位控制、断电或超速保护等多种功能，使我国波浪能发电技术在实用化方面更进一步；2015 年，100 kW 鹰式波浪能发电装置在珠海万山岛进行了测试。

3.6.4　温差能的开发和利用

（1）温差能发电原理。

　　温差能是指海洋表层海水和深层海水之间水体温度之差的热能。海洋表面吸收太阳的辐射能，增加了水温，并储存在海洋的上层。而在不到 1 000 m 深度处，温度接近冰点的大量海水从极地缓慢地流向赤道。在许多热带或亚热带海域，终年形成 20 ℃ 以上的垂直海水温差。利用这一温差可以实现热力循环并发电。

　　海洋温差能发电的工作方式可以分为开式循环、闭式循环和混合循环三种方式。

　　1）开式循环系统以表层的温海水为工作介质。如图 3.6.5 所示，真空泵将系统内部抽到一定真空度，温水泵把温海水抽入蒸发器；由于系统内部有一定真空度，温海水在蒸发器内沸腾蒸发，变为蒸汽；蒸汽经过管道喷出，推动汽轮机运转，带动发电机发电。蒸汽通过汽轮机以后，被冷水泵抽上来的深海水冷却而凝结成淡化水。由于只有不到 0.5% 的温海水变为蒸

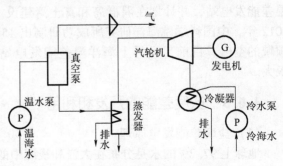

图 3.6.5　开式循环系统的原理

能源科学与技术导论

汽，因此，必须泵送大量的深海水，以产生足够的蒸汽来推动巨大的低压汽轮机，开式循环系统的净发电能力受到了限制。

2）闭式循环系统以低沸点的物质（如丙烷、异丁烷等）为工作介质。如图 3.6.6 所示，温水泵把表层温海水送入蒸发器，把热量传递给低沸点的工作介质；工作介质吸收足够的热量后开始沸腾，变为蒸汽，蒸汽经过管道喷出，推动汽轮机运转，带动发电机发电。深层冷海水在冷凝器中使工作介质冷凝、液化，用循环泵把液态工作介质重新压进蒸发器，进行循环使用。闭式循环系统的优点是发电量能达到工业规模，缺点是蒸发器和冷凝器采用表面式换热器，设备的体积庞大，耗资昂贵。

3）混合循环系统以低沸点的物质为工作介质。如图 3.6.7 所示，用温海水闪蒸出来的低压蒸汽加热低沸点工质，既能产生新鲜的淡水，又能减少蒸发器的体积，节省材料，便于维护，这些特点使其成为温差发电的新方向。海洋温差能利用的最大困难是温差太小，能量密度太低，其效率只有 3%，远低于普通的火力发电。

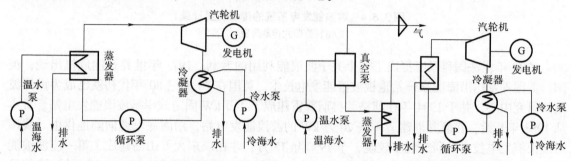

图 3.6.6　闭式循环系统的原理　　　　图 3.6.7　混合循环系统的原理

（2）温差能的资源和应用现状。

据推算，从南纬 20° 到北纬 20°，海水表层（深 130 m 左右）的温度每年在 25~29 ℃ 之间。太阳辐射到地球上的能量约 60 万亿 kW 被海水吸收。大洋海水主要从海面被加热，随着深度的增加，海水温度降低。3 000 m 深处的海水，其温度可达 -1~2 ℃。在大部分热带和亚热带海区，表层水温和 1 000 m 深处的水温相差在 20 ℃ 以上。世界上蕴藏海洋温差能资源的海域面积达 6 000 万 m²，发电能力可达几万亿瓦。

1881 年，法国物理学家德尔松瓦提出利用海洋表层水温和深层冷水的温差能使热机做功。1926 年，德尔松瓦的学生法国科学家克劳德在法国科学院进行了一次公开海洋温差能发电实验。1979 年，美国在夏威夷建成了世界上第一个闭式循环的微型海洋温差能发电船，额定功率为 50 kW，净输出功率达 18.5 kW。1990 年，日本在鹿儿岛建成了 1 000 kW 的海洋温差能发电站，并计划在隅群岛和富士湾建设 10 万千瓦级大型实用海洋温差能发电装置。2012 年，中国科学院海洋研究所成功研制出 15 kW 闭式温差能发电系统，填补了中国这个领域的空白。目前，世界上海洋温差能发电站的规模正在向大型化发展，但是工程难度很大。

3.6.5　盐度差能的开发和利用

（1）盐度差能发电原理。

地球上 97.2% 的水是分布在大洋和浅海中的咸水，2.15% 的水是位于两极的冰盖和高山的冰川，0.65% 的水是可供人类直接利用的淡水。盐度差能是指海水和淡水之间或两种含盐

118

浓度不同的海水之间的化学位差所具有的能量。盐度差能主要存在于河海交接处、淡水丰富地区的盐湖和地下盐矿中。

盐度差能的利用主要是发电，其基本方式是先将不同盐浓度的海水之间的化学位差能转换成水的势能，再利用水轮机发电，主要有渗透压式、蒸汽气压式和机械-化学式等，其中渗透压式方案最有前途。将一层半透膜放在不同盐度的两种海水之间，通过这个膜产生一个压力梯度，水从盐度低的一侧通过膜向盐度高的一侧渗透，从而稀释高盐度的水，直到膜两侧水的盐度相等为止，此压力称为渗透压，与海水的盐浓度及温度有关。盐度差能发电的原理如图 3.6.8 所示。

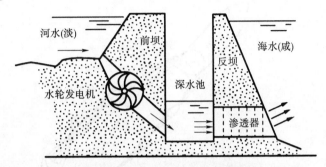

图 3.6.8　盐度差能发电的原理

（2）盐度差能资源和应用现状。

一般海水含盐度为 3.5%，其与河水之间的化学位差相当于 240 m 水头差的能量密度。一条流量为 1 m³/s 的河流所含的能量可达 2.24 MW。据估计，世界各河口区的盐度差能达到 30 TW，可能利用的能量有 2.6 TW。我国海域辽阔，海岸线漫长，入海的江河众多，在沿岸各江河入海口附近蕴藏着丰富的盐度差能资源。据计算，我国入海口沿岸的盐度差能资源蕴藏量为 3.9 ×10¹⁵ kJ，理论功率约为 1.25 ×10⁸ kW，其中长江口及其以南大江河口沿岸的资源量占全国总量的 92.5%。

盐度差能发电在 1939 年首次被提出。1997 年，挪威 Statkraft 公司开始研究盐度差能利用装置，2003 年建成世界上第一个专门研究盐度差能的实验室，并于 2009 年建成世界上第一座 4 kW 的盐度差能发电站。我国在 1979 年前后开始研究盐度差能发电技术，1985 年西安冶金建筑学院采用半渗透膜法研制了一套可利用干涸盐湖盐度差能发电的试验装置，半透膜面积为 14 m²，推动水轮发电机组发电功率为 0.9~1.2 W。

3.6.6　海流能的开发和利用

（1）海流能发电原理。

海流主要是指大量海水以相对稳定的流向和流速从一个海域长距离地流向另一个海域的流动。海流的成因有两大类：①风力驱动，风吹动表层海水使其流动，海水的黏滞性将动能传到海洋深处，随着深度的增加，动能逐渐消耗，流速也随之减慢，直至几乎静止；②温度和含盐度效应，海水温度越低、含盐越大，海水的密度就越大，密度的分布决定了海洋压力场的结构，从而导致相邻海域间出现环流，简称温盐效应。

海流能的利用方式主要是发电，其原理和风力发电相似。任何一个风力发电装置经过改造都可以成为海流能发电装置。但是，由于海流能发电装置浸没在海水中，因此需要解决安装维护、电力输送、防腐、安全性能等方面的问题。海流能发电装置主要有轮叶式、降落伞式和磁流式装置。轮叶式海流能发电装置利用海流推动轮叶，轮叶带动发电机发出电流，轮叶可以是螺旋桨式的，也可以是转轮式的。"降落伞"式海流能发电装置由几十个串联在环形铰链绳上的"降落伞"组成；顺着海流方向的"降落伞"靠海流的力量撑开，逆海流方向的"降落伞"靠海流的力量收拢，"降落伞"顺序张合，往复运动带动铰链绳，进而带动船上的绞盘转动，进而带动发电机发电。"降落伞"式海流能发电方案如图3.6.9所示。

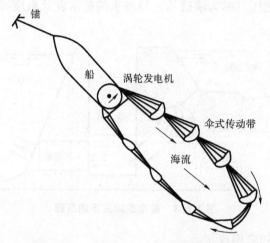

图 3.6.9　"降落伞"式海流能发电方案

（2）海流能的资源和应用现状。

世界著名的海流有大西洋的墨西哥湾暖流、北大西洋海流、太平洋的黑潮暖流、赤道潜流等。1973年，美国试验了一种名为"科里奥利斯"的巨型海流发电装置，该装置为管道式水轮发电机，机组长为100 m，管道口直径为170 m，安装在海面下30 m处，在海流流速为2.3 m/s的条件下，该装置可获得8.3万kW的功率。2016年2月，英国威尔士卡迪夫海流能有限公司研发的Delta Stream海流能机组在拉姆齐海峡完成布放，该机组长为16 m，高为18 m，质量为200 t，装机容量为400 kW。2014年，加拿大在芬迪湾海洋能源研究中心（FORCE）海流能试验场（世界上最大的海流能发电站）布放了4条海底电缆，总长度为11 km，海流处于峰值时发电总量可达64 MW。

我国的海流能发电研究从20世纪80年代开始，哈尔滨工程大学对垂直轴海流能水轮机率先进行了理论和试验研究，2012年8月—2013年8月，哈尔滨工程大学先后研发了"海能Ⅰ"2座150 kW漂浮式垂直轴海流能发电装置、"海能Ⅱ"2座100 kW和"海能Ⅲ"2座300 kW海流能发电装置。2014—2015年，浙江大学在舟山摘箬山岛先后测试了60 kW、120 kW漂浮式海流能发电装置。2013年，浙江舟山联合动能新能源开发有限公司在海洋能专项资金支持下研制了以海流能为源动力的LHD-L-1000林东模块化大型海洋能发电机组，2016年，3.4 MW LHD林东模块化大型海洋能首套1 MW的发电机组在舟山岱山海域正式启动发电。

3.6.7　海洋能未来的科学及技术发展方向

海洋能利用的基础包括海洋能的资源评估、高效转换、可靠性、稳定性、电力转换、并网、并流、控制、优化运行、环境冲击等。未来海洋能利用的重点研究方向包括以下几方面。

（1）漂浮式波浪能装置高效稳定发电技术，包括波浪能高效捕获最优阻尼在动力摄取系统中的实现研究、波浪能转换中的非线性动力学问题研究、波浪能装置的抗台风研究、波浪能装置上下过程的力学问题研究。

（2）波浪能直驱发电系统的基础问题研究，包括波浪能直驱发电新概念研究、往复运动下波浪能直驱发电机基础问题研究、波浪能直驱发电系统中波浪采集器的响应特性研究等。

（3）海流能高效转换过程的基础问题研究，包括叶片水动力学计算和优化设计，与叶片特性相匹配的动力摄取系统设计，漂浮式、悬浮式装置在海流作用下的运动和载荷，装置摇动对效率的影响及装置下水过程的力学问题研究等。

（4）潮汐能发电中的环境和低成本建造问题研究，包括潮汐能大坝对库区水质、泥沙淤积和潮间带生态等环境方面影响的水动力学研究，潮汐电站建造的大型沉箱结构在拖运、沉放过程中的运动和受力研究及相应的设计、制造问题研究，潮汐电站的优化运行研究。

（5）温差能关键技术研究，包括热力循环工质研究、过程建模以及求解研究、低压蒸汽透平的数值计算和优化设计研究、换热器性能及结构优化研究。

3.7　氢能的开发和利用

3.7.1　概述

氢是自然界中分子量最小的元素，在地球及各圈层的丰度分别为地核中 3×10^{-5}，下地幔中 4.8×10^{-4}，上地幔中 7.8×10^{-4}，地壳中 1.4×10^{-3}。地球中的氢主要以化合物形式存在，按质量计算，氢占地壳的 1%。氢占水质量的 1/9，从海洋中提炼出来，约有 1.4×10^{17} t。氢以游离气态分子分布在地球的大气层中，在地球大气圈底层的浓度为 $(1\sim1\,500)\times10^{-6}$ t，其浓度随着大气圈高度的上升而增加。氢在人体内的质量占比是 10%，排在第三位，是组成一切有机物的主要成分之一。

1766 年，英国物理学家、化学家亨利·卡文迪什在家中做实验时发现了氢气。1777 年，法国化学家拉瓦锡通过试验验证了水由氢和氧组成。氢能是指氢在发生化学变化和电化学变化过程中产生的能量，是最理想的清洁能源之一。氢气是无色、无味、无毒、无腐蚀性、无辐射性的气体，具有资源丰富、导热性好、热值高、燃烧速度快、燃烧产物清洁、可储存的特点。氢气的着火温度为 $530\sim590$ ℃，在常压、20 ℃时爆炸的体积浓度为 $4.0\%\sim75.6\%$。氢能的利用形式很多，如可以燃烧产生热能，可以作为能源材料和化工材料。目前，氢的生产成本是汽油的 $4\sim6$ 倍，其运输、储存、转化过程的成本也比化石能源高。

第二次世界大战期间，氢被用作 A-2 火箭发动机的液体推进剂。1960 年，液氢首次被用作航天动力燃料。在工业方面，氢一直是石油、化工、化肥和冶金工业的重要原料，在石油裂解、煤汽化、合成氨、合成塑料和铁矿石还原中都需要氢。在交通运输方面，美、德、法、日、中等汽车大国早已推出以氢为燃料的示范汽车。1974 年，在美国迈阿密召开的氢能经济会议上，科学家成立了国际氢能学会，主要进行氢能利用的研究交流。科学家预测，氢能和电能将成为未来能源体系的两大支柱，21 世纪中叶以后将是氢经济时代。

2020 年 4 月，国家能源局发布《中华人民共和国能源法（征求意见稿）》公告，氢能被列入能源范畴；同月，国家能源局发布《国家能源局综合司关于做好可再生能源发展"十四五"规划编制工作有关事项的通知》，提出将应用氢能技术纳入"十四五"可再生能源发展主要任务和重大项目布局。2020 年 5 月，《关于 2019 年国民经济和社会发展计划执行情况与 2020 年国民经济和社会发展计划草案的报告》提出"制定国家氢能产业发展战略规划"。2020 年 10 月中华人民共和国国务院发布《新能源汽车产业发展规划（2021—2035年)》，明确提出到 2035 年实现燃料电池汽车商业化应用的发展愿景。

3.7.2 氢气的生产

目前，人类掌握的制氢方法有电解水制氢、热化学制氢、化石燃料制氢、生物质制氢。

1. 电解水制氢

电解水制氢是一种成熟的工业制造氢气的方法。通过电能供给能量，破坏水分子的氢氧键，获得氢气和氧气。电解水制氢的工艺过程简单，无污染，其效率一般为 75%～85%，每立方米氢气的电耗为 4～5 kW·h。图 3.7.1 所示为电解水制氢示意。

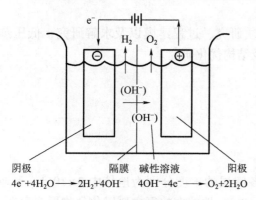

阴极　　　　　　隔膜　碱性溶液　　　阳极
$4e^- + 4H_2O \longrightarrow 2H_2 + 4OH^-$　　$4OH^- - 4e^- \longrightarrow O_2 + 2H_2O$

图 3.7.1　电解水制氢示意

目前，工业上使用电解水制氢的装置有操作温度为 70～80 ℃的碱性水溶液电解装置、操作温度为 120～150 ℃的碱性水溶液电解装置、操作温度为 750～1 000 ℃的固体电解质电解槽。电解水制氢装置一般由水电解槽、气液分离器、气体洗涤器、电解液循环泵、电解液过滤器、压力调整器、测量及控制仪表和电源设备等组成。

水电解槽是电解水制氢装置中的核心设备，由若干个电解池组成。每个电解池由阳极、阴极、隔膜构成，并具有碱水出入口，当通入一定电压的直流电时，电解池中的水被分解，阴极和阳极分别产生氢气和氧气。气液分离器的作用是初步分离从水电解槽出来的气体中夹带的电解液，并对电解液进行适当的冷却，冷却后的电解液经电解液循环泵、电解液过滤器返回电解槽，构成闭合循环，每台水电解槽都有氢气气液分离器和氧气气液分离器。气体洗涤器的作用是进一步除去气液分离器流过的气体中夹带的电解液，并把气体冷却至常温，每台水电解槽均配置一个氢气洗涤器和一个氧气洗涤器。电解液过滤器的作用是清除电解液中夹带的残渣、污物等机械杂质。压力调整器的作用是维持氢气和氧气压力的平衡，以免隔膜两侧的氢气和氧气因压力差而发生相互混合。图 3.7.2 所示为常用的压力型电解水制氢系统流程。

为了提高制氢效率和合理利用资源，科学家又发明了用固体聚合物电解质电解水制氢的工艺、用煤水浆进行电解水制氢的工艺、在高压下电解水制氢的工艺、电解海水制氢的工艺。另外，对于水能、风能、太阳能资源丰富的地区，将不能上网的电用于电解水制氢，实现储能的目的，对能源、环境与经济都具有现实意义。

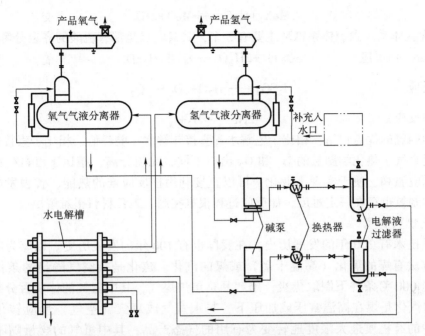

图 3.7.2　常用的压力型电解水制氢系统流程

2. 热化学制氢

热化学制氢是指通过一组相互关联的化学反应构成一个封闭循环系统，加入水和热量，产出氢气和氧气，参与制氢过程的其他化合物均不消耗。与水的直接热解制氢相比较，热化学制氢的每一步反应均在较低的温度（1 073~1 273 K）下进行，反应器的耐温要求大为降低，设备制作成本下降，操作条件相对温和，更便于工程化。

1966 年美国人芬克（J. E. Funk）最早提出热化学制氢的概念。20 世纪 70 年代，美国人麦凯迪和贝尼（Beni G. D.）提出 Mark l 型热化学制氢方案，并估计其制氢效率可达 55% 左右。此后，美国的拉斯阿拉莫斯科学实验室、利弗莫尔公司，德国的尤里希研究中心，欧盟委员会联合研究中心，日本的东京大学、日本原子能研究所等都参与到热化学制氢的研究中。

根据使用化学品的不同，热化学制氢可分为氧化物体系、卤化物体系、含硫体系。

（1）氧化物体系。氧化物体系中最简单的过程是用金属氧化物（MeO）作为氧化还原体系的二步循环。

氢生成
$$3MeO+H_2O \longrightarrow Me_3O_4+H_2$$

氧生成
$$Me_3O_4 \longrightarrow 3MeO+\frac{1}{2}O_2$$

式中：Me 代表金属，为 Mn、Fe、Co、Zn 和 Ce 中的一种。

（2）卤化物体系。

氢生成
$$3MeX_2+4H_2O \longrightarrow Me_3O_4+6HX+H_2$$

式中：Me 代表金属，可以为 Mn 和 Fe；卤素 X 可以为 Cl、Br 和 I。

卤素生成
$$Me_3O_4+8HX \longrightarrow 3MeX_2+4H_2O+X_2$$

氧生成
$$MeO+X_2 \longrightarrow MeX_2+\frac{1}{2}O_2$$

水解 $\qquad$ $MeX_2 + H_2O \longrightarrow MeO + 2HX$

（3）含硫体系。含硫体系循环主要有 3 个，其共同点是都有硫酸的高温分解步骤。

本生（Bunsen）反应 $\qquad$ $SO_2 + I_2 + 2H_2O \longrightarrow 2HI + H_2SO_4$

硫酸分解反应 $\qquad$ $H_2SO_4 \longrightarrow H_2O + SO_2 + \dfrac{1}{2}O_2$

氢碘酸分解反应 $\qquad$ $2HI \longrightarrow H_2 + I_2$

热化学制氢的优点包括：相比于电解水和直接热解水，能耗低；相比于直接热解水制氢产生氢氧混合气，热化学制氢的 H_2 和 O_2 出口不同，无须分离；相比于可再生能源，能稳定生产，反应温和，便于实现工业化；可以直接利用核反应堆的热能、省去发电，总效率高。热化学制氢也存在一定难度，如反应过程很难控制、工程材料很难解决。

3. 化石燃料制氢

煤制氢技术有 200 年的发展历史，在我国也有 100 年的发展历史。以煤为原料制取含氢气体的方法有煤的焦化（高温干馏）或煤的汽化。焦化是指空气隔绝的条件下，使用煤在 900~1 000 ℃ 条件下制取焦炭，副产品是焦炉煤气，其中氢气的体积百分数为 55%~60%。煤的汽化是煤在高温常压或加压下，与水蒸气或氧气（空气）反应转化成气体产物，将煤中的有机质最大限度地转变为有用的气态产品，其中氢气的含量随不同汽化方式而不同。

传统的煤制氢技术主要是煤汽化制氢，包括三个过程：造气反应、水煤气变换反应、氢的提纯与压缩。汽化反应为

$$C + H_2O \longrightarrow CO + H_2$$
$$CO + H_2O \longrightarrow CO_2 + H_2$$

图 3.7.3 所示为传统的煤汽化制氢技术工艺流程。首先将煤（干法为煤粉，湿法为水煤浆）送入汽化炉，与空气分离得到的氧气发生反应，生成以一氧化碳为主的合成煤气，再经过净化处理后，进入一氧化碳变换反应器，与水蒸气反应，产生氢气和二氧化碳，产品气体分离二氧化碳、变压吸附后得到较纯净氢气和副产品二氧化碳。

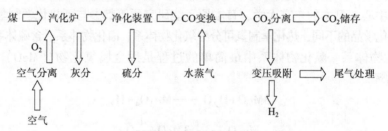

图 3.7.3 传统的煤汽化制氢技术工艺流程

天然气制氢的方法主要有天然气水蒸气重整制氢、天然气部分氧化制氢、天然气水蒸气重整与部分氧化联合制氢、天然气（催化）裂解制氢。天然气水蒸气重整制氢是目前工业化制氢应用最广泛的方法，其制氢反应式为

$$CH_4 + 2H_2O \longrightarrow CO_2 + 4H_2$$

天然气水蒸气重整制氢以脱硫后的天然气为原料，利用蒸汽使其在高温条件下通过催化剂作用发生复杂化学反应，从而生产出 H_2、CH_4、CO_2 和 H_2O 的平衡混合物，再经变

换、变压吸附、提纯等工艺流程，得到净化后的工业氢，纯度大于 99%。吸附装置排放的解吸气，可以作为转化炉的燃料。此方法的缺点是设备投资大、能耗高，尤其是目前使用的 Ni 基催化剂要有较高的水碳比。

4. 生物质制氢

生物质具有可再生性，易挥发分含量高，碳活性高，硫、氮含量低，水分低等优点，属于清洁燃料。生物质制氢技术由于具有能耗低、环保等优势而成为国内外研究的热点，将成为未来氢能制备技术的主要发展方向之一。通常，生物质制氢的途径有微生物转化和热化工转化。

微生物转化制氢是利用某些微生物代谢过程生产氢气的一项生物工程技术。在生理代谢中能够产生分子氢的微生物分为两个主要类群：光解产氢生物（绿藻、蓝细菌和光合细菌）和发酵产氢生物。光解产氢生物是利用微生物的光合机能在阳光作用下将水裂解产生氢气，产氢率和对太阳能的转化效率比较低，同时存在工业化生产设备和光源等诸多问题，制约了光解产氢技术的发展。发酵产氢技术是在隔绝氧气的条件下，利用异氧型的厌氧菌或固氮菌分解小分子有机物制氢，其产氢能力和生长速度较高，不需要光源，生产原料来源广、成本低。

热化工转化制氢是在高温、贫氧的条件下通过化学方法将生物质经热解、水解、氧化、还原等一系列过程转化为以 H_2、CO、CO_2、CH_4 为主的产品气体；之后经过蒸气重整、变换，氢气的分离和压缩等工业上成熟的化工过程生成高纯度氢气。热化工转化制氢的优点是能实现大规模的生产，且生产过程不受外界干扰，容易控制，缺点是热化工转化制氢过程及产品易造成环境污染。

3.7.3　氢燃料

氢气作为燃料进行能量转化提供动力的途径有两种：一种是氢气在内燃机中燃烧将热能转换为机械能，另一种是氢气在燃料电池中与氧气发生化学反应将化学能转换为电能。

1. 氢气内燃机

氢燃料活塞式内燃机是在传统内燃机的基础上，将燃料更换为氢气的内燃机。氢作为内燃机燃料，与汽油、柴油等相比，在燃烧方面具有着火范围广、点火能量低、自然温度高、淬熄距离小、燃烧速度快等特点。但是，氢内燃机也存在早燃、爆燃、回火等异常燃烧问题。氢内燃机混合气的形成方式主要分两种：缸内直喷和缸外进气道喷射。缸内直喷氢气的优势是消除了氢气占用气缸容积的问题，大幅度提升了氢内燃机的动力性，避免在进气门处残余氢气导致的回火问题，可以抑制早燃，提升燃烧稳定性。

从 20 世纪 70 年代开始，国外的宝马、福特、马自达、丰田等汽车公司和印度理工大学、比利时根特大学、西班牙纳瓦拉大学、加拿大卡尔加里大学等机构陆续开展车用氢气内燃机的研制。2022 年以来，国外内燃机供应商或整车厂，如福特、丰田、FEV、AVL、雅马哈等公司纷纷发布了缸内直喷氢内燃机机型和未来研究计划。国内的长安汽车公司、一汽集团、上海汽车集团、潍坊柴油机公司和北京理工大学、天津大学、吉林大学等单位较早地开始氢内燃机的研发。近年来，国内主机厂，如一汽、广汽、上汽、吉利、玉柴、潍柴等多家企业都纷纷推出氢内燃机型，升功率目标为 90 kW/L，有效热效率超过 45%。图 3.7.4 所示为氢内燃机汽车。

氢气是飞机的理想燃料，具有燃烧特性优良、质量小、排放污染低等优点。1956 年，美国人就研发了氢动力的涡轮喷气发动机，装载在一架 B-57 轰炸机的一侧机翼上，进行了飞行

图 3.7.4　氢内燃机汽车

试验。1979 年在德国召开的航空用氢讨论会上肯定了液氢是未来最有希望的航空燃料。1988 年 4 月，苏联研制了第一架采用氢燃料引擎的载人飞机，并在莫斯科试飞。1988 年 6 月，美国人在罗德岱堡进行了一次单氢燃料引擎的飞机试飞。2024 年 2 月，我国辽宁通用航空研究院研发的使用氢内燃机的 4 座飞机，在沈阳试飞成功。氢内燃机飞机如图 3.7.5 所示。

图 3.7.5　氢内燃机飞机

　　氢氧火箭发动机是指采用液氧和液氢作为推进剂的火箭发动机。该火箭发动机易于点火，燃烧稳定、热效率高、比冲性能较常规发动机高 40%～50%，燃烧产物为水蒸气，无固相产物积存，清洁无污染，特别适宜重复使用。氢氧火箭发动机具有低温高能、绿色环保和重复使用的优势，是目前性能最好的化学推进剂火箭发动机，在航天运载领域占有重要位置，是衡量国家航天实力的重要标志之一。美国的德尔塔 4 火箭使用本国普惠公司生产的 RD-68 大推力氢氧火箭发动机，真空最大推力为 3 445 kN，真空比冲为 409 s，是世界上推力最大的氢氧火箭发动机；欧洲航天局（简称欧空局）的 Ariane 5 火箭使用法国斯奈克玛公司的 Vulcain 2 氢氧火箭发动机，真空最大推力为 1 340 kN，真空比冲为 431 s；日本 H-ⅡA/ⅡB 火箭使用本国的 LE-7A 氢氧火箭发动机，最大推力为 1 098 kN，真空比冲为 442 s；中国研制的 YF-77 氢氧火箭发动机真空最大推力约为 637 kN，真空比冲为 428 s。

2. 氢燃料电池

　　氢燃料电池是一种直接将储存在氢气和氧化剂中的化学能高效地转换为电能的发电装置。

这种装置的特点是反应过程不涉及燃烧，效率高，噪声低，污染低，用途广。氢燃料电池由阳极、阴极和电解质隔膜构成。氢气在阳极氧化，氧化剂在阴极还原，完成式（3.7.1）、式（3.7.2）反应，总反应为式（3.7.3）。

阳极反应为

$$H_2 \longrightarrow 2H^+ + 2e^- \tag{3.7.1}$$

阴极反应为

$$O_2 + 2H^+ + 2e^- \longrightarrow H_2O \tag{3.7.2}$$

总反应为

$$H_2 + \frac{1}{2}O_2 \longrightarrow H_2O \tag{3.7.3}$$

氢燃料电池的工作原理如图 3.7.6 所示。将氢气送到燃料电池的阳极板，经过催化剂作用，氢原子中的一个电子被分离出来，失去电子的氢离子穿过质子交换膜，到达燃料电池阴极板，而电子不能通过质子交换膜，只能经外部电路到达燃料电池阴极板，从而在外部电路中产生电流。电子到达阴极板后，与氧原子和氢离子重新结合为水。只要不断地给阳极板供应氢，给阴极板供应空气，并及时把水或水蒸气带走，就可以不断地提供电能。燃料电池发出的电，经逆变器、控制器等装置供应给电动机。与传统汽车相比，燃料电池车能量转换效率高达 60%~80%。

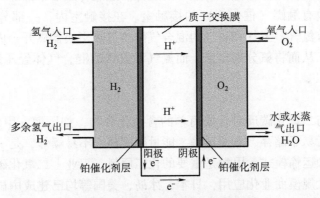

图 3.7.6 氢燃料电池的工作原理

氢燃料电池可以按照其工作温度、电解质、原料进行分类，包括碱性氢燃料电池、磷酸氢燃料电池、质子交换膜氢燃料电池、熔融碳酸盐氢燃料电池、固体氧化物氢燃料电池等。1839 年，英国物理化学家 William R. G. 发明了氢燃料电池，取名为气体电池。1932 年，英国物理学家 Bacon Francis 发明了氢氧燃料电池，并于 20 世纪 50 年代实现 5 kW 输出。氢燃料电池的应用范围非常广泛，航天器、潜艇、手机、汽车、发电设备等均可使用。20 世纪 60 年代，氢燃料电池就已经成功地应用于航天领域。2008 年 4 月 3 日，美国波音公司成功试飞以氢燃料电池为动力源的一架小型飞机。2013—2017 年，全球售出 6 475 辆氢燃料电池汽车，其中在美国销售 53%，在日本销售 38%，在欧洲销售 9%。丰田汽车占 75%，本田汽车占 13%，现代汽车占 11%。2020 年 9 月 21 日，中国财政部、国家发展改革委等五部门联合发布《关于开展燃料电池汽车示范应用推广的通知》，随后全国有上海、浙江、江苏、广东、湖北、山西、山东、辽宁、北京、河北、四川等十余个省市确定申报。截至 2023 年底，我国氢燃料电池汽车的保有量达到 12 682 辆。

3.7.4 氢化工

目前，全球约 55% 的氢气需求用于氨合成，25% 用于炼油厂加氢生产，10% 用于甲醇生产，10% 用于其他行业。随着我国科技和工业水平的不断发展以及碳减排战略目标的实现，氢气会越来越多地用于石油炼制等化工领域。

1. 石油化工加氢

加氢技术是生产清洁油品、提高产品品质的主要手段，是炼油化工一体化的核心。石油化工中用到的加氢技术主要包括重油加氢裂化生产芳烃及乙烯、渣油加氢脱硫生产超低硫燃料、劣质催化柴油及汽油加氢转化生产高辛烷值汽油、C3 馏分加氢脱丙炔与丙二烯、重质芳烃加氢脱烷基、苯加氢制环己烷等。开发新的活性组分体系、新的载体以及新型纳米催化剂，提高加氢催化剂的活性与选择性，降低工艺过程中的氢耗和成本，是石油化工加氢领域研究的重点。

2. 合成化工产品

氢用作原料合成化工产品，例如氨、尿素等。氨主要是通过哈伯-博施法合成获得，具有比氢更高的能量密度，可用于储存能量和发电，并且完全不会排放二氧化碳。在高压环境中，氮气和氢气混合后经过压缩进入合成塔的上部。经过合成塔下部的热交换器，混合气体的温度升高，进入放有触媒（催化剂）的接触室。在接触室内，一部分氮气和氢气发生反应，合成了氨，混有氮气、氢气和氨气的混合气体经过热交换器离开合成塔。混合气体要经由冷凝器将氨液化，从而将氨分离出来，而氮气和氢气的混合气体经压缩再次送入合成塔，形成循环。

3. 合成燃料

氢气可以通过与二氧化碳反应合成简单的含碳化合物，如甲醇、甲烷、甲酸、甲醛等。这些化合物在液化后易于储存、方便运输、能量密度高、不易爆炸，是一种适合除输电之外的可再生能源储存和运输模式。甲醇是重要的化工原料，工业上二氧化碳加氢制甲醇技术正在从工业示范走向大规模商业化应用，日本、冰岛、美国等均已建成中试装置。我国河南省顺成集团能源科技有限公司已与冰岛碳循环国际公司签署合作协议，引进技术建设 10 万吨级二氧化碳加氢制甲醇项目。

4. 氢还原剂

钢铁冶炼过程中，采用焦炭作为铁矿的还原剂，会产生大量的碳排放及多种有害气体。用氢气代替焦炭作为还原剂，反应产物为水，可以大幅度降低碳排放量，促进清洁型冶金转型。目前，全球已有少数国家发布了氢冶金技术案例，如瑞典 HYBRIT 项目、萨尔茨吉特 SALCOS 项目及德国 Carbon2Chem 项目等。中国部分钢铁企业也发布了氢冶金规划，建设示范工程并投产，但相关示范工程尚处于工业性试验阶段。在"双碳"目标的背景下，发展氢能炼钢已迫在眉睫，是钢铁行业实现深度脱碳目标的必行之路。

3.7.5 氢能未来的科学及技术发展方向

氢能是国际上新一代的研究热点，在中国未来能源中起到重要的作用。2016 年 4 月，国家发展改革委、国家能源局印发《能源技术革命创新行动计划（2016—2030 年）》，同时颁布《能源技术革命重点创新行动路线图》，明确今后一段时期内我国在氢能和燃料电池方面的技术发展方向，以下为具体介绍。

1. 大规模制氢技术

研究基于可再生能源和先进核能的低成本制氢技术，重点突破太阳能光解制氢和热分解制氢等关键技术，建设示范系统；突破高温碘–硫循环分解水制氢及高温电化学制氢技术，完成商业化高温核能分解水制氢方案设计，研发新一代煤催化汽化制氢和甲烷重整/部分氧化制氢技术。

2. 分布式制氢技术

研究可再生能源发电与质子交换膜/固体氧化物电池电解水制氢一体化技术，突破高效催化剂、聚合物膜、膜电极、双极板等材料与部件核心技术，掌握适应可再生能源快速变载的高效中压电解制氢电解池技术，建设可再生能源电解水制氢示范并推广应用；研究分布式天然气、氨气、甲醇、液态烃类等传统能源与化工品高效催化制氢技术与工艺，以及高效率低成本膜反应器制氢和氢气纯化技术，形成标准化的加氢站现场制氢模式并示范应用。

3. 氢气储运技术

开发 70 MPa 等级碳纤维复合材料与储氢罐设备技术、加氢站氢气高压和液态氢的储存技术；研发成本低、循环稳定性好、使用温度接近燃料电池操作温度的氨基、铝基、镁基、碳基等轻质元素储氢材料，发展以液态化合物和氨等为储氢介质的长距离、大规模氢储运技术，设计研发高活性、高稳定性和低成本的加氢/脱氢催化剂。

4. 氢气/空气聚合物电解质膜燃料电池技术

针对清洁高效新能源动力电源的需求，突破低成本长寿命电催化剂、聚合物电解质膜、有序化膜电极、高一致性电堆及双极板、模块化系统集成、智能化过程检测控制、氢源技术等关键核心技术，解决电池性能、寿命、成本等关键问题，并实现氢气/空气聚合物电解质膜燃料电池电动汽车的示范运行和推广应用。

5. 甲醇/空气聚合物电解质膜燃料电池技术

针对清洁高效新能源动力电源的需求，突破耐高温长寿命电催化剂、新型耐高温聚合物电解质膜、有序化膜电极、一体化有机燃料重整、高温条件下电堆系统集成优化、智能控制等关键核心技术，实现甲醇/空气聚合物电解质膜燃料电池电动汽车的示范运行和推广应用。

6. 燃料电池分布式发电技术

重点研发质子交换膜燃料电池及组源技术、固体氧化物燃料电池技术及金属空气燃料电池技术。在分散电站工况条件下，突破电池关键材料、核心部件、系统集成和质能平衡管理等关键技术，建立分布式发电产业化平台，实现千瓦至百千瓦级质子交换膜燃料电池系统在通信基站和分散电站等领域的推广应用，实现百千瓦至兆瓦级固体氧化物燃料电池发电的分布式能源系统的示范应用，使其发电效率达到 60% 以上，并开发适用于边远城市和工矿企业等的分布式电站，实现金属空气燃料电池系统在智能微电网、通信基站和应急救灾等领域的示范运行和规模应用。

第 4 章　能源的传输和能量的储存

4.1　能源的传输

4.1.1　概述

能源传输的本质是能量在空间上的转移过程。从广义上讲，能源传输有两种含义：第一种是指能量本身的传递，即能量从一个地方传输到另一个地方；第二种是指能源的运输，即含能体如煤、石油、天然气等从生产地输送到用能地。能源传输是能源利用的一个重要环节，是一项复杂的系统工程。能源传输的方式通常有铁路、水路、公路、管道、输电线路等，不同传输方式有不同的特点和适用范围。

能源传输有以下特征：①需求具有普遍性；②输送的方向相对稳定；③输送方式受到运输设施的制约；④输送工具具有专用性。中国铁路运输能力的 2/5 用于能源运输，水路运输能力的 1/2 用于能源运输，公路运输能力的 1/4 用于能源运输，管道运输能力接近全部用于能源传输。

我国能源传输在流向方面有以下特点：①能源生产和消费在地理分布上很不均衡；②石油开采以东北地区、长江以北的东部地区、新疆地区为主；③20 世纪 90 年代以后，我国石油的进口量增加，进口原油依靠北方陆运和南方海运来满足东部地区的使用；④我国的水能资源集中在西南地区，长期西电东送，但在东部核电发展以后，对西部水电的依赖明显减弱。

4.1.2　煤的运输

我国的煤炭消费占能源消费结构的 70%，但煤炭资源的分布极不均衡，具有西多东少、北多南少的分布特点。我国的煤炭储量主要集中在山西、陕西和内蒙古西部，而煤炭消费的大省则在东南及沿海地区。这种生产和消费的矛盾，形成了西煤东运、北煤南运的格局。传统的煤炭运输方式主要有铁路运输、公路运输、水路运输等。

铁路运输方式分为标准轨铁路运输和窄轨铁路运输两种。窄轨铁路运输多用于工厂内部或距离煤矿较近的小规模热源厂。标准轨铁路运输是远距离运输的主要方式，具有运量大、运距远、速度快、不受气候条件限制等特点。我国铁路的运煤量占煤运输总量的 60% 以上，主要分为北、中、南、西北、西南 5 路。

（1）北路：包括丰台—沙城—大同沿线、大秦线西段（大同—大石庄）、京原（北京—原平）、京秦（北京—秦皇岛）铁路。北路主要输出山西省大同市、内蒙古自治区鄂尔多斯市准格尔旗、宁夏回族自治区北部。山西省北部的煤炭，除部分供应京津地区和辽宁省外，大部分运输至河北省秦皇岛市进行海运。

（2）中路：包括太原—石家庄—德州铁路。中路主要输出山西省晋中市、阳泉市、临汾市汾西县和河北省石家庄市井陉县的煤炭。一部分经京广、津浦铁路北上，供应石家庄、北京、天津、唐山等地区，另一部分经铁路运往南方主要缺煤区。

（3）南路：包括南同蒲、太原—焦作、焦柳铁路。南路主要输出晋南、晋东南、豫西的煤炭，供应华东、华中、华南等地。

（4）西北通道：包括陇海、兰新和包兰铁路。西北通道主要输出陕西中部的煤炭，供应华东地区或经南北路供应华中地区，输出宁夏的一部分煤炭供应甘肃，输出新疆的煤炭供应甘肃西部地区。

（5）西南通道：包括西北入川的宝成、襄渝铁路，将陕西的煤炭供应给四川，南部入川的成昆、贵昆铁路，将贵州煤炭供应给四川攀枝花等地。

海运是北煤南运的主通道，通过秦皇岛、青岛等沿海港口将华北煤炭供应给华东和华南地区。除了海运外，长江和大运河北段也是煤炭的主要水运通道。公路主要承担短距离煤炭运输，作为辅助运输手段，可弥补铁路运力的不足，对煤炭的运输也起到了重要作用。

近年来，管道输煤方式开始实行，目前主要有两种方法。一种方法是将煤炭破碎成粉末或小颗粒，然后以 1∶1 的比例与水调和成稀浆糊状，在管道中每隔一定距离用泵加压，推动煤粉浆前进，到达目的地后，再把水脱去，还原成粉末或小颗粒。这种方法的缺点是用水量大，并且使用前脱掉的水中含有大量煤泥，必须经过沉淀后才能排入废水道，需要花费较多的人力和物力。另一种方法是将煤磨成细小的颗粒，往里面加入少量重油，再注水搅拌，将煤变成一个个小煤粒。由于煤粒外面黏附着一层油，所以到达目的地后容易与水分离开。这种方法的用水量少，分离后的水不需要沉淀，可将水直接排掉。

4.1.3　石油的运输

石油的运输方式主要分为管道运输、铁路运输、公路运输、水路运输。管道运输适合大规模的石油运输，具有安全可靠、不受气候影响、占地少、损耗小、对环境污染小、便于自动化管理等优点，但灵活性较差，不适合运量小且流向分散的运输。铁路运输既可满足较小的石油运量需求又可满足较大的石油运量需求，但其运输成本、油气损耗均高于管道运输，适合油田开发初期运量较少尚无必要建设管道的情况。公路运输最灵活，但运量小、费用高、运距短，只能作为石油运输的辅助方式。水路运输可以分为江河运输和海上运输，与其他运输方式相比，水路运输的经济性较好，但受地理条件限制，流向不够灵活。

1. 陆上管道运输

石油管道是陆上石油运输的最主要方式，按输送目的和服务对象不同可以分为集输管道和长输管道。集输管道服务于油田内部，包括从单个油井到计量站或处理厂、处理厂到长输管道外输首站的管线。输送介质既包括未经处理的混合原油（含水、气及杂质），也包括处理后（脱水、脱气、脱烃组分及杂质）的洁净商品原油。集输管道管径较小、输送压力较低、运距较短、输量较小。长输管道是将油田生产的原油输送到炼油厂加工或输送至码头外运，输送介质一般是经过处理的商品原油。相比之下，长输管道的管径较大、输送压力较高、运距较长、输量较大、沿途地形条件复杂、建设难度大。

世界原油管道的发展开始于 19 世纪 60 年代，1865 年，美国宾夕法尼亚州建成了世界上第一条原油管道，该管道采用铸铁管建造，丝扣连接，管道直径为 50 mm，长度为 10 km。

截至 2020 年底,全球在役原油和成品油的运输管道总里程约为 $66.9×10^4$ km,主要集中于北美、欧洲、俄罗斯、中亚、亚太地区。

1958 年,我国建立了第一条长距离原油输送管道,从克拉玛依油田到独山子炼油厂。截至 2021 年底,我国境内建成的原油和成品油长输管道累计达到 6.1 万 km,形成了以东北、西北、海上能源、进口通道为起点,连接国内各大油田和主要炼化基地的东部、西部两大管网体系。东部管网由东北、华北和华东等管网构成,与东北能源进口通道(中俄管道)、海上能源进口通道(南沪宁管道)相连;西部管网由新疆、青海和长庆等管网构成,与西北能源进口通道(中哈管道)相连。

2. 海上船舶运输

海上运输石油的发展历史可追溯到 19 世纪 60 年代,主要源于石油贸易,最初由啤酒桶分装石油再装船运输。到了 19 世纪 70 年代,世界上第一艘专门装载散装油料的油轮诞生,开启了油轮运输的时代。目前,石油海上运量约占全球海运量的 1/3,石油贸易量的 50% 以上通过海运完成。据英国克拉克森研究统计,截至 2021 年 12 月,全球现役万吨级以上的油轮共有 7 236 艘,全球原油海运量约为 18.35 亿 t。在世界原油主要出口地区(中东、加勒比海、西非、北非、黑海、印尼等)和主要进口地区(北美、西欧、日本、中国、东南亚、南非等)之间形成了 7 条原油主要运输航线,包括中东到东南亚和日本航线、中东经好望角到西欧或北美航线、中东经苏伊士运河到西欧或美洲航线、北非到西北欧航线、西北非到北美航线、西非到西欧航线、西非到中国和日本航线,约占世界原油海运量的 70%。

我国的海上进口原油主要来自中东、非洲、中南美和东南亚等地区,国内主要卸油码头位于湛江、揭阳、钦州、舟山、宁波、黄岛、大连等。2021 年底,我国各型油船总数达到 1 224 艘,油船运力达 1 114.1 万 DWT[①],海运进口原油 4.6 亿 t。

4.1.4 天然气的运输

目前,天然气的运输方式有通过管道高压运输天然气、将天然气以液体的形式运输、将天然气以高压压缩的形式运输和利用天然气水合物的形式运输天然气。

1. 管道运输方式

截至 2020 年底,全球在役的天然气管道约为 $135.0×10^4$ km,主要集中于北美、欧洲、俄罗斯、中亚和亚太地区。世界范围内,天然气管道总长度排在前 3 名的国家分别是美国、俄罗斯、中国。2020 年,影响国际区域能源合作和油气市场贸易输送的重点天然气管道工程有中俄东线天然气管道、土库曼斯坦—阿富汗—巴基斯坦—印度天然气管道等。

1961 年,我国建设了巴县石油沟至重庆化工厂的第一条长距离天然气管道。2021 年,我国主干天然气管道总里程达到 11.6 万 km,主要的天然气管网有川渝天然气管网、陕甘宁输气管网、青海输气管网、新疆输气管网等。西起新疆、东到上海的天然气管网,连接准噶尔、塔里木、吐哈、青海、鄂尔多斯、四川等大型天然气产地和兰州、西安、郑州、武汉、南京、上海、北京、天津等中心城市,形成基干管网,并逐步拓展延伸,形成全国性的天然气集输网络。

---

① DWT 表示载重吨。

2. 液化天然气运输方式

天然气在常压下冷却到 -162 ℃ 时，可以由气态转为液态，称为液化天然气（LNG）。液化天然气的体积约为等量气态天然气的 1/625，极大地提高了运输能力，可以在建设管道困难的地区运输天然气。由于天然气液化对技术要求严格，工艺设备复杂、投资较大，一般陆上运输较少采用，多用于天然气的海上运输。

LNG 船是在低温下运输液化天然气的专用船舶，是高技术、高难度、高附加值的产品。LNG 船的储罐是独立于船体的特殊构造，采用适应低温介质的材料，并进行阻燃处理。LNG 船的尺寸通常受到港口码头和接收站条件的限制，最常用的尺寸为 12.5 万 m^3，在建的最大尺寸已达到 20 万 m^3。目前，韩国、日本、中国、美国、欧洲多国都具有建造 LNG 船的能力。英国克拉克森研究指出，2022 年，全球 LNG 船订单数量达 170 艘，比 2021 年激增 95%，其中，中国造船厂获得了 45 艘 LNG 船订单。

3. 压缩天然气的运输方式

天然气经压缩机压缩增压后形成压缩天然气（compressed natural gas，CNG）。天然气从管道输出之后，经过脱水、净化去除杂质气体，再通过加压站把天然气的压力提高到 15~25 MPa，然后灌入压缩天然气钢瓶中，最后用槽车将天然气钢瓶运送到使用地。运输压缩天然气的槽车一般选择瓶组式结构，且每八个圆筒形钢瓶构成一组单车瓶组。从投资成本方面来看，在用气规模不大、距离气源不近的中小城镇，选择压缩天然气供气更为合适，具有见效快、周期短的特点。

当压缩天然气送到目的地后，必须及时卸车，并在调压间中将天然气的压力降低。因为天然气压力降低后温度也会随之下降，所以为防止设备损坏，一般会借助三级降压的调压方式实现压缩天然气的降压保存。一般把压缩天然气由槽车转移至一级换热器中进行加热，天然气的温度升高到目标温度后，再转移到一级调压器中使压力降低至 7 MPa，接着在二级换热器中使其温度升高，使压力降低至 1.6 MPa，再转移到二级调压器中使压力降低至 1.6 MPa，经过计量处理后运输到管网。

4. 天然气水合物运输方式

天然气水合物（natural gas hydrate，NGH）为固体，导热能力比较低，拥有良好的自我储存能力，比液态和气态都方便卸载，但是天然气水合物不能长时间在常温下储存，而在不加压、-10~-5 ℃ 的环境下可以储存 10 天，因此需要在运输车辆上加装制冷装置。储运时，将天然气水合物储存在双层壁的金属筒体里，内壁面使用耐低温的不锈钢，外壁面使用常规的碳钢，两壁之间填充绝热材料；使用铝箔和超细玻璃纤维纸缠绕在外筒体表面，形成保温隔热层。

运输前，将天然气水合物压实，进行简单包装后放置在由网状结构组合成的立方体中，构成小的基本储存单元，整个装置需要使用不易生锈的材料。运输时，将包装好的天然气水合物放置在货架上，从冷库中通过高平台将货架平移进车载装置的筒体内。车辆运输天然气水合物到达分解加工点后，将货架移入分解设备中，并在货架上直接加热分解出天然气。当分解完成后，将货架移出分解设备，简单处理后可重复使用。

4.1.5　电能的输送

发电厂一般建立在燃料或水能丰富的地方，与使用电能的用户相距很远。发电厂发出的电需要通过电力线路进行远距离输送，才能到达用户所在地。在发电、变电、输电、配电、用电的过程中，输配线路组成了庞大的电网。发电厂、变电所、电网、用户等组成了电力系统。输电系统的电压等级分为5级，包括安全电压（36 V以下）、低压（分为220 V和380 V）、高压（10～220 kV）、超高压（330～750 kV）、特高压（大于1 000 kV交流电或±800 kV直流电）。

1. 直流输电

直流输电系统主要由换流站（整流站和逆变站）、直流线路、交流侧和直流侧的滤波器、无功补偿装置、换流变压器、直流电抗器、保护和控制装置等构成。其中换流站是直流输电系统的核心，完成交流和直流之间的转换。

直流输电与交流输电相比有以下优点：①当输送相同功率时，直流输电线路造价低，架空线路杆塔结构较简单；②直流输电的功率和能量损耗小；③对通信干扰小；④线路稳态运行时没有电容电流，没有电抗压降，沿线电压分布较平稳，线路本身无须无功补偿；⑤直流输电线连接的两端交流系统不需要同步运行，可以实现不同频率或相同频率交流系统之间的非同步运行；⑥直流输电本身不存在交流输电固有的稳定问题，输送距离和功率不受电力系统同步运行稳定性的限制；⑦由直流输电线互相连接的交流系统各自的短路容量不会因互联而显著增大；⑧直流输电线的功率和电流的调节、控制比较容易且迅速，可以实现各种调节、控制。

直流输电有以下缺点：①直流输电的换流站比交流系统的变电所复杂、造价高、运行管理要求高；②换流站（整流站和逆变站）运行需要大量的无功补偿，正常运行时可达直流输送功率的40%～60%；③换流站运行时在交流侧和直流侧均会产生谐波，因此要装设滤波器；④直流输电以大地或海水作为回路时，会引起沿途金属构件的腐蚀，因此需要防护措施。

直流输电主要用于5个方面：①远距离大功率输电；②连接不同频率或相同频率的非同步运行的交流系统；③用作网络互联和区域系统之间的联络线；④以海底电缆作为跨越海峡送电或用地下电缆向用电密度高的大城市供电；⑤在电力系统中采用交流、直流输电线的并列运行，利用直流输电线的快速调节，控制、改善电力系统的运行性能。

在20世纪30—50年代，人们探索用各种器件构成换流器作为直流高电压电源，以替代直流发电机，研制了可控汞弧阀换流器，为发展高压大功率直流输电开辟了道路。1954年，世界上第一个商业性的直流输电工程——哥得兰岛直流输电工程建成。随着电力电子技术的发展，大功率可控硅制造技术进步、价格下降、可靠性提高，换流站的可用率提高，直流输电技术日益成熟，在电力系统中得到了更多的应用。

进入21世纪，中国电力需求持续迅速增长，特高压直流输电系统发展迅速。2010年首批2个试点800 kV特高压直流输电项目投入运行，国家电网有限公司向家坝—上海800 kV特高压直流输电示范工程额定电压为800 kV，电容量为6.4 GW，输电距离为1 917 km。2019年9月，我国电压等级最高、输送容量最大、送电距离最远、技术水平最先进的准东—安徽1 100 kV特高压直流输电工程投入运行。该工程额定直流电压1 100 kV，额定输送容量12 GW，线路全长达到3 324 km，代表了世界直流输电的最高水平，汇集了绝缘、电磁、机械等诸多领域的尖端技术。

2. 交流输电

根据焦耳定律，导线上的耗散功率与传输电流的平方成正比。由于成本和技术的限制，很难降低使用的输电线路（如铜线）的电阻，所以降低传输的电流是减少输电损耗唯一且有效的方法。在发电厂有用功率不变的情况下，提高电网的电压可以降低导线中的电流，以达到节约能源的目的。而交流电升降压容易的特点正适合实现高压输电。在电厂端使用结构简单的升压变压器可以将交流电压提高到几十万伏，减少电力损失；在城市内使用降压变压器将电压降至几千伏，可以保证安全；在进户之前再次降低至市电电压或者适用的电压，供用电器使用。

交流电输配电系统的流程为发电厂→升压变电站→高压输电线路→降压变电站→低压送电线路及配电变压器→用户，如图 4.1.1 所示。三相交流电输电时只有三条火线，供电给客户时有三条火线和一条中线。三条火线上的正弦波各有 120°相位差，主要为工业用，而单相电只使用其中一条火线及中线，用于一般住宅及商业楼宇的供电。

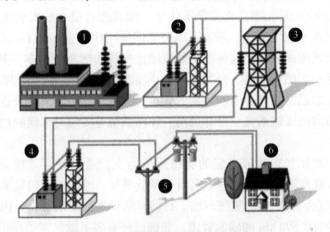

图 4.1.1　交流电输配电系统的流程
1—发电厂；2—升压变电站；3—高压输电线路；
4—降压变电站；5—低压送电线路及配电变压器；6—用户

1888 年，由英国物理学家费朗蒂设计的伦敦泰晤士河畔的大型交流电站开始输电。1889 年，俄罗斯的多利沃–多布罗沃利斯基最先制造出功率为 100 W 的三相交流发电机，并被德国、美国推广应用。目前，我国已经攻克了安全稳定控制、外绝缘特性、过电压抑制、电磁环境监控等关键技术，全面掌握了特高压交流电输电技术，综合实力达到世界领先水平，并成功设计和运行了 1 000 kV 电压等级的交流电输电工程。截至 2020 年底，中国已建成"14 交 16 直"，在建"2 交 3 直"，共 35 个特高压工程，在运、在建特高压线路总长度 4.8 万 km。"十四五"期间，国家电网有限公司规划建设特高压工程"24 交 14 直"，涉及线路 3 万余千米，变电换流容量 3.4 亿 kV·A，总投资 3 800 亿元。

4.1.6　氢的运输

氢是含能体能源。由于氢的特殊性质，其在储运过程中存在 3 个突出问题：①氢气极轻，体积太大，占空间太多；②氢燃料"逃逸"率高，即使使用真空密封燃料箱，也以每天 2%的速度"逃逸"；③加注氢燃料比较危险、费时，且液氢温度很低，容易造成冻伤。因此，氢在储运过程中的安全性是至关重要的。

工业储氢技术包括加压气态储存、加压液化储存、金属氢化物储存、非金属氢化物储存等。根据技术发展趋势，今后储氢研究的重点是新型高性能规模储氢材料的开发。按照运输氢时氢所处状态的不同，可以分为气氢运输、液氢运输和固氢运输。其中，前两者是目前正在大规模使用的方式。根据氢的运输距离、用氢要求及用户的分布情况，气氢可以用管网或通过储氢容器装在车船等运输工具上进行运输。液氢运输方式一般是采用车船运输。管网运输一般适合用量大的场合，而车、船运输则适合用户比较分散的场合。

1. 车船运输

对于液氢，当生产厂离用户较远时，一般可以把液氢装在专用低温绝热罐内，放在卡车、机车或船舶上运输。公路液氢罐车的液氢储量可以达到 $100\ m^3$，铁路液氢罐车的大容量槽车储量可以达到 $120\sim200\ m^3$，专用驳船液氢罐的储量可以高达 $1\ 250\sim2\ 500\ m^3$。低温氢气运输包括三个主要阶段：液化、储存和用低温储罐运输至最终用户。液氢具有的能量密度高、储氢密度大、运输方便、综合成本低等优势，使其拥有很大的发展空间。

目前，高压储氢技术发展很快。新型高压储氢罐是用铝合金做内胆，外缠高强度碳纤维，再经树脂浸渍、固化处理而成的。这种高压储氢罐比常规的钢瓶轻很多，其耐压高达 $35\ MPa$，目前已商业化，广泛用于燃料电池、公共汽车和小轿车。而压力高达 $70\ MPa$ 的储氢罐样品也已经投产使用。国内加氢站氢气储运的主要方式是长管拖车，由车头将长管拖车内的氢气瓶运往加氢站，再通过站内的压缩系统、冷却系统、加注系统等实现对车辆的加注。

2. 管道运输

管道运输方式以高压气态或液态氢的管道运输为主，通过管道"掺氢"和"氢油同运"技术实现长距离、大规模输氢。管道运输可有效降低氢气运输成本，但是前期投资大，建设难度高，适合用于点对点、大规模的氢气运输。目前，从世界范围来看，美国已经有 $2\ 500\ km$ 的输氢管道，欧洲已经有 $1\ 598\ km$ 的输氢管道。我国已经有多条输氢管道在运行，其中包括全长 $25\ km$ 的济源—洛阳输氢管道和全长 $216\ km$ 的乌海—银川输氢管道。

4.2　能量的储存

4.2.1　储能概述

2020 年 9 月，我国在第七十五届联合国大会一般性辩论上宣布，中国将提高国家自主贡献力度，采取更加有力的政策和措施，以新发展理念为引领，在推动高质量发展中促进经济社会发展全面绿色转型，二氧化碳排放力争于 2030 年前达到峰值，努力争取 2060 年前实现碳中和，为全球应对气候变化做出更大贡献。我国要想实现"双碳"目标，在能源开采、运输、加工、消费等环节都需要以清洁化、智能化、网络化为发展目标。能量储存产业和储能技术作为新能源发展的核心支撑，覆盖了电源侧、电网侧、用户侧、居民侧及社会化功能性储能设施等多方面需求。

储能技术在促进能源生产消费、开放共享、灵活交易、协同发展、推动能源革命和能源新业态发展方面发挥着至关重要的作用，其创新突破将成为带动全球能源格局革命性、颠覆性调整的重要引领技术。储能技术的具体功能如下：①解决常规电力负荷率低、电网利用率低的问题；②解决可再生能源的间歇性和波动性问题；③解决分布式区域供能系统的负荷波动大和低可靠性问题；④解决大型核发电厂调峰能力低的问题。储能设施将成为国家构建清洁低碳、安全高效的现代能源产业体系的重要基础设施。

按照储能载体技术类型，大规模储能技术可以分为机械储能技术、电化学储能技术、电气类储能技术及储热技术等。机械储能技术主要包括抽水蓄能技术、飞轮储能技术、压缩空气储能技术，电化学储能技术主要包括铅酸电池、锂离子电池、钠离子电池、纳流电池、镍氢电池、液流电池等技术，电气类储能技术主要包括超级电容器储能、超导磁储能等技术，储热技术主要包括显热储热、潜热储热、热化学储热等技术。按照储能作用的时间分类，可以分为分钟级以下储能、分钟至小时级储能、小时级以上储能。分钟级以下储能多与现有交流输电系统的电力电子设备结合，利用有功和无功的双重控制实现更好的效果；分钟至小时级储能用于平衡系统中变化周期在数小时及数小时以内的不平衡功率，这些变化由负荷或可再生能源发电时较快速的波动引起；小时级以上储能用于平衡系统中日级乃至季节时间尺度的功率变化。

2017 年底，全球累计运行储能装机容量 175.72 GW，其中抽水蓄能 167.62 GW（占比 95.39%），电化学储能 3.69 GW（占比 2.1%），储热 2.81 GW（占比 1.6%），其他机械储能 1.58 GW（占比 0.9%），储氢 0.02 GW（占比 0.01%）。2017 年以来，全球新型储能市场始终保持高速增长态势。截至 2022 年底，全球已投运电力储能项目累计装机容量为 237.2 GW，年增长率 15%。抽水蓄能累计装机容量占比首次低于 80%。

4.2.2　机械储能技术

1. 抽水蓄能技术

（1）基本原理。

抽水蓄能技术是目前为止世界上应用最广泛的大规模、大容量储能技术。该技术将过剩的电能以水的位能的形式储存起来，在用电的尖峰时间用来发电，因而也是一种特殊的水力发电技术。

抽水蓄能电站主要包括下水库、电动抽水泵/水轮发电机组和上水库三个主要部分，具有技术成熟、效率高、容量大、储能周期不受限制等优点，如图 4.2.1 所示。但是，抽水蓄能电站需要合适的地理条件建造水库和水坝，建设周期长，初期投资巨大。抽水蓄能系统的效率为电动抽水泵的效率和水轮发电机组效率的乘积，综合效率一般可以达到 65%~80%，其能量损失包括管道渗漏损失、管道水头损失、变压器损失、摩擦损失、流动黏性损失、湍流损失等。

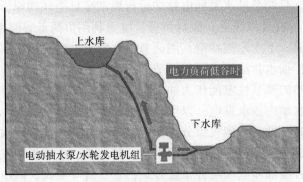

图 4.2.1　抽水蓄能电站

（2）抽水蓄能的功率和容量。

在抽水蓄能系统中，抽水消耗的功率和发电功率均与体积流量及水头成正比，而抽水蓄能系统的蓄能容量取决于上水库的总蓄水量以及有效水头的高度。有效水头越高，所需的流量和水库容量就越小，单位造价也就越小。一般称水头为200 m以上的抽水蓄能电站为高水头电站，称水头为70~200 m的抽水蓄能电站为中水头电站，称水头为70 m以下的抽水蓄能电站为低水头电站。

抽水泵、水轮机和电动机/发电机三者通过联轴器连接在同一轴上，在发电或抽水时，水轮机和抽水泵分别和电动机/发电机连接以发挥专门的作用，如图4.2.2所示。单级机组的应用受到运行水头的限制，最大运行水头为600~700 m，单机容量为300~400 MW。多级机组运行水头可达1 200 m，由于不能调节，单机容量都不超过160 MW。

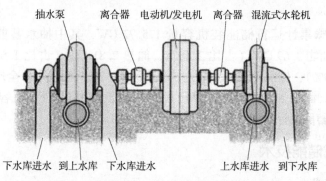

图4.2.2　抽水泵、水轮机和电动机/发电机

（3）抽水蓄能电站的种类。

根据利用水量的情况，抽水蓄能电站可分为两大类：一类是纯抽水蓄能电站，其上水库没有水源或天然水流量很小，利用一定的水量在上、下水库之间循环进行抽水和发电，且抽水和发电的水量基本相等，一般没有综合利用的要求，不能作为独立电源存在，仅用于调峰、调频，与电力系统中承担基本负荷的火电厂、核电厂等电厂协调运行；另一类是混合式抽水蓄能电站，修建在河道上，上水库有天然来水，电站内装有抽水蓄能机组和普通的水轮发电机组，既可以进行能量转换，又可以进行径流发电，还可以调节发电和抽水的比例以便增加尖峰负荷的发电量。

按照水库调节性能，抽水蓄能电站可分为日调节抽水蓄能电站、周调节抽水蓄能电站和季调节抽水蓄能电站。日调节抽水蓄能电站的运行周期呈日循环规律，抽水蓄能机组每天有一次（晚间）或两次（白天和晚上）尖峰负荷，晚上利用负荷低谷时系统的多余电能抽水，至次日清晨上水库蓄满，下水库被抽空。周调节抽水蓄能电站的运行周期呈周循环规律，在一周的5个工作日中，抽水蓄能机组同日调节抽水蓄能电站一样工作。季调节抽水蓄能电站是每年汛期利用水电站的季节性电能作为抽水能源，将水电站必须溢弃的多余水量抽到上水库储存起来，并在枯水季内放水发电，以增补天然径流的不足。

按照站内安装形式，抽水蓄能机组分类如下：①四机分置式，即水泵和水轮机分别配有电动机和发电机，形成两套机组；②三机串联式，其水泵、水轮机和发电机三者通过联轴器连接在同一轴上，并有横轴和竖轴两种布置方式；③二机可逆式，机组由可逆水泵水轮机和发电机二者组成，这种结构为主流结构。

（4）抽水蓄能技术的功能。

抽水蓄能技术的功能如下：①发电功能，将系统中的低谷电能和多余电能，通过抽水转换为水的位能，储存在上水库中，待到电网需要时放水发电；②调峰功能，利用夜间低谷时的多余电能，抽水至上水库储存起来，待尖峰负荷时发电；③调频功能，在负荷跟踪速度（爬坡速度）和调频容量变化幅度上更有利，可以在一两分钟内从静止达到满载；④调相功能，可以实行无功的调相运行方式和吸收无功的进相运行方式来稳定电网电压；⑤事故备用功能，抽水蓄能电站的库容比同等容量常规水电站要小，事故备用的反应时间更短，在事故备用操作后，可抽水恢复水库库容；⑥黑启动功能，在主网系统出现事故、停电后，无须依赖其他网络帮助，通过系统中具有自启动能力的发电机组启动，可逐渐扩大系统恢复范围。

（5）抽水蓄能技术的应用发展。

抽水蓄能电站适用于以下情况：①以火电或核电为主、没有水电或水电很少的电网，提高电网中火电或核电的负荷率；②虽然有水电但水电调蓄性能较差的电网，可吸收汛期基荷电，将其转化为峰荷电；③远距离送电的受电区，可将低谷电加工成峰荷电，经济效益更好；④风电比例较高或风能资源比较丰富的电网，增加系统吸收的风电电量，使随机的、不稳定的风电电能变成可随时调用的可靠电能。

1882 年，世界上第一座抽水蓄能电站诞生在瑞士的苏黎世。随着各国的电力系统迅速扩大和发展，电力负荷的波动幅度不断增加，调节峰谷负荷的要求日趋迫切，抽水蓄能技术开始快速发展。由于我国华北、华东和华中等地区用电量较多且用电尖峰负荷突出，几乎所有抽水蓄能电站都建在这些地区，且大多数抽水蓄能电站为纯抽水蓄能电站。2021 年，全国已建抽水蓄能装机容量 3 639 万 kW，较 2020 年增长 490 万 kW，同比增长 15.6%。抽水蓄能中长期发展规划提出，到 2025 年全国抽水蓄能装机容量达到 6 200 万 kW，到 2030 年全国抽水蓄能装机容量达到 12 000 万 kW，省级电网基本具备 5% 以上的尖峰负荷响应能力。图 4.2.3 所示为安徽绩溪抽水蓄能电站。

图 4.2.3　安徽绩溪抽水蓄能电站

2. 飞轮储能技术

（1）飞轮储能技术的基本原理。

飞轮是一个绕其中心轴旋转的圆轮、圆盘或圆柱刚体。飞轮储能技术利用改变物体的惯性需要做功这一原理来实现能量的输入（储能）或输出（释能）。

如图 4.2.4 所示，刚体可看作由 n 个质元构成的质点系，绕 O 轴以角速度 ω 转动。每个质元质量为 Δm_i，则刚体动能为

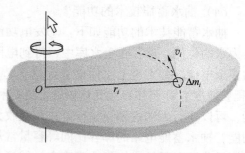

图 4.2.4 刚体旋转

$$E_k = \sum \frac{1}{2} \Delta m_i v_i^2 = \sum \frac{1}{2} \Delta m_i (\omega r_i)^2$$
$$= \frac{1}{2} \omega^2 \sum \Delta m_i r_i^2$$

飞轮加速过程中，角速度从 ω_1 增加到 ω_2，角位移从 θ_1 增加到 θ_2，外力矩 M 对飞轮做功转化为飞轮的动能增量，即

$$W = \int_{\theta_1}^{\theta_2} M d\theta = \frac{1}{2} J \omega_2^2 - \frac{1}{2} J \omega_1^2 = \Delta E_k$$

转速为 ω 时，增速储能或减速释能的瞬时功率为

$$P = \frac{dW}{dt} = M \frac{d\theta}{dt} = M\omega = J\omega \frac{d\omega}{dt}$$

飞轮储能系统通过电动/发电互逆式双向电机，将电能与高速运转飞轮的机械动能进行相互转换与储存，电流通过调频、整流、恒压处理与不同类型的负荷对接，如图 4.2.5 所示。在储能时，电能通过电力电子转换装置变换后驱动电机运行，电机带动飞轮加速转动，以动能的形式把能量储存起来；之后，电机维持一个恒定的转速，直到接收到一个能量释放的控制信号，才开始释放能量；在释能时，高速旋转的飞轮拖动电机发电，经电力电子转换装置输出适用于负荷的电流与电压，完成机械能到电能转换的释能过程。

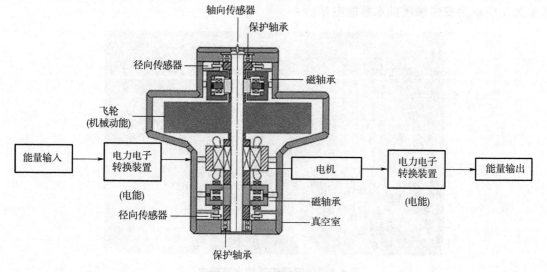

图 4.2.5 飞轮储能系统

（2）飞轮储能系统的组成。

飞轮储能系统由飞轮、轴承、电机、电力电子转换装置和辅助系统组成。辅助系统通常包括真空安全容器、真空获得及维持设备、飞轮状态检测仪器仪表和机座等。

飞轮是储能元件，需要高速旋转，利用的是材料的比强度性能。采用多环套装、混杂材料、梯度材料、纤维预紧的纤维缠绕技术，可以提高飞轮的转速，进而提高储能密度。另外，飞轮设计中尽可能选择大的内外半径比，最好是扁平形状或长轴形状。飞轮结构如图 4.2.6 所示。

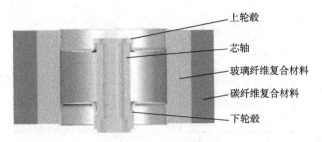

图 4.2.6　飞轮结构

轴承是用于支撑飞轮旋转轴的关键零件，主要有高温超导磁悬浮轴承、电磁悬浮轴承、永磁悬浮轴承。高温超导磁悬浮轴承由永磁体与高温超导体钇钡铜氧（yttrium barium copper oxide，YBCO）组成，YBCO 处于超导态时具有抗磁性和磁通钉扎性，可以实现轴承的稳定悬浮。电磁悬浮轴承采用反馈控制技术，根据转子的位置调节电磁铁的励磁电流和电磁吸力，从而将转子控制在合适的位置上。永磁悬浮轴承是利用磁场本身的特性将转子悬浮起来。

电机是飞轮储能系统的做功部件，可实现电能与动能的转换。飞轮储能电机与常规电机的主要区别是高速，具有变速、变矩等功能。

电力电子转换装置可实现电机的升降速控制、储能系统与电网或负荷之间的物理连接，实现电能的双向流动。改变电源的频率即可改变电机的运行速度，改变电流即可控制电机的转矩。

真空安全容器、真空获得及维持设备的主要作用是提供转子运行的高真空环境、降低风损。整个系统的初始真空通过外接真空获得及维持设备达到，系统真空条件达标后，即断开外接真空获得及维持设备；当真空压力升高到一定值（如 10 Pa）后，再次启动处接真空获得及维持设备，降低飞轮系统的真空室内压力。

（3）飞轮储能的技术指标。

飞轮储能的技术指标包括储能容量、功率、循环效率、待机损耗、功率密度、能量密度等。工业应用的单个飞轮储能电源功率范围为 100～1 000 kW。实验室研究飞轮储能系统功率多数在几百瓦到几十千瓦。工业应用的单个飞轮储能量多数为 1 000～5 000 W·h。工业应用中飞轮转子的储能密度为 5～20 W·h/kg。实验研究飞轮转子的储能密度可以达到 50～100 W·h/kg。

充放电效率的测量方法是在设备电源输入端安装数显三相电度表，直接测量输入电能，同时在输出负荷串联电流表，并联电压表，再通过实际记录的放电时间计算出放电量。充放电效率等于放出能量（负荷有用功）与系统输入能量之比。图 4.2.7 所示为充放电效率测量方法。

（4）飞轮储能技术的应用发展。

20 世纪 50 年代，瑞士苏黎世欧瑞康（Oerlikon）公司开发出飞轮储能巴士并投入实际运行，这种无引线电动车载客 32 人，行进 800 m 后充电 2 min，飞轮质量为 1 362 kg，转速为 3 000 r/min。

我国的中国科学院电工研究所、清华大学、华中科技大学、浙江大学、北京航空航天大学、哈尔滨工业大学及中国电力科学研究院等多家单位，在复合材料飞轮、高速电机分析和设计、磁悬浮轴系运动学、充放电测试、飞轮储能系统充放电控制方法与策略等方面进行了大量的研究。

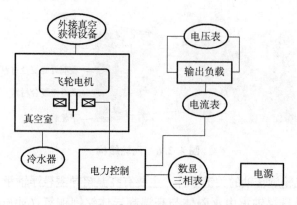

图 4.2.7　充放电效率测量方法

　　飞轮储能技术的应用领域包括动态电压补偿、地铁能量再生利用、电动车功率补偿、风力发电、分布式光伏发电、动力调峰、电网调频等。2019 年 7 月 8 日，在北京地铁房山线广阳城站，飞轮储能技术正式实现商用，填补了国内应用飞轮储能装置解决城市轨道交通再生制动能量回收方式的空白。2022 年 4 月 11 日，2 台 1 MW 飞轮储能装置在青岛地铁 3 号线万年泉路站完成安装调试，并顺利并网应用，这是我国轨道交通行业首台具有完全自主知识产权的兆瓦级飞轮储能装置。2022 年 5 月 27 日，国家能源集团宁夏电力灵武公司飞轮储能项目土建工程全部完工，成为国内首个全容量"飞轮储能-火电联合调频"工程，是全球飞轮储能单体功率最大、总储能最多的工程项目。该项目最大的特点是全磁悬浮，能耗小、响应快，寿命周期设计为 25 年，在这个寿命周期内可以实现 1 000 万次以上充放电，充电和放电之间的转换可达毫秒级，能有效适应电网快速调频的需求。飞轮储能装置应用于电气化铁路如图 4.2.8 所示。

图 4.2.8　飞轮储能装置应用于电气化铁路

3. 压缩空气储能技术

（1）工作原理。

压缩空气储能系统是一种能够实现大容量和长时间电能储存的电力储能系统，通过压缩空气储存多余的电能，在需要时将高压空气释放，通过膨胀机做功发电。压缩空气储能系统原理如图 4.2.9 所示。

图 4.2.10 为压缩空气储能系统的热工过程温熵图。从热力学过程出发，压缩空气储能的工作过程包括：①压缩过程，空气经压缩机压缩至高压，理想状态下空气的压缩过程为绝热过程 1—2，实际状态下由于不可逆损失，空气的压缩过程为 1—2′；②储气过程，即压缩空气的储存过程，理想状态下为等容绝热过程，实际状态下通常为等容冷却过程；③加热过程，高压空气经储气装置释放，与燃料混合燃烧后成为高温高压空气，通常情况下该过程为等压吸热过程 2—3；④膨胀过程，高温高压的空气膨胀，驱动膨胀机发电；理想状态下空气的膨胀过程为绝热过程 3—4，实际状态下由于不可逆损失，空气的膨胀过程为 3—4′；⑤冷却过程，空气膨胀后排入大气，下次压缩时经大气吸入，这个过程一般为等压冷却过程 4—1。

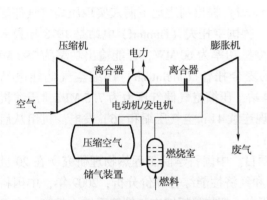

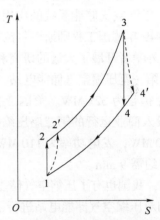

图 4.2.9　压缩空气储能系统原理　　图 4.2.10　压缩空气储能系统的热工过程温熵图

（2）压缩空气储能系统的组成结构。

压缩空气储能系统由压缩机、膨胀机、燃烧室及换热器、储气装置、电动机/发电机、控制系统和辅助设备等组成。

大型压缩空气储能电站的压缩机一般采用轴流与离心压缩机组成多级压缩、级间和级后冷却的结构形式，压比可以达到 40~80，甚至更高。由于小型压缩空气储能系统空间灵活性要求较高，因此为了减小储气装置的体积，一般空气的储存压力更高。同时，由于系统的流量较小，因此采用单级或者多级往复式压缩机比较合适。

压缩空气储能系统中膨胀机的膨胀比也远高于常规燃气轮机，一般采用多级膨胀中间再加热的结构形式。小型压缩空气储能系统可以采用微型燃气轮机透平部件、往复式膨胀机或者螺杆式空气发动机。

如果要求的压缩空气容量大，通常可以选择在地下盐矿、硬石岩洞或者多孔岩洞内储气。对于微小型压缩空气储能系统，可以采用地上储气装置，如储气罐、钢瓶组和储气管道等形式。目前，市场上的高压储气罐容许压力可以达到 30 MPa 以上，可以满足压缩空气储能的要求。

相对于常规燃气轮机燃烧室压力（一般低于 2 MPa），压缩空气储能系统高压燃烧室的压力（4~5 MPa）较大。因此，如果燃烧过程中温度较高，则可能产生较多的污染物，所以高压燃烧室的温度一般控制在 500 ℃ 以下。

在压缩空气储能系统中，根据结构不同，储热装置可以分为固定式和流动式；根据储能材料是否相变，可以分为显热和相变（潜热）储能；根据储能材料的形态，可以分为固态（如岩石、陶瓷、金属等）、液态（如各种油、盐溶液、水等）、气态以及固液混合、气液混合等。

（3）压缩空气储能系统的种类和特点。

压缩空气储能系统根据的热源不同，可以分为燃烧燃料的压缩空气储能系统、带储热的压缩空气储能系统、无热源的压缩空气储能系统。压缩空气储能系统根据规模不同，可以分为大型压缩空气储能系统，单台机组规模为 100 MW 级；小型压缩空气储能系统，单台机组规模为 10 MW 级；微型压缩空气储能系统，单台机组规模为 10 kW 级。压缩空气储能系统根据是否同其他热力循环系统耦合，可以分为传统压缩空气储能系统、压缩空气储能-燃气轮机耦合系统、压缩空气储能-燃气蒸汽联合循环耦合系统、压缩空气储能-内燃机耦合系统、压缩空气储能-制冷循环耦合系统、压缩空气储能-可再生能源耦合系统。

（4）压缩空气储能系统的应用发展。

自 1949 年德国工程师斯塔尔拉瓦尔（Stal Laval）提出利用地下洞穴实现压缩空气储能以来，国内外学者开展了大量的研究和实践工作。德国亨托夫（Huntorf）电站是 1978 年投入商业运行的第一座压缩空气储能电站，机组的压缩机功率为 60 MW，释能输出功率为 290 MW，于 2006 年扩容为 321 MW。美国亚拉巴马州的麦金托什（Mclntosh）压缩空气储能电站是 1991 年投入商业运行的第二座压缩空气储能电站，压缩空气储气压力为 7.5 MPa，压缩机组功率为 50 MW，发电功率为 110 MW，可以实现连续 41 h 空气压缩和 26 h 发电。机组从启动到满负荷约需 9 min。

目前，我国也有了压缩空气储能电站示范项目。中国科学院工程热物理研究所在 20 世纪 90 年代初对压缩空气储能电站进行了热力性能和经济性能综合评价分析；2009 年，中国科学院工程热物理研究所在国际上首次提出并自主研发了超临界压缩空气储能系统，是第一套不依赖化石燃料、不依赖储气洞穴的先进压缩空气储能系统；2013 年，中国科学院工程热物理研究所承担河北省廊坊市 1.5 MW 超临界压缩空气储能示范项目，系统效率达到了 52.1%；2021 年 9 月，中国科学院在山东省肥城市建成了国际首套 10 MW 盐穴先进压缩空气储能商业示范电站，通过项目验收，并正式并网发电商业运行，系统效率达到了 60.7%；2021 年 12 月底，中国科学院在河北省张家口市建设了国际首套 100 MW 先进压缩空气储能国家示范项目并网发电，10 kV 母线低压侧实现带电平稳运行，系统效率达到了 70.4%。压缩空气储能系统模型如图 4.2.11 所示。

图 4.2.11　压缩空气储能系统模型

4.2.3 电化学储能技术

1. 锂离子电池

（1）基本原理。

锂离子电池以碳素材料为负极，以含锂化合物为正极。充电过程中，锂离子从正极材料中脱出，通过电解质扩散到负极，并嵌入到负极晶格中，同时得到由外电路从正极流入的电子，嵌入的锂离子越多，充电容量越高。放电过程则与之相反。锂离子电池的工作原理如图 4.2.12 所示。

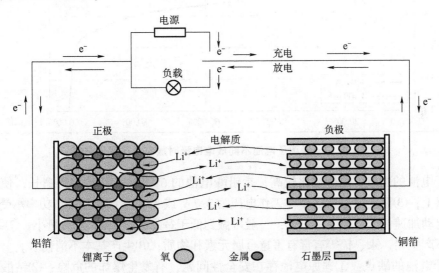

图 4.2.12 锂离子电池的工作原理

$LiCoO_2$ 和石墨为具有典型二维通道典型层状结构的嵌入式化合物。充电时电极反应可表示为

正极 $$LiCoO_2 \longrightarrow Li_{1-x}CoO_2 + xLi^+ + xe^-$$

负极 $$C + xLi^+ + xe^- \longrightarrow Li_xC$$

电池总反应 $$LiCoO_2 + C \longrightarrow Li_{1-x}CoO_2 + Li_xC$$

对锂离子电池充电，锂离子电池的额定电压为 3.6 V（有的产品为 3.7 V），终止放电电压为 2.5~2.75 V。终止放电电压不应小于 2.5 V，低于终止放电电压继续放电称为过放，过放会使电池寿命缩短，严重时会导致电池失效。锂离子电池不适合用作大电流放电，过大电流放电时内部会产生较高的温度而损耗能量，减少放电时间，损坏电池。在不同温度下，锂离子电池的放电电压及放电时间也不同，电池应在 −20 ~ +60 ℃ 温度范围内进行放电。锂离子电池不同放电电流时放电电压变化曲线如图 4.2.13 所示。

对锂离子电池充电，应使用专用的锂离子电池充电器。充电采用恒流/恒压方式，先恒流充电，到接近终止充电电压时改为恒压充电。终止充电电压与电池负极材料有关，使用焦炭作为电池负极材料时，终止充电电压为 4.1 V，而使用石墨作为电池负极材料时，终止充电电压为 4.2 V，过压充电会造成锂离子电池永久性损坏。锂离子电池充电，一般常用的充

电倍率为 $0.25 \sim 1 C^{①}$，推荐充电电流为 $0.5 C$。对电池充电时，应在 $0 \sim 45 \,℃$ 温度范围内进行充电，远离高温（高于 $60 \,℃$）和低温（$-20 \,℃$）环境。

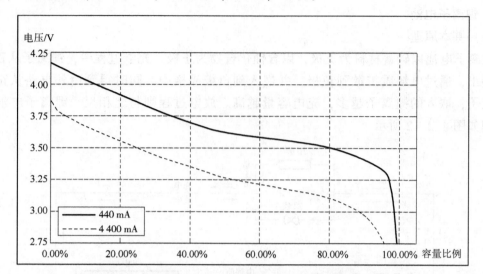

图 4.2.13 锂离子电池不同放电电流时放电电压变化曲线

锂离子电池的优点：①能量比较高，是铅酸电池的 $6 \sim 7$ 倍；②使用寿命长，使用寿命可达到 6 年以上；③额定电压高（单体工作电压为 3.7 V 或 3.2 V）；④具备高功率承受力，便于高强度的启动加速；⑤自放电率很低，一般可做到低于每月放电 1%；⑥质量小；⑦绿色环保，不含有且不产生铅、汞、镉等有毒有害重金属元素和物质；⑧生产基本不消耗水。

锂离子电池的缺点：①锂原电池存在安全性问题，有发生爆炸的危险；②钴酸锂的锂离子电池不能大电流放电，价格昂贵，安全性较差；③锂离子电池均需保护线路，防止电池被过充、过放电；④生产条件要求高，成本高；⑤使用条件有限制，高低温使用时危险大。

（2）结构组成和关键材料。

锂离子电池电芯内部包括正极、负极、隔膜、电解质、封装材料、热敏电阻（PTC）、正极接线柱等。正极包括正极活性材料、铝箔、正极黏结剂、导电添加剂。负极包括负极活性材

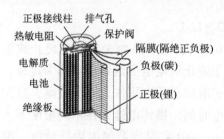

图 4.2.14 锂离子电池结构

料、铜箔、负极黏结剂、导电添加剂。隔膜为多孔聚乙烯、聚丙烯（PP）单层或三层复合膜，单面或双面可以涂覆纳米氧化铝或其他物质。电解质包括导电锂盐、碳酸酯类溶剂、功能添加剂。封装材料包括铝壳、钢壳、铝塑膜等。锂离子的电芯有圆柱形、方形、叠层软包、异形等。锂离子电池结构如图 4.2.14 所示。

锂离子电池正极材料按结构主要分为三类：①六方层状晶体结构的 $LiCoO_2$、三元正极材料的 $Li(Ni_xCo_yMn_z)O_2$、镍钴铝正极材料的 $LiNi_{0.8}Co_{0.15}Al_{0.05}O_2(NCA)$、富锂正极材料的 $xLi_2MnO_3 \cdot (1-x)Li(Ni_xCo_yMn_z)O_2$；②立方尖

---

① C 表示充电倍率，为充电时间（单位为 h）的倒数。例如，2 C 充电率表示电池可以在 0.5 h 充满。

晶石晶体结构的 $LiMn_2O_4$、高电压镍锰尖晶石结构材料的 $LiNi_{0.5-x}M_xMn_{1.5-y}O_4$（$M = Cr$、$Fe$、$Co$）等；③正交橄榄石晶体结构的 $LiFePO_4$、铁锰固溶体的 $Li(Fe_{1-x}Mn_x)PO_4$、$Li_3V_2(PO_4)_3$ 材料。各种正极材料的锂离子电池的性能特点是不一样的，其中，$LiMn_2O_4$ 的缺点是高温容量衰减比较严重；$LiFePO_4$ 的缺点是电子电导比较差，材料的倍率性差，优点是稳定、可靠、循环寿命长；$Li(Ni_xCo_yMn_z)O_2$ 的活性较好，理论容量高。未来，正极材料的主要发展思路是在 $LiCoO_2$、$LiMn_2O_4$、$LiFePO_4$ 等材料的基础上，发展相关的各类衍生材料，通过掺杂，包覆，调整微观结构，控制材料形貌、尺寸分布、比表面积、杂质含量等技术手段，综合提高其比容量、倍率、循环性、压实密度、电化学特性、化学特性、热稳定性。

负极材料主要为碳材料和 $Li_4Ti_5O_{12}$。碳材料包括石墨、软炭、硬炭。目前，主要使用的负极材料为天然石墨与人造石墨。天然石墨成本较低，通过改性，可逆容量已达到 $360\ mA \cdot h/g$，循环性可以达到 $500 \sim 1\ 000$ 次；人造石墨最重要的材料是中间相炭微球（mesocarbon micro-bead，MCMB）。$Li_4Ti_5O_{12}$ 作为锂离子电池负极材料，锂离子嵌入及脱出前后材料的体积变化不到 1%，有利于电池及电极材料结构的稳定，能够保证较长的循环使用寿命。

电解质材料一般应当具备以下特性：①电导率高，要求电解液黏度低，锂盐溶解度和电离度高；②锂离子的离子导电迁移数高；③稳定性高，要求电解液具备高的闪点、高的分解温度、低的电极反应活性，长时间搁置无副反应等；④界面稳定，具备较好的正负极材料表面成膜特性，能在前几周充放电过程中形成稳定的低阻抗的固体电解质中间相（solid electrolyte intermediate phase，SEI）膜；⑤电化学窗口宽，能够使电极表面钝化，从而在较宽的电压范围内工作；⑥工作温度范围宽；⑦与正负极材料的浸润性好；⑧不易燃烧；⑨环境友好，无毒或毒性小；⑩较低的成本。目前，锂离子电池的电解质为非水有机电解质，未来的发展方向包括全固态无机陶瓷电解质、聚合物电解质等。

锂离子电池的有机溶剂一般应具备以下特点：①具有较高的介电常数，从而使其有足够高的溶解锂盐的能力；②具有较低的黏度，从而使电解液中锂离子更容易迁移；③其对电池中的各个组分必须是惰性的，尤其是在电池的工作电压范围内必须与正极和负极有良好的兼容性；④有机溶剂或其混合物必须有较低的熔点和较高的沸点，即有比较宽的液程，使电池有比较宽的工作温度范围；⑤必须具有较高的安全性，无毒无害，成本较低。锂离子电池的有机溶剂应该含有羰基（$C=O$）、异氰基（$C=N$）、磺酰键（$S=O$）和醚键（$-O-$）等极性基团，一般使用链状和环状的有机酯混合物作为锂离子电池的有机溶剂。

锂盐需要满足以下基本要求：①在有机溶剂中具有比较高的溶解度，易于解离，从而保证电解液具有比较高的电导率；②具有比较高的抗氧化还原稳定性，与有机溶剂、电极材料和电池部件不发生电化学和热力学反应；③锂盐阴离子必须无毒无害，环境友好；④生产成本较低，易于制备和提纯。实验室和工业生产中一般选择阴离子半径较大、氧化和还原稳定性较好的锂盐，是基于温和路易斯酸的一些化合物，包括高氯酸锂（$LiClO_4$）、硼酸锂、砷酸锂、磷酸锂和锑酸锂等。

除了电解质，电池中还包括隔膜、黏结剂、导电添加剂、集流体、电池壳、极柱、热敏电阻等非活性材料。由于非活性材料的存在，电池的实际能量密度与理论能量密度必然有较大差距。目前，软包装 $LiCoO_2$/石墨电池能量密度可达到 $220 \sim 265\ W \cdot h/kg$，而理论能量密度为 $370\ W \cdot h/kg$，实际能量密度与理论能量密度的比值已经高达 $60\% \sim 70\%$，远高于其他二次电池或一次电池。黏结剂的种类和用量影响电极片的电子导电性，从而影响电池的倍率充放电性能。黏结剂包括油系黏结剂和水系黏结剂，应该具有抗拉强度高、杨氏模量小的属性。导电添加剂是导电炭黑或乙炔黑，这类材料粒径小（40 nm 左右）、比表面积大、导电性好、价格低廉。典型电池电芯中负极活性材料的质量占 20%，正极活性材料的质量占 44%，集流体加隔膜的质量占 17%，黏结剂、导电添加剂、电解质、包装等其他材料的质量占 19%。

（3）应用发展。

1970 年，美国埃克森美孚公司的 M. S. Whittingham 采用硫化钛作为正极材料，金属锂作为负极材料，制成首个锂电池，但其安全性差。1989 年，日本 Sony 公司申请了石油焦作为负极、$LiCoO_2$ 作为正极、$LiPF_6$ 溶于混合溶剂作为电解液的二次电池体系的专利，并于1991 年生产 18650 型锂离子电池，其容量为 900 mA · h，目前已达到 3.7 A · h。2019 年 10

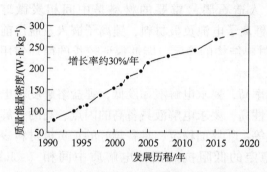

图 4.2.15　锂离子电池质量能量密度增长图

月 9 日，瑞典皇家科学院将诺贝尔化学奖授予约翰·古迪纳夫、斯坦利·惠廷厄姆和吉野彰，表彰他们在锂离子电池研发领域做出的贡献。锂离子电池质量单体的质量能量密度从 1991 年的90 W · h/kg 逐渐发展到 335 W · h/kg，体积能量密度从 170 W · h/L 逐渐提高到 800 W · h/L。锂离子电池质量能量密度增长图如图 4.2.15 所示。

1998 年，天津电源研究所开始商业化生产锂离子电池。2022 年 6 月，我国宁德时代新能源科技股份有限公司（以下简称宁德时代）正式发布了纯电动汽车用的麒麟电池，在磷酸铁锂电池方面，电池系统的质量能量密度提升至 160 W · h/kg，而三元电池系统的能量密度提升至 255 W · h/kg；在相同的化学体系和相同尺寸的电池组下，麒麟电池组的电池容量比特斯拉 4680 电池系统增加了 13%，是世界上集成度最高的电池。

目前，锂离子电池分为能量型锂离子电池和功率型锂离子电池。能量型锂离子电池具有更高的能量密度以及相对低的功率密度，而功率型锂离子电池可以放出很高的功率。这些区分没有明显的边界，并且在不断变化。能量型锂离子电池主要应用于消费电子等领域，功率型锂离子电池主要应用于电动自行车、电动汽车、电动工具、工业节能、航空航天等领域。国家电网有限公司在河北省张北投资建设了集风力发电、光伏发电、储能电站、智能变电站一体化的"国家风光储输示范工程"，2024 年建成了配套 500 MW 风电、100 MW 光伏发电和 70 MW 电化学储能的联合电站。

2. 钠离子电池

金属钠作为仅次于锂的第二轻金属元素，在地壳中的丰度高达 2.3% ~ 2.8%，比锂高4 ~ 5 个数量级。从成本角度来看，将钠应用于储能技术会产生一定优势。

（1）工作原理。

钠离子电池是在锂离子电池的基础上发展起来的一种摇椅式的二次电池，充放电过程中钠离子在正负极插入化合物的晶格中往返插入和脱出。钠离子电池使用的电极材料主要是钠盐，相较于锂盐而言储量更丰富，价格更低廉。由于钠离子比锂离子更大，因此当对质量和能量密度要求不高时，钠离子电池是一种较好的替代品。图 4.2.16 所示为以碳类材料为负极，钠的过渡金属化合物为正极活性物质的钠离子电池工作原理。

（2）钠离子电池的关键材料。

钠离子电池的负极材料有碳基材料、锑基材料、锡基材料、磷及磷化物、氧化物、硫化物等。碳基材料主要包括石墨碳和非石墨碳两大类，石墨（包括天然石墨和人造石墨）已经广泛应用于锂离子电池，MCMB、无定形和非多孔炭黑、无序碳等作为钠离子电池负极材料均具有一定的可逆储钠容量。作为一种有前途的负极材料，Sn 形成 $Na_{15}Sn_4$ 所对应的理论比容量为 847 mA·h/g。磷插入 Na^+，完全钠化为 Na_3P 时磷的理论比容量为 2 596 mA·h/g。很多钛的氧化物如 TiO_2、$Na_2Ti_3O_7$ 等都属于插入反应的储钠化合物，通过转化反应储钠的金属氧化物（MO_x）理论比容量可以超过 600 mA·h/g。

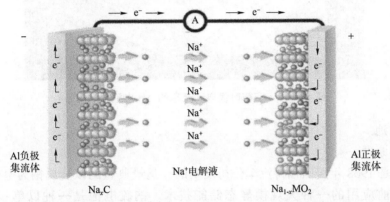

图 4.2.16　以碳类材料为负极，钠的过渡金属化合物为正极活性物质的钠离子电池工作原理

正极材料体系包括多种氧化物和聚阴离子的钠盐。Na_xCoO_2 是比较典型的体系，有 O_2、O_3、P_3 和 P_2 等多种相，不同相的电化学性能之间有较大的差别；$NaCrO_2$ 具有良好的电化学性能，可逆脱嵌钠离子数为 0.5 个。在钠离子电池正极材料中，聚阴离子材料由于具有高电压性能和热稳定性，因此也成为钠离子电池正极材料研究的热点，主要包括橄榄石结构的磷酸盐、Tavorite 结构的氟磷酸盐和氟硫酸盐等。

电解质需要满足以下条件：热稳定性能好、不易发生分解、溶液或固体的离子电导率高、电化学窗口宽等。目前，已经研究的钠离子电池的电解质体系包括有机液体电解质、水溶液电解质、凝胶聚合物电解质及固体电解质。常用的电解液有机溶剂有碳酸乙烯酯（EC）、碳酸丙烯酯（PC）和碳酸丁烯酯（BC）。根据不同的正极材料，溶质钠盐可选用 $NaPF_6$、$NaClO_4$、$NaFeCl_4$、$NaBF_4$、$NaNO_3$、$NaPOF$ 等。凝胶聚合物电解质不仅具有液态钠离子电池的高能量密度和长循环寿命等特点，而且在一定程度上提高了电池的安全性，基本可以解决液体电解质的漏液问题。

（3）应用发展。

中国科学院物理所胡勇胜研究员带领团队自 2011 年起致力于安全环保、低成本、高性能钠离子电池技术研发，开发出低成本铜基正极材料、煤基碳负极材料、低盐浓度电解液。2021 年 7 月 29 日，宁德时代发布了第一代钠离子电池。在正极材料方面，采用普鲁士白和层状氧化物两类材料，容量已经达到了 160 mA·h/g，与现有的锂离子电池正极材料相当；在负极材料方面，开发了能够让大量的钠离子储存和快速通行、具有独特孔隙结构的硬碳材料，这种硬碳材料的容量达到 350 mA·h/g 以上；在电解液方面，宁德时代开发了适配上述正极负极材料的新型独特电解液体系。2022 年 6 月 11 日，长沙钠离子电池创新联合体成立，由湖南省电池行业协会、中南大学、长沙矿冶研究院、立方新能源、钠邦新能源等 20 家单位组成。图 4.2.17 所示为宁德时代电动汽车的 AB 电池解决方案。

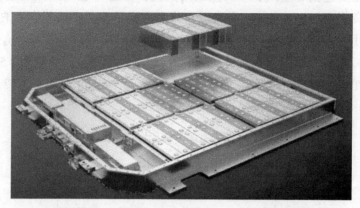

图 4.2.17　宁德时代电动汽车的 AB 电池解决方案

3. 钠硫电池

（1）工作原理。

钠硫电池是 1968 年美国福特汽车公司发明的，是最典型的以金属钠为电极的二次电池之一，也是目前应用的一种大规模静态储能技术。钠硫电池是一种以单一 Na^+ 导电的、$Na-\beta''-Al_2O_3$（或简称 $\beta''-Al_2O_3$）陶瓷兼作电解质和隔膜的二次电池，分别以金属钠和单质硫作为负极和正极活性物质，其电池形式为

$$(-)\ Na（液）\mid Na-\beta''-Al_2O_3 \mid Na_2S_x,\ S（液）（+）$$

负极反应　　　　　　　　　　$2Na \longrightarrow 2Na^+ + 2e^-$

正极反应　　　　　　　　　$2Na^+ + xS + 2e^- \longrightarrow Na_2S_x$

总反应　　　　　　　　　　$2Na + xS \longrightarrow Na_2S_x$

金属钠装载在 $Na-\beta''-Al_2O_3$ 电解质陶瓷管中形成负极。整个电池包括熔融钠负极、钠极毛细层、固体电解质、熔融硫正极（或多硫化钠）、硫极导电网络（一般为炭毡）、集流体和电池壳兼正极集流体等部分。钠硫电池结构如图 4.2.18 所示。电池放电时，负极熔融钠失电子变为 Na^+，Na^+ 通过 $\beta''-Al_2O_3$ 固体电解质迁移至正极，与硫离子反应生成多硫化钠，同时电子经外电路到达正极使硫变为硫离子。充电过程中，Na^+ 通过固体电解质返回负极与电子结合生成金属钠。电池的开路电压与正极材料（Na_2S_x）的成分有关，通常为 1.6~2.1 V。

（2）钠硫电池的特性。

钠硫电池的工作温度为 300~350 ℃。在 S 含量为 78%~100% 的区间内，硫电极中形成 S 与 $Na_2S_{5.2}$ 的不相溶液相，电池的电动势稳定在 2.076 V。随着放电的进一步进行，电池的电动势不断下降，直至 $Na_2S_{5.2}$ 反应至 $Na_2S_{2.7}$，电动势稳定在 1.74 V，两者关系如图 4.2.19 所示。

钠硫电池的优点包括：①能量密度高，钠硫电池理论能量密度为 760 W·h/kg，实际能量密度可达到 150~200 W·h/kg；②容量大，用于储能的钠硫单体电池的容量可达到 600 A·h

甚至更高，能量达到 1 200 W·h 以上；③功率密度高，放电的电流密度可达到 200~300 mA/cm^2，充电电流密度通常减半；④库仑效率高，由于采用单离子导电的固体电解质，因此，电池中几乎没有自放电现象，充放电效率几乎为 100%；⑤电池运行无污染，电池采用全密封结构，运行中无振动、无噪声，没有气体放出；⑥寿命长，钠硫电池中没有副反应发生，各个材料部件具有很高的耐腐蚀性，产品的使用寿命达到 10~15 年；⑦电池结构简单，制造便利，原料成本低，维护方便。

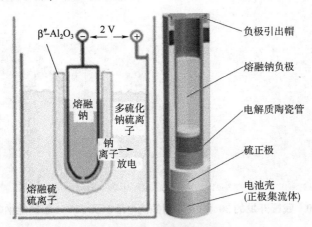

图 4.2.18　钠硫电池结构

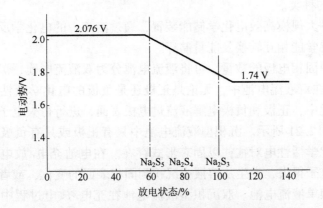

图 4.2.19　钠硫电池的电动势和放电状态的关系

但是，钠硫电池也有一些缺点：①在 300~350 ℃温度区间运行，为储能系统的维护增加了难度；②液态的钠与硫在直接接触时会发生剧烈的放热反应，给储能系统带来很大的安全隐患；③钠硫电池使用陶瓷电解质隔膜，本身具有一定的脆性，运输和工作过程中可能对陶瓷造成损伤或破坏，产生安全问题；④钠硫电池在组装过程中，需要操作熔融的金属钠，因此必须有非常严格的安全措施。

（3）应用发展。

钠硫电池作为一种高能固体电解质二次电池，最早发明于 20 世纪 60 年代中期，研究主要针对电动汽车的应用目标，美国的福特、日本的 YUASA、英国的 BBC 以及铁路实验室、德国的 ABB、美国的 Mink 公司等先后组装了钠硫电池电动汽车。

20 世纪 80 年代，中国科学院上海硅酸盐研究所研制了 30 A·h 全密封车用钠硫电池并成功进行了测试，并于 2006 年起与上海市电力公司合作，开发成功 650-1（ϕ89 mm × 560 mm）型储能钠硫电池（见图 4.2.20），质量能量密度达到 160 W·h/kg，体积能量密度达到 347 W·h/L。2012 年 1 月，由中国科学院上海硅酸盐研究所、上海市电力公司和上海电气集团股份有限公司联合成立了钠硫电池储能技术有限公司，实现了储能钠硫电池的批量化生产与应用，设计产能为 50 MW，成为世界上第二大钠硫电池生产企业。

图 4.2.20　我国开发的 30 A·h 车用钠硫电池以及 650-1 型储能钠硫电池

4. 液流电池

（1）液流电池的种类。

液流电池是一种大规模高效电化学储能装置，通过溶液中的电化学反应活性物质的价态变化，实现电能与化学能相互转换及能量储存。

根据液流电池中固相电极的数量，可将液流电池分为双液流电池、沉积型液流电池、金属/空气液流电池。在双液流电池中，无论是正极还是负极的电化学活性物质，均溶解于溶液中。电池运行过程中，正极和负极电解液流过电极表面，进行得失电子的电化学反应。双液流电池原理如图 4.2.21 所示。沉积型液流电池中只有正极或只有负极活性物质溶于电解质溶液，另一种电化学活性电对往往以固态形式存在。在电池充电/放电过程，溶液中的电化学活性物质随着电子得失，发生从溶液中沉积到固相表面的变化，或者从固体电极表面溶解进入液相，如锌镍单液流电池。双沉积型液流电池在充电/放电过程中伴随电子得失，正负两个电极上均发生沉淀/溶解的相变过程，如全铅液流电池。

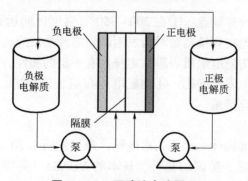

图 4.2.21　双液流电池原理

（2）全钒液流电池的工作原理。

1985 年，澳大利亚新南威尔士大学的 Maria Skyllas-Kazacos 等人使用不同价态的钒离子组成全钒液流电池，包括电池本体、电解液储罐、泵以及电解液管路。全钒液流电池工作原理如图 4.2.22 所示。工作过程中，电解液通过泵在电池和电解储罐之间循环，流过电池时在电极上发生电化学反应。电池用离子交换膜将正负极电解液隔开，电池外接负荷或者电源。

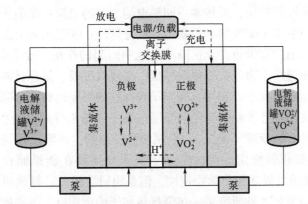

图 4.2.22　全钒液流电池工作原理

全钒液流电池分别以含有 VO^{2+}/VO_2^+ 和 V^{2+}/V^{3+} 混合价态钒离子的硫酸水溶液作为正极、负极电解液，充电/放电过程中电解液在储罐和电池之间循环流动。电解液流动过程中，钒离子不断扩散并吸附到石墨毡电极的纤维表面，与其发生电子交换。反应后的钒离子经过脱附，离开原来的石墨毡电极纤维表面，再次回到流动的电解液中。反应方程式为

正极　　　　　　　$$VO^{2+}+H_2O-e^- \xrightarrow[\text{放电}]{\text{充电}} VO_2^++2H^+ \quad (E^0=+1.00\text{ V})$$

负极　　　　　　　　　　$$V^{3+}+e^- \xrightarrow[\text{放电}]{\text{充电}} V^{2+} \quad (E^0=-0.26\text{ V})$$

电池总反应　　　　$$VO^{2+}+V^{3+}+H_2O \xrightarrow[\text{放电}]{\text{充电}} VO_2^++V^2+2H^+ \quad (E^0=1.26\text{ V})$$

经过优化的全钒液流电池系统能量效率可达 75%~85%，充放电循环次数可达 13 000 次以上，其性能远远高于现有二次电池。与传统二次电池不同，全钒液流电池作为双液流电池，其储能活性物质与电极完全分开，功率和容量设计独立，易于模块组合；电解液储存于储罐中不会发生自放电；电极只提供电化学反应的场所，自身不发生氧化还原反应；活性物质溶于电解液，不存在电极枝晶生长刺破隔膜的危险；流动的电解液可以把电池充电/放电过程产生的热量移出，避免电池出现热失效。

（3）全钒液流电池材料。

电极材料在电池运行过程中，不直接参与钒离子氧化还原电对的转化过程，但其表面是电化学反应的有效场所，其物理化学性质将对电化学反应的可逆性及电池性能产生影响。全钒液流电池的电极材料大致可以分为金属电极、金属氧化物-金属电极和碳素类电极。由于金属具有导电性好、电化学活性高、力学性能优良等特点，因此传统上常用金属作为电极材料。在钛、铅等金属基体上镀铱、钌等贵金属或通过形成金属氧化物涂层，使其成为完全不同于原金属基体电极行为的新电极，可大大改善电化学活性。金属氧化物涂层的电极具有良好的化学和电化学稳定性，可以承载较大电流密度。碳素类电极主要包括石墨、石墨毡、玻

碳、炭布和碳纤维等，在硫酸溶液中具有良好的导电性、耐蚀性及电位窗口较宽等特点。石墨毡是由高聚物高温炭化后制成的毡状多孔性材料，具有耐高温、耐腐蚀、力学性能良好、表面积大和导电性好等优点，在液流电池研究中广泛用作正极材料。

全钒液流电池的电堆由数十个单电池叠加在一起组成，单电池之间依靠双极板相互连接，收集和传导石墨毡电极上的电流后连通内电路。双极板是全钒液流电池的关键部件之一，其主要功能包括：①连接电池正负极，并传输不同单电池之间的电流；②阻止两侧不同价态钒电解液的混合；③支撑电池中离子交换膜和石墨毡电极等部件；④双极板上面的流道可以使电解液均匀地分布在电极上。根据双极板在全钒液流电池中所起的作用，要求其具备良好的导电性、机械强度和耐钒离子渗透性，通常有石墨双极板、金属双极板、复合材料双极板等。

在全钒液流电池运行过程中，利用具有离子选择性的隔膜材料，分隔溶解在电解液中的氧化剂和还原剂活性物质，并且该种隔膜还能够通过离子渗透来导通电池内电路。20世纪70年代，美国杜邦公司开发出纳菲恩（Nafion）全氟磺酸膜系列，该膜系列采用全氟磺酸高分子作为制膜原料，化学性质非常稳定，首次实现了离子交换膜在能量储存系统的大规模应用。Nafion膜系列具有优异的电导率和化学稳定性，但是阻钒性较差，导致钒电池自放电过程损失明显，需通过Nafion膜系列改性研究进一步降低钒离子渗透速度，提高膜材料的离子选择性。

（4）应用发展。

世界上最早的液流电池是1884年法国科学家雷诺发明的。他使用锌和氯元素作为液流电池的电化学活性物质，质量达到435 kg。该液流电池产生的电能用于驱动军用飞艇的螺旋桨，成功完成了8 km飞行，用时23 min，最后降落回到起飞点。现代意义的液流电池研究始于1974年美国国家航空航天局的科学家泰勒试图探索用于月球基地上储存太阳能的方法，提出将Fe/Cr元素作为液流电池的电化学活性物质，组成氧化还原电对，并且给出液流电池流程。1986年，澳大利亚新南威尔士大学的Maria Skyllas-Kazacos等在国际上首次申请全钒液流电池专利，该电池使用不同价态钒离子构成氧化还原电对，以石墨毡为电极，以石墨-塑料板栅为集流体，以质子传导膜为电池隔膜，可在5~45 ℃温度范围内长期运行。

目前，国内液流电池正处于项目示范阶段，技术路线以商业化程度最高的全钒液流电池为主。截至2021年底，中国液流电池累计装机容量规模约为200 MW，占储能累计装机容量的比例约为0.4%。国内从事液流电池产业链企业数量快速增加，融科、普能世纪、苏州科润等头部企业加速扩张电堆、离子交换膜、双极板等零部件产能，带动制造成本下降。经过多年技术攻关，液流电池核心部件，如离子交换膜、双极板、端板、电堆、电解液配方均已实现国产化，极大降低了进口原材料对产品降本的制约。大连200 MW/800 MW·h调峰调频项目、中广核襄阳100 MW/400 MW·h、国电投100 MW/500 MW·h等液流储能项目陆续通过备案和投入实施。

4.2.4　电气类储能技术

超级电容器的功率密度和能量密度通常介于常规电解电容器和二次电池之间，可提供远高于二次电池的功率密度和循环寿命，以及比电解电容器更高的能量密度，具有无爆炸、无燃烧、温度适应能力极强、高安全性、高可靠性的特点，是一种无重金属的绿色环保型储能器件，通常有卷绕式和纽扣式两种形式，其结构形式如图4.2.23所示。超级电容器、电解电容器以及二次电池的基本参数见表4.2.1。

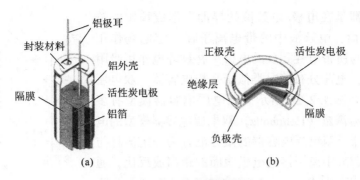

图 4.2.23 超级电容器结构形式

（a）卷绕式；（b）纽扣式

表 4.2.1 超级电容器、电解电容器以及二次电池的基本参数

基本参数	超级电容器	电解电容器	二次电池
理论充电时间	$1 \sim 30$ s	$10^{-6} \sim 10^{-3}$ s	$1 \sim 5$ h
理论放电时间	$1 \sim 30$ s	$10^{-6} \sim 10^{-3}$ s	$0.3 \sim 3$ h
功率密度/$(W \cdot kg^{-1})$	>3 000	>10 000	<1 000
能量密度/$(W \cdot h \cdot kg^{-1})$	$1 \sim 10$	<0.1	$40 \sim 120$
循环寿命/次	$>10^5$	无限次	$500 \sim 2\,000$
工作电压/V	$0 \sim 3$	—	$3.6 \sim 4.2$

（1）工作原理。

超级电容器的储能理论来源于两类电容行为：一种与电极/电解液界面的双电层结构有关，即利用具有高比表面积的炭粉或者多孔碳材料形成的界面电容，其碳材料的比表面积可达到 $1\,000 \sim 2\,000$ m^2/g；另一种与赝电容有关，这种赝电容发生于特定的电极反应中，转移电荷量（q）为电势（V）的特定函数，导出的 dq/dV 在电学上等价于电容。具体的超级电容器可分为双电层电容器、赝电容电容器和混合型超级电容器，三者的性能对比见表 4.2.2。

表 4.2.2 三种超级电容器的性能对比

项目	双电层电容器	赝电容电容器	混合型超级电容器
电极材料	正负极为对称结构，材料选用活性炭、碳纤维、碳纳米管、碳气凝胶、纳米结构石墨等，其中活性炭使用最广	金属氧化物或导电聚合物	既有活性炭材料，也有二次电池材料
储能机理	物理储能，利用多孔炭电极/电解液界面电层储能	电极和电解液之间有快速可逆氧化还原反应	物理储能+化学储能
单体电压	$0 \sim 2.7$ V（有机系） $0.8 \sim 1.6$ V（水系）	$0.8 \sim 1.6$ V（有机系）	由正负极材料体系决定
工作温度	$-40 \sim 70$ ℃	$-20 \sim 65$ ℃	$-20 \sim 55$ ℃
循环寿命	>100 万次	>1 万次	>5 万次
现状	已商业化应用	成本高昂，技术并不成熟，产业化应用前景不明朗	锂离子电容器、纳米混合型超级电容器、电池电容器

双电层电容器是在电极/电解液的界面上形成稳定的符号相反的双层电荷，电解液中的带电离子在一定电场作用下，分别移动到与所带电性相反的电极，并靠静电作用吸附在电极材料表面，电荷分布情况类似于平板电容器，双电层电容器工作原理如图 4.2.24 所示。双电层电容器模型有多种分支，其中亥姆霍兹（Helmholtz）双电层电容器模型的电势分布为直线分布。双电层电容器的微分电容为一定值且与电势无关，只与溶液中离子接近电极表面的距离成反比，通过一个简单的公式来描述：

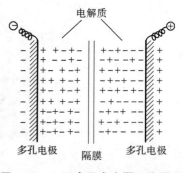

图 4.2.24 双电层电容器工作原理

$$C = \frac{\varepsilon_r \varepsilon_0 A}{d}$$

式中：ε_r 为电解液的相对介电常数；ε_0 为真空介电常数；d 为双电层电容器的有效厚度，即电荷屏蔽距离；A 为电极的表面积。

赝电容电容器产生于部分电吸附过程、电极表面或氧化物薄膜的氧化还原反应中，即赝电容现象。产生于电极表面的赝电容储能是一个法拉第过程，类似于电池的充放电过程，其运动电荷穿过双电层。电荷吸附程度（dq）和电势变化（dV）的比值等效于电容器的电容量。图 4.2.25 展示了氧化还原和原子嵌入的两种赝电容电容器的基本原理，前者对应 RuO_2 近表面区域的氧化还原反应，后者对应 Nb_2O_5 中锂离子的嵌入和脱出。赝电容电容器中的化学吸附或氧化还原反应与发生在二次电池表面的氧化还原反应不同，其反应主要集中在电极表面完成，离子扩散路径较短，无相变产生，且电极的电压随电荷转移量呈线性变换，表现出电容特征。

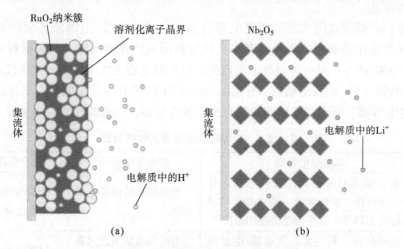

图 4.2.25 两种赝电容电容器的基本原理

（a）氧化还原赝电容电容器；（b）原子嵌入赝电容电容器

混合型超级电容器可分为两类：一类是电容器的一个电极采用电池电极材料，另一个电极采用双电层电容器电极材料，制成不对称电容器，这样可以拓宽电容器的电位窗口，提高能量密度；另一类是电池电极材料和双电层电容器电极材料混合组成复合电极，制成混合型电池电容器。目前，研究和产业化的热点集中于一种基于超快充放材料 $Li_4Ti_5O_{12}$ 的纳米混合型超级电容器。常使用活性炭作为混合型超级电容器的正极，负极则使用超高速离心方法所制备的

$Li_4Ti_5O_{12}$-CNT（碳纳米管）的复合材料。不同电容器的构成材料与性能参数对比见表 4.2.3。

表 4.2.3　不同电容器的构成材料与性能参数对比

性能参数	锂离子电容器	纳米混合型超级电容器	双电层电容器
正极	活性炭	钛酸锂	活性炭
负极	石墨及类石墨材料	碳材料	活性炭
电解液	$LiPF_6$/PC：EC	$LiPF_6$/EC：EMC	$TEABF_4$/PC（AN）
工作电压范围/V	2.2~3.8	1.5~2.8	0~3.0
能量密度/(W·h·kg^{-1})	10~50	10~50	5~10
安装结构有效能量密度/(W·h·kg^{-1})	11~13（JM）	15（CRRC）	7.5（CRRC）
功率密度/(W·kg^{-1})	0~2	0~4	5~20
大电流倍率性能	差	好	极好
充放电循环寿命	>10 万次	>10 万次	>100 万次
自放电电流	小	小	大
工艺成熟度	实验室或小批量	批量	大批量
安全性	中	高	高
是否需要预嵌锂处理	需要	不需要	无锂
生产成本	较高	低	低
使用温度范围/℃	-20~55	-20~55	-40~65

（2）超级电容的关键材料。

碳材料具有良好的导电能力、高比表面积、独特的化学稳定性、丰富的原料来源、成熟的生产工艺、低成本、易成型、无毒性等特点，因而成为双电层电容器最广泛应用的电极材料。碳材料的比表面积、孔径分布、孔隙形状、结构、导电性及表面官能团成为影响其电化学性能的重要因素，具体的材料有活性炭、碳气凝胶、碳纳米管、石墨烯等。

常用于赝电容电容器的电极材料主要有金属氧化物和导电聚合物。金属氧化物具有导电性好、比容量高等优点，具体的有氧化钌、二氧化锰、氧化镍、氧化钴、二元及多元金属氧化物。导电聚合物具有成本低、环境稳定性高、在掺杂态下电导率高、电荷储存能力高、优良可逆性等优点，应用材料主要有聚吡咯、聚苯胺、聚噻吩和聚噻吩衍生物等。

电解液作为超级电容器的重要组成部分，其主要作用是提供电荷载体，主要参数包括电导率、电化学窗口、熔沸点、毒性及热稳定性等。电解液可以分为水系、有机系、离子液体、固态等类型。其中有机系电解液是目前市场上应用最广泛的一类，具有较高的电导率、较宽的电化学窗口、较好的化学稳定性和热稳定性、可以接受的成本。常用有机溶剂包括乙腈、碳酸丙烯酯、碳酸乙烯酯、甲乙基碳酸酯、碳酸二甲酯等。常用的水系电解液包括 H_2SO_4、Na_2SO_4、KOH 等水溶液。

超级电容器在生产制造过程中，除了活性材料和电解液以外，还有导电剂、黏结剂、隔膜、集流体等关键原材料，它们对最终的超级电容器性能都会产生较大的影响。目前，主流的导电剂添加量在 5% 左右，而黏结剂的添加量则更少。集流体是电极材料的载体，大多数采用导电性能出色的铝、铜、镍等金属箔或金属网，特殊情况下还会采用金、银等贵金属。超级电容器隔膜应具有电子绝缘性好、内阻低、隔离性能好、化学稳定性和热稳定性高、电解液浸润性好、机械强度好、孔隙率高、孔径大于电解液离子而小于电极材料颗粒的特点。主流的隔膜有聚丙烯薄膜（PP 膜）、纤维素隔膜、聚丙烯-聚乙烯-聚丙烯（PP-PE-PP）三层复合隔膜、陶瓷-PP 膜、纳米纤维隔膜等。

（3）应用发展。

1879 年，德国物理学家 Helmholtz 发现了双电层电容性质，提出了双电层的概念。1968 年，美国标准石油公司利用高比表面积碳材料制作了双电层电容器。1979 年，日本电气股份有限公司开始生产超级电容器，并将其用于电动汽车的启动系统。我国超级电容器的研究起步晚，开始于 20 世纪 90 年代末，宁波中车新能源科技有限公司先后推出 7 500 F、9 500 F、12 000 F 三代超级电容器产品，其中 12 000 F 超级电容器的额定电压已达到 3 V，能量密度超过 10 W·h/kg，功率密度高于 15 kW/kg。2015 年，宁波中车新能源科技有限公司采用超高速分散技术和原位合成技术，制备得到零应变结构的钛酸锂/碳复合材料，并利用该材料制造了世界上第一个超高能量密度（21 W·h/kg）和超高容量（30 000 F）的混合型超级电容器，并实现了小批量生产。

超级电容器不仅可以用作电子手表、计算机存储器等小型装置的电源，还可以用在卫星上。在交通运输领域，超级电容器主要有两大应用方向：一是用作再生制动回馈能量储存单元，与动力电池组成联合体共同工作；二是用作主动力单元，替代动力电池。在工业电气方面，超级电容器作为电力储能装置，用于电网或配电网的电力调峰、动态电压补偿系统，对配电网进行无功功率补偿、谐波电流消减等。在可再生能源领域，超级电容器应用主要包括风力发电变桨控制，提高风力发电稳定性、连续性，光伏发电的储能装置，与太阳能电池结合应用于路灯、交通指示灯等。在军事装备领域，超级电容器与蓄电池混合储能可以应用在军用运输车、坦克、装甲车、常规潜艇、雷达、通信及电子对抗系统等装备中。2020 年，我国超级电容器市场规模增长至 155 亿元，同比上升 13.97%。

4.2.5 储热技术

多数能源（如太阳能、地热能、工业余热等）具有间断性和不稳定的特点。常出现热用户不需热量时有大量热产生而急需时热量又不能及时供给的现象。就我国而言，有 15%~40% 的能量以热量的形式直接排放到环境中，造成能量浪费。因此，希望有一种装置能够将暂时不用或者多余的热量储存起来，在需要用的时候再释放出来，这样的装置即储热系统。储热系统运行过程如图 4.2.26 所示。

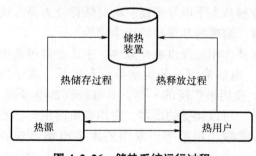

图 4.2.26　储热系统运行过程

1. 显热储热技术

（1）工作原理。

显热储热技术通过固态或液态介质温度的升高来储存热量，储热材料在储存和释放热量或冷量时，只发生温度变化。常用的显热储热材料有水、砂石等。

储存的热量通过下式计算

$$Q_s = \int_{T_0}^{T_s} C_{ss} \mathrm{d}T$$

式中：T_s 和 T_0 分别为材料储热过程中的最高、最低温度；C_{ss} 为储热材料的比热容。

显热储热原理简单、技术难度小、材料成本低。但是，在热量储存和释放过程中，温度发生变化，无法实现温度控制的目的。在低品位热能的储存过程中，较小的温差使该类材料储热密度低，进而削弱了其工业应用价值。

通常，储热系统传热强化的途径有下列几种：①采用肋壁增加换热面积；②通过加大流速、改变换热结构形状等方法增加流体扰动；③通过加入干扰物、射流喷射等方法破坏流动边界层；④通过在传热流体中加入微粒、液滴等方法改变传热流体物理性质。

（2）储热材料。

理想的储热材料应具有以下特征：价格便宜、储热密度大、资源丰富、无毒、危险性小、腐蚀性小、化学性能稳定等。在选择储热材料时，首先考虑合适的储热温度和较大的储热密度，再结合实际情况考虑其他因素对储热性能的影响。

按照物态的不同，显热储热材料可以分为固态显热储热材料和液态显热储热材料。混凝土以及浇注陶瓷材料来源广泛，适宜用作固态显热储热材料。液态显热储热材料可作为换热流体实现热量的储存与运输，如水、导热油、液态钠、熔盐等物质。中高温储热材料有熔盐、碱、金属、岩石等，多用于太阳能蓄能发电、储热燃烧、工业余热利用。低温储热材料主要有冰、水、水合盐、石蜡、脂肪酸及低熔点合金等，多用于建筑采暖、制冷。显热储热（冷）材料的基本参数见表 4.2.4。

表 4.2.4　显热储热（冷）材料的基本参数

材料名称	密度/$(kg \cdot m^{-3})$	比热容/$(kJ \cdot kg \cdot ℃^{-1})$	单位体积热容量/$(kJ \cdot m^{-3} \cdot ℃^{-1})$	热导率/$(W \cdot m^{-1} \cdot K^{-1})$
水	1 000	4.2	4.6×10^3	0.58
花岗岩	2 700	0.80	2.2×10^3	2.7
大理石	2 700	0.88	2.4×10^3	2.3
Fe_2O_3	5 200	0.76	4.0×10^3	2.9
Al_2O_3	4 000	0.84	3.4×10^3	2.5
水泥	2 470	0.92	2.3×10^3	2.4
砖	1 700	0.84	1.4×10^3	0.63
铸铁	7 600	0.46	3.5×10^3	46.8

（3）应用发展。

太阳能储热主要为住宅、宾馆等建筑提供生活用水或冬季供暖的部分用热。储热装置中热量的储、取采用热水作为能量介质，在冬季，为避免管道冻裂，可采用乙二醇水溶液作为能量介质。图 4.2.27 所示为季节性水储热装置，该装置利用岩洞中的水作为储热介质，太阳能集热板吸收太阳能热量将水加热，热水经区域热力管网送至岩洞中。在冬季需要时，通过换热器将储热装置内热量输送至区域热力管网。

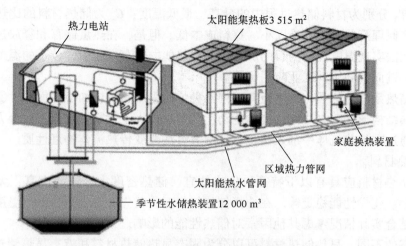

图 4.2.27 季节性水储热装置

2008 年，世界上第一座大规模采用熔盐储热的太阳能热电站 Andasol-1 电站在西班牙建成，并投入商业化运行，此电站装机容量为 50 MW，采用的是 60%（质量分数）的硝酸钠和 40%（质量分数）的硝酸钾混合熔盐，一共 28 500 t，能够满足该电站 7.5 h 的储热。2018 年 12 月，在我国甘肃省敦煌市，由 1.2 万面镜子和 20 000 t 熔盐组成的中国百兆瓦级熔盐塔式光热电站正式投入使用。该电站年发电量高达 3.9 亿度，是亚洲第一座、世界第三座熔盐塔式发电站，占地面积高达 7.8 km²。敦煌熔盐塔式光热电站如图 4.2.28 所示。

图 4.2.28 敦煌熔盐塔式光热电站

2. 潜热储热技术

（1）工作原理。

潜热储热是通过物质熔化、蒸发或在一定恒温条件下产生某种状态变化来储存能量的，又称相变储热。相变材料所储存的热量用下式表示

$$Q_s = \int_{T_0}^{T_{sf}} C_{ls} dT + \Delta H_{lf} + \int_{T_{sf}}^{T_s} C_{11} dT$$

式中：C_{ls} 为相变储热材料固相时的比热容；C_{11} 为相变储热材料液相时的比热容；T_{sf} 为相变

温度；ΔH_{lf} 为相变潜热。

与显热储热相比，潜热储热的储热密度高，储释热的过程近似等温。根据材料在相变过程中形态的不同，可进一步分为固—固相变、固—液相变、液—气相变和固—气相变储热 4 种方式，4 种相变过程的对比见表 4.2.5。固—气和液—气相变过程虽然相变潜热很大，但由于所产生的气体体积过大，因此实际应用困难。固—固相变过程是指固体材料从一种晶体形态变为另一种晶体形态的过程，其晶体形态改变时体积变化小，对相变材料无密封要求，因此逐渐受到研究者的重视。固—液相变过程则同时具有相变潜热大和体积变化小的特点。

表 4.2.5　4 种相变过程的对比

相变过程	相变潜热	体积变化	特点
固—固相变	小	很小	固体晶体状态改变，固体不发生流动
固—液相变	大	小	相变后液相发生流动
液—气相变	很大	很大	气体体积大，收集困难
固—气相变	很大	很大	气体体积大，收集困难

（2）相变或相变储热材料。

低温无机相变材料主要有结晶水合盐类、低熔点熔盐、金属或合金类等，如 $CaCl_2 \cdot 6H_2O$、$Na_2HPO_4 \cdot 12H_2O$、$Na_2CO_3 \cdot 10H_2O$、$Na_2SO_4 \cdot 5H_2O$ 等。部分低熔点金属或合金，其熔点低于 100 ℃，可用于低温储热。部分硝酸盐、氯化盐按合适的比例进行混合，也可得到熔点较低的潜热储热材料。

中高温无机相变材料的首选是高温熔盐，一般指硝酸盐、氯化物、碳酸盐及其共晶体，具有应用温度区间广、热稳定性高、储热密度高、对流传热系数高、黏度低、饱和蒸汽压低、价格低等特点。金属作为相变储热材料，单位体积储热密度大，导热性能好，热稳定性较好，过冷度小，相变时体积变化小，特别适用于 300 ℃以上的储热应用，如 Al、Cu、Mg、Si 和 Zn 组成的二元和三元合金。无机相变材料的基本参数见表 4.2.6。

表 4.2.6　无机相变材料的基本参数

材料	熔化温度/℃	熔化热/$(kJ \cdot kg^{-1})$	热导率/$(W \cdot m^{-1} \cdot K^{-1})$	密度/$(kg \cdot m^{-3})$
MgF_2	1 263	938	—	1 945
KF	857	452	—	2 370
$MgCl_2$	714	452	—	2 140
$NaNO_3$	307	172	0.50	2 260
$LiSO_4$	577	257	—	2 220
Na_2CO_3	854	275.7	2.00	2 533
KOH	380	149.7	0.50	2 044
LiOH	471	876	—	1 430

材料	熔化温度/℃	熔化热/ ($kJ \cdot kg^{-1}$)	热导率/ ($W \cdot m^{-1} \cdot K^{-1}$)	密度/ ($kg \cdot m^{-3}$)
50%NaCl+50%MgCl$_2$	273	429	0.96	2 240
95.4%NaCl+4.6%CaCl$_2$	570	191	0.61	2 260
LiOH+LiF	700	1 163	1.20	1 150
37%LiCl+63%LiOH	535	485	1.10	1 550
Na$_2$CO$_3$-BaCO$_3$/MgO	500~8 850	415.4	5.00	2 600

有机类相变储热材料主要包括石蜡、醋酸和其他有机物等。与无机类相比，有机类材料的优点是在固态时成型性较好，一般不出现过冷和相分离，材料腐蚀性较小，性能比较稳定，毒性小，成本低；缺点是热导率小，储热密度小，容易挥发、燃烧或被空气缓慢氧化而老化等。

复合相变储热材料是将熔点高于相变材料熔点的有机物或者无机物材料作为基体与相变材料复合而形成具有特定结构的一种材料的总称，如微胶囊储热材料、陶瓷基复合相变材料、石墨基相变复合材料、无机盐/金属基复合相变材料等。复合相变储热材料可以解决相变材料在应用中所面临的腐蚀性、相分离和低导热性能等问题，为相变材料提供更好的微封装方式。

（3）典型潜热储热（冷）材料的属性。

冰蓄冷系统是通过水的液—固相变所具有的凝固（溶解）热来储存（释放）冷量的。由于冰蓄冷系统采用液—固相变，含有巨大的相变潜热，因此蓄能密度较高，为水蓄冷系统的7~8倍。0 ℃时冰的相变潜热为335 kJ/kg，水的比热容为4.2 kJ/（kg·℃），储存同样多的冷量，冰蓄冷系统所需的体积比水蓄冷系统要小得多。

石蜡是应用最广的有机相变材料，主要由直链烷烃混合而成，其相变潜热一般在160~270 kJ/kg，熔点在-14~76 ℃，储热密度约为150 MJ/m³，热导率约为0.2 W/（m·K），500 ℃以下具有良好的化学稳定性。随碳链长度增加，其相变温度和相变潜热均升高。商用石蜡的相变温度通常在55 ℃左右，非常适合作为中低温相变材料。

氯化钠（NaCl）的熔点为801 ℃，熔化热为406 kJ/kg。氯化钾（KCl）的熔点为770 ℃，熔化热为460 kJ/kg。氯化钙（CaCl$_2$）的熔点为772 ℃，熔化热为255 kJ/kg。

碳酸钾（K$_2$CO$_3$）是无色单斜晶体，熔点为891 ℃。碳酸钠（Na$_2$CO$_3$）在常温下是白色粉末，熔点为851 ℃。56.6%（摩尔分数）Na$_2$CO$_3$和43.4%（摩尔分数）K$_2$CO$_3$混合熔盐最低共熔温度为710 ℃，熔化热为364 kJ/kg，在低于830 ℃时性质稳定。

硝酸盐熔点为300 ℃左右，其中二元熔盐KNO$_3$-NaNO$_3$（质量分数分别为40%和60%）及三元熔盐KNO$_3$-NaNO$_2$-NaNO$_3$（质量分数分别为53%、40%和7%）可作为传储热一体的介质，在太阳能热发电站中广泛使用。

（4）应用发展。

从20世纪开始，人们对相变材料的研究工作侧重于相变材料的配制、相平衡、结晶、相变传热、封装方式、系统设计等。日本三菱电子公司和东京电力公司在20世纪70年代早

期对水合硝酸盐、磷酸盐、氟化物和氯化钙进行了研究，将其用于采暖和制冷系统中。德国
K. Gawron 和 J. Schroder 对 $-65 \sim 0$ ℃温度范围相变材料性能进行对比分析后，推荐储冷材料采用 $NaF \cdot H_2O$ 共晶盐，低温储热或热泵储热材料采用 $KF_4 \cdot H_2O$，建筑采暖材料则采用 $CaCl_2 \cdot 6H_2O$（29 ℃）或 Na_2HPO_4（35 ℃）。

我国的中国科学院过程工程研究所、中国科学院广州能源研究所、北京工业大学等单位长期从事相变储热方面的研究工作。图 4.2.29 所示为相变储热电采暖成套系统，采用熔盐相变储热，在白天直接利用光伏发电，边储边供，在夜间将能量释放供暖，或在晚上用谷电储热供暖，第二天白天释放供热，可节约大量费用。

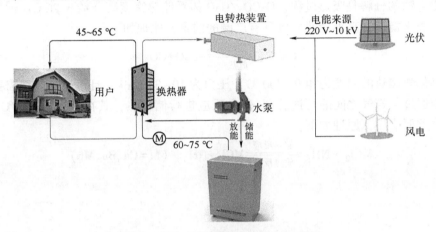

图 4.2.29　相变储热电采暖成套系统

3. 热化学储热技术

（1）工作原理。

热化学储热是利用物质的可逆吸/放热化学反应进行热量的储存与释放，适用的温度范围较宽，储热密度大，可以应用在中高温储热领域。储热材料（A_1A_2）在受热时发生化学分解，分解为两种物质（A_1 和 A_2），对外吸热，将热能储存起来。当 A_1 和 A_2 重新合成为 A_1A_2 时，将所存储的热量释放出来。反应方程式举例如下：

$$Na_2SO_4 \cdot 10H_2O + 81kJ \longrightarrow Na_2SO_4(固) + 10H_2O(液)$$

热化学储热的储热量大，不需要绝缘的储能罐，如果反应过程能用催化剂或反应物控制，则可以长期储存热量。其缺点是系统复杂，价格高。

（2）热化学储热材料。

热化学储热材料选取的标准：①高能量密度；②较高的热导率，与热交换器间热量传输良好；③对环境友好，无毒；④材料没有腐蚀性；⑤在工作条件下较少产生副反应；⑥工作的压力不要太高，也不要高度真空；⑦较低的费用。

水合盐是无机盐与水在氢键等化学键的作用下构成的。无机盐与水结合成水合盐时产生了化学键，同时放出热量；水合盐分解成水和无机盐时，需要吸收热量来断裂化学键，这个循环是可逆的。常用的水合盐储释热体系有 $MgSO_4 \cdot nH_2O$、$NaS \cdot nH_2O$、$H_2SO_4 - H_2O$、$NH_4NO_3 \cdot 12H_2O$ 等，原理如下：

$$Melting \cdot H_2O \underset{放热反应}{\overset{储热反应}{\rightleftharpoons}} Melting + H_2O$$

式中：Melting=金属盐类、氢氧化物。

金属氧化物与水反应生成氢氧化物时会放出热量，氢氧化物吸收热量时会分解成金属氧化物与水，循环可逆，原理如下：

$$M(OH)_2 \xrightleftharpoons[\text{放热反应}]{\text{储热反应}} MO + H_2O \quad (M = Ca、Mg)$$

式中：M=Ca、Mg。目前研究较多的是 $Ca(OH)_2/CaO + H_2O$ 体系，其次是 $Mg(OH)_2/MgO + H_2O$ 体系。无机氢氧化物体系储热密度大，反应速度快，稳定安全，无毒且价格低廉，但无机氢氧化物体系容易出现反应物烧结的现象。

碳酸化合物的分解是吸热过程，$CaCO_3/CaO$ 体系储热密度高（约 $3.26\,GJ/m^3$），无副反应，原料来源丰富，在高温储热领域具有广阔的前景，原理如下：

$$CaCO_3 \xrightleftharpoons[\text{放热反应}]{\text{储热反应}} CaO + CO_2$$

氨基热化学储热的温度为 $400 \sim 700\,℃$，压力为 $10 \sim 30\,bar$[①]，且正逆反应都需要催化剂。氯盐氨合物通过与氨气之间的可逆分解/化合反应进行储释热，其在低温（$200\,℃$ 以下）储热领域有着重要应用，原理如下：

$$MCl_2 \cdot NH_3 \xrightleftharpoons[\text{放热反应}]{\text{储热反应}} MCl_2 + NH_3 \quad (M = Ca、Ba、Mn)$$

---

① 1 bar=0.1 MPa=100 kPa。

第5章　能量的转换

5.1　能量转换的基本原理

5.1.1　热力学第一定律

人们从长期无数实践经验中总结出了存在于各种自然现象中的一条最普遍、最基本的规律：能量守恒与转换定律。该定律表明各种能量可以相互转换，但总量保持不变。热力学第一定律就是能量守恒与转换定律在伴有热效应的物理及化学等过程中的应用，广泛适用于热能和其他能量形式之间的转换，如热能和机械能、热能和化学能、热能和电磁能等的转换，在转换过程中，其总量是守恒的。

下面以一个具有代表性的简单例子说明热能向机械能的转换。图 5.1.1 所示为气体受热膨胀做功的热力系统，其中气缸内包含质量为 m 的工质（如气体）。从外界向该热力系统加热 Q，工质受热膨胀，体积增大，推动活塞，并使活塞及与之相连的重块向右移动，对外界做功 W。由于工质状态的改变，其本身具有的能量也可能有所改变，假设工质的能量增加了 $\Delta E = E_2 - E_1$。根据能量守恒与转换定律，工质能量的增加

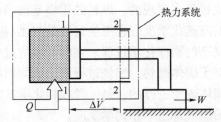

图 5.1.1　气体受热膨胀做功的热力系统

等于工质从外界吸收的热量 Q 和工质的膨胀做功 W 之差，即

$$\Delta E = Q - W$$

或

$$Q = \Delta E + W$$

5.1.2　热力学第二定律

热力学第一定律表明，能量传递和转换时，其数量是守恒的，但并未表明能量转换的过程是否一定能发生，是否需要附加条件。

由经验可知，许多情况下能量间的转换可以自发地进行。例如，温度不同的两个物体接触时，热量总是自动地由高温物体传给低温物体；又如，机械能可以自动地转换为热能，如摩擦消耗的机械能自动转换为释放的热能。但是，这些过程是不能自发地反向进行的，必须有附加条件，或者说必须付出一定的代价，过程才能进行。例如，制冷就是将热量由低温物体传给高温物体的过程，其完成是因为消耗了压缩功，否则不可能进行。可见，对于能量传递和转换过程的全面描述，除了要用热力学第一定律说明过程的进行必须遵守能量守恒定律

外，还必须论证过程进行的方向性，即要应用热力学第二定律。

热力学第二定律与热力学第一定律一样，是由长期无数经验总结出来的，是经过实践检验的规律。热力学第二定律的实质就是指出一切自发过程都是不可逆过程，无须外加条件就能自动地进行。而对于一个非自发过程，其实现一定要以另一个自发过程的进行来推动。例如，热力发动机就是实现了热能变为机械能这一非自发过程。但为了完成这一过程并保证其延续性，必须有一部分热量由温度较高物体传向温度较低物体这一自发过程，如内燃机工作时，内燃机要向外界排气，将热量散发到大气中。

5.2　化学能转换为热能

在自然界存在的各种各样的能源中，除水能、潮汐能、风能等少数能源外，大部分都是直接以热能形式利用或间接将热能转换成其他形式加以利用。例如，内燃机将石油炼制的燃料燃烧产生的热能转换为机械能驱动车辆前进；热力发电厂中，燃料在锅炉中燃烧将化学能转换为热能，加热水形成蒸汽，然后在汽轮机中将热能转换为机械能，驱动发电机产生电能；而太阳能既可以将光能转换为热能加以利用，也可以利用光能进行发电。据统计，经过"热"这个环节而被利用的能量，在我国占90%以上。因此，可以说热能是能源利用最基本和最主要的形式。

在各种热能的利用形式中，最主要的就是化学能向热能的转换，该转换是通过燃料的燃烧过程来实现的。燃料的燃烧是指燃料中的可燃物质与空气中的氧化剂之间进行的发热发光的高速化学反应，燃烧过程是与燃料本身特性、燃烧方式、燃烧工况组织等因素有关的一个复杂的物理化学过程。连续的燃烧过程总是经历着吸热升温和燃烧放热等阶段的反复循环。对于固体燃料，燃烧过程要比液体燃料和气体燃料复杂得多，这是因为固体燃料的燃烧是在固体表面进行的，是一种异相化学反应。而气体燃料的燃烧、液体燃料受热雾化产生油蒸气的燃烧都是单相化学反应。

5.2.1　气体燃料的燃烧

气体燃料的燃烧是指使气体燃料在特定环境中完成燃烧化学反应的过程，燃烧过程由燃料与空气混合、可燃混合气着火和完成燃烧化学反应3个阶段组成。按燃料与空气在燃烧前的混合情况分类，有非预混式燃烧、均匀预混式燃烧和部分预混式燃烧3种。

气体燃料燃烧反应快，温度高，火焰传播速度快，反应混合气体不扩散。在可燃混气中引入火源，即可产生一个火焰中心，成为热量与化学活性粒子的集中源。非预混式燃烧即在燃烧设备中边混合、边燃烧，其火焰较长，且有明显轮廓，又称有焰燃烧，属于扩散燃烧类型。均匀预混式燃烧没有明显的火焰轮廓，又称无焰燃烧，其燃烧速度主要取决于化学反应速度，属于动力燃烧类型。部分预混式燃烧仅有一部分燃料与空气预先混合，其特点介于以上两种燃烧方式之间，又称半无焰燃烧。

在不同状态燃料中，气体燃料的燃烧是一种最理想的燃烧方式，具有简单、清洁、燃烧完全、易于控制和调节等优点。与液体燃料相比，气体燃料输送免去了一系列的降黏、保温、加热预处理等装置，在用户处也不需要储存措施。因此，燃气系统简单，操作管理方便，容易实现自动化。另外，燃气几乎没有灰分，大幅度提升了烟气流速，受热面的积灰和污染比燃煤、燃油少，不需要吹灰设备。例如，锅炉行业中，在其他条件相似的状况下，燃气锅炉的炉膛热强度高于燃煤、燃油锅炉，因此燃气锅炉的体积小，金属、耐火、保温等材料及建设投资大大降低。

同时，气体燃料也是一种比较清洁的燃料，其灰分、含硫量和含氮量比煤和油类燃料要低得多。近年来，由于气体燃料脱硫技术的进步，在燃烧时产生的 SO_x 几乎可以忽略。气体燃料中所含的氮，与其他燃料相比，燃烧时转化生成的 NO_x 少，并且对于高温生成的 NO_x 量的抑制也比其他燃料更容易实现。因此，气体燃料为保护环境提供了有利条件。燃烧烟气还可以直接加热热水或对物料进行干燥。在有些状况下，降低烟气温度，使烟气中大量蒸汽析出，回收凝结水，甚至比其他方法制取软水更具有经济性。

燃烧气体燃料时，只要喷嘴选择合适，便可以在较宽范围内进行燃烧调节，还可以实现燃烧的微调，使其处于最正确状态。气体燃料不仅可以适应低过氧燃烧，而且具有能够迅速适应负荷变动的特性，从而为降低燃料消耗、提高燃烧效率提供了有利条件。气体燃料的主要缺点是与空气在一定比例下混合会形成爆炸性气体，而且气体燃料大多数成分对人和动物是有害或有毒的，这对相关使用安全技术提出了较高的要求。

5.2.2　液体燃料的燃烧

液体燃料主要包括汽油、煤油、柴油和重油等。内燃机中一般使用汽油和柴油，电厂常以重油作为燃料。一般来说，油的沸点低于其着火点，因此，液体燃料的燃烧都是先将燃料蒸发并形成燃油蒸气，再与空气中的氧混合燃烧。根据蒸发汽化的方式，液体燃料燃烧主要有液面燃烧、灯芯燃烧、蒸发燃烧和雾化燃烧等。

工业上广泛采用的燃烧方式是雾化燃烧，它是通过喷嘴（或雾化器）把液体燃料破碎为极细小的油滴，使燃料的蒸发表面积成千倍地增加，促使其迅速蒸发雾化并与空气良好地混合。油滴受热后首先蒸发成油蒸气，然后与氧混合进行燃烧化学反应。油的燃烧过程大致可分为五个阶段：雾化、蒸发、扩散混合、着火、燃烧。前三个阶段属于物理过程，是保证稳定着火、充分燃烧的必要条件，其雾化（见图 5.2.1）及混合的好坏直接影响到燃烧的效率。

燃油的主要成分是烷、烯类等碳氢化合物（又称烃）。低碳分子的烃一般在 200~300 ℃ 下即可发生链式反应并着火燃烧。燃烧的热量提高了温度，给高碳分子烃的蒸发和着火创造了条件。总的来说，油雾的着火和燃烧条件是优越的，着火温度低，油中含灰分少，

图 5.2.1　燃油雾化现象

燃烧又是一个单相化学反应，所以燃烧是强烈的。气体的湍流扩散混合愈充分，油的燃烧反应愈迅速。

5.2.3 固体燃料的燃烧

固体燃料是能产生热能的固态可燃物质，大多含有碳或碳氢化合物，属于燃料的一大类，如图 5.2.2 所示。天然的固体燃料有木材、泥煤、褐煤、烟煤、无烟煤、油页岩等，经过加工形成的固体燃料有木炭、焦炭、煤砖、煤球等，还有一些特殊品种，如固体酒精、固体火箭燃料等。与液体燃料或者气体燃料相比，一般固体燃料在燃烧过程中较难控制，效率较低，灰分较多。

图 5.2.2 固体燃料

固体燃料（如煤炭）燃烧时，在吸热升温阶段，锅炉内的高温热源通过对流、辐射及热传导的方式使新鲜燃料吸热升温。在常压下，煤中水分受热蒸发，燃煤得到干燥，燃煤温度不断上升，在 120~450 ℃的情况下，煤中可燃的挥发性气体释放，同时剩余的固体形成焦炭。可燃的挥发气体着火温度一般比较低，在有充足氧气的条件下，温度达到 450 ~550 ℃就可着火燃烧，同时放出热量。

挥发性气体释放的同时，焦炭吸收挥发性气体燃烧的热量及锅炉高温区的热量，其温度进一步提高，当达到焦炭着火温度时，焦炭开始着火燃烧，并放出大量的热。焦炭是固体燃料中可燃烧的主要部分，其放热量占燃煤总放热量的 60%~95%。焦炭的燃烧是异相化学反应，燃烧和燃尽都比较困难，特别是低挥发分、高碳成分的煤，燃烧和燃尽的问题更值得注意。

5.3 热能转换为机械能和电能

在热能的转换和利用过程中，通常是将不同的设备和装置组合形成一个完整的热能动力系统。例如，在图 5.3.1 所示的热力发电厂系统中，燃料在锅炉中燃烧，将燃料的化学能转换为烟气的热能，热能通过锅炉中的各受热面将热量传递给水，将水加热形成过热蒸汽，蒸汽在汽轮机中膨胀做功，完成热能

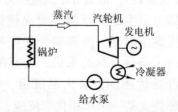

图 5.3.1 热力发电厂系统

向机械能的转换，并通过发电机产生电能。汽轮机排出的乏汽在冷凝器内冷却凝结为水，然后由水泵重新送入锅炉中，从而完成一个循环。

5.3.1　热力发电

以煤、石油、天然气等化石燃料及铀等核燃料作为能源的发电，均称为热力发电。热力发电所使用的动力机械有汽轮机、燃气轮机、柴油机等，但绝大多数使用的是汽轮机。热力发电的基本过程是利用化石燃料和空气在锅炉的燃烧室内混合燃烧，生成高温火焰和烟气，将锅炉内的水加热成一定温度和压力的蒸汽后通入汽轮机，使之高速转动并带动发电机，输出电能。蒸汽在汽轮机中膨胀做功后，排入冷凝器而凝结成水，由水泵打回锅炉。蒸汽动力热力发电的生产过程和所需的主要设备如图 5.3.2 所示。一个热力发电厂通常包含锅炉间、汽轮机间（含发电机）、主控制室、供水系统、燃料储运系统、除灰系统、水处理系统、厂用电系统及变电所等。

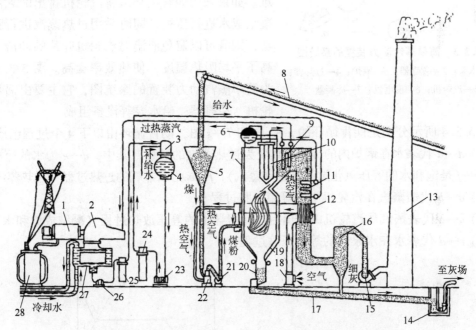

图 5.3.2　蒸汽动力热力发电的生产过程和所需的主要设备

1—发电机；2—汽轮机；3—除氧器；4—水箱；5—煤斗；6—汽包；7—水冷壁；8—煤输送带；
9—对流过热器；10—屏式过热器；11—省煤器；12—空气预热器；13—烟囱；14—灰渣泵；15—引风机；
16—除尘器；17—冲灰沟；18—送风机；19—炉膛；20—渣斗；21—排粉风机；22—磨煤机；23—给水泵；
24—高压加热器；25—低压加热器；26—凝结水泵；27—冷凝器；28—主变压器

由于热力发电厂中锅炉与汽轮机的热力参数不同，其完成热功转换的热力系统及电厂的热效率也不同，因此热力发电厂通常按照蒸汽参数（蒸汽的压力和温度）来分类。电厂容量最大的单位是兆瓦（MW）。蒸汽参数较低的电厂，其容量一般较小，而蒸汽参数高的电厂，容量则较大。

本节将从热力发电厂实现热功转换并获得电能的原理出发，阐述现代热力发电的常用循环和处于试验研究阶段的新型循环。

1. 朗肯循环

分析热力发电厂的蒸汽动力循环，首先从最基本的朗肯循环入手。根据热力学第二定律可知，在一定的温度范围内，理想气体卡诺循环的热效率是最高的，它是一种只有两个热源（一个高温热源和一个低温热源）的简单循环，从状态 $1(p_1、v_1、T_1)$ 等温吸热到状态 $2(p_2、v_2、T_2)$，从状态 2 绝热膨胀到状态 $3(p_3、v_3、T_3)$，从状态 3 等温放热到状态 $4(p_4、v_4、T_4)$，从

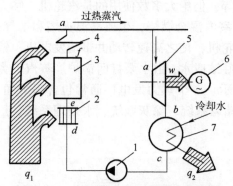

图 5.3.3　简单蒸汽动力装置的系统图
1—给水泵；2—省煤器；3—锅炉；4—过热器；
5—汽轮机；6—发电机；7—冷凝器

状态 4 绝热压缩回到状态 1。但是，蒸汽动力循环并不采用卡诺循环，这主要是由于水蒸气实现定温过程十分困难。汽轮机出口位于饱和区时，由于湿度太大，高速运转的汽轮机无法安全运行，不可逆损失增大，压缩过程在湿蒸汽区进行，气液混合工质的压缩会给泵的设计和制造带来难以克服的困难。如果采用朗肯循环，将汽轮机排出的乏汽冷却凝结成水进行压缩，同时采用过热蒸汽进行膨胀做功，则既可以避免液滴对汽轮机叶片的冲击，又提高了平均吸热温度，使热效率提高。图 5.3.3 所示为简单蒸汽动力装置的系统图，它主要由锅炉、汽轮机、冷凝器、给水泵等设备组成。

图 5.3.4 所示分别是朗肯循环的 p—v 图和 T—s 图，朗肯循环由以下 4 个过程组成。

（1）d—a 代表水在锅炉内的等压加热变为过热蒸汽的过程，其中，d—e 为水的等压加热过程，e—f 是饱和水的等压汽化过程（饱和蒸汽），f—a 为水蒸气的过热过程（过热蒸汽）。

（2）a—b 代表蒸汽在汽轮机中的等熵膨胀过程。

（3）b—c 代表蒸汽从汽轮机中排出后在冷凝器中的等压放热过程（凝结成饱和水）。

（4）c—d 代表水在水泵中的等熵压缩过程。

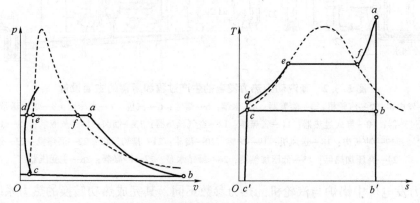

图 5.3.4　朗肯循环的 p—v 图与 T—s 图

在 d—a 的等压加热过程中，工质接收的热量为 $q_1 = h_a - h_d$；在 b—c 的放热过程中，工质放出的热量为 $q_2 = h_b - h_c$。工质在汽轮机中的膨胀功为 $w_T = h_a - h_b$，工质流经水泵时消耗的压缩功为 $w_p = h_d - h_c$。因此循环的净功为

$$w_0 = w_T - w_p = (h_a - h_b) - (h_d - h_c)$$

朗肯循环热效率为

$$\eta = \frac{w_0}{q_1} = \frac{(h_a - h_b) - (h_d - h_c)}{h_a - h_d}$$

由于水的比热容比蒸汽小很多，工质在水泵中消耗的压缩功与在汽轮机中的膨胀功相比相差很多，可以认为 $h_d \approx h_c$，因此循环热效率可以表示为

$$\eta = \frac{w_0}{q_1} = \frac{h_a - h_b}{h_a - h_c}$$

2. 回热循环

朗肯循环中的蒸汽动力循环热效率较低，最主要的原因是工质平均吸热温度不高，锅炉工作过程中高温烟气与工质之间存在巨大的传热温差，导致巨大的有用功损失。因此，提高蒸汽动力循环热效率的根本途径在于提高工质的吸热温度，除了提高蒸汽初参数外，还可以对加热过程加以改进。在蒸汽动力循环的加热过程中，水加热至沸腾阶段是整个吸热过程温度最低的过程，若对这个过程加以改进，则可以较大幅度提高整个吸热过程的平均温度。

回热循环的目的就是对这一低温加热过程加以改进。图 5.3.5 所示为一次抽气的回热循环示意。将在汽轮机中膨胀到一定压力的工质抽出一部分送入混合加热器，而剩余蒸汽继续膨胀，在冷凝器中冷却凝结为水，由凝结水泵送入混合加热器，在混合加热器中，抽出的部分蒸汽和冷凝水混合完成内部传热过程，提高了锅炉给水温度，然后将其由给水泵送入锅炉中。

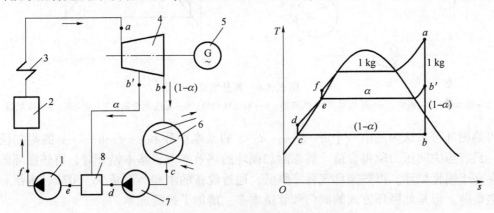

图 5.3.5　一次抽气的回热循环示意

1—给水泵；2—锅炉；3—过热器；4—汽轮机；5—发电机；6—冷凝器；7—凝结水泵；8—混合加热器

将单位质量给水加热到与锅炉工作压力相对应的饱和温度所需要的热量，在朗肯循环中是全部依靠炉内燃料燃烧放出的热量供给的；而在回热循环中，对于单位质量蒸汽，虽然做功量略有减少，但是有部分蒸汽的汽化潜热得到利用，凝结水的温度提高到锅炉的给水温度，水在 d—e 的加热过程不再向外热源吸热，从而使单位质量工质在锅炉中的吸热量大大减少，因此热效率提高。从 T—s 图上可以很明显看出，由于回热循环减少了液态区低温工质的吸热，因此工质的平均吸热温度大大提高，循环的热效率提高。

除了提高循环热效率外，回热循环有以下优点。

（1）锅炉热负荷减小，耗热率降低，锅炉中换热量减少，换热面积减小。

（2）汽轮机前几级蒸汽流量增加，最后几级流量减少。由于现代汽轮机膨胀高达几百倍

到几千倍，其最大功率受制于末级流通能力，因此回热循环对汽轮机的设计是有利的。

（3）锅炉在高温高压下工作，冷凝器要求导热系数大。回热循环进入冷凝器的蒸汽量减少，冷凝器的热负荷减少，节约的投资可有效弥补增加的设备费用。

但与朗肯循环相比，回热循环也增加了设备的投资，使系统变得复杂。

3. 再热循环

提高蒸汽进入汽轮机时的初始压力，可以提高循环热效率，但如果此时蒸汽初温不能提高，蒸汽在汽轮机内膨胀终止时的湿度将迅速增加，汽轮机主要部件会受到蒸汽中大量水的冲击，很快腐蚀而损坏。

可以采取中间再过热的措施，蒸汽在汽轮机中膨胀到某一中间压力后全部抽出汽轮机，导入锅炉中的再热器，在定压下吸收烟气放出的热量，再导入汽轮机的后半部继续膨胀，这样的循环称为再热循环（见图5.3.6）。

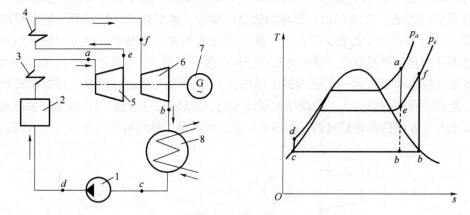

图5.3.6 再热循环

1—给水泵；2—锅炉；3—过热器；4—再热器；5—高压汽轮机；6—低压汽轮机；7—发电机；8—冷凝器

再热循环可以认为是由一个 $a—b—c—d—a$ 的基本循环和 $e—f—b—b—e$ 的附加循环组成的，只有当中间压力取得合适，确保附加循环的热效率大于基本循环时，再热循环的热效率才会高于朗肯循环。再热循环气耗率降低，通过设备的水和蒸汽减少，可减轻水泵和散热器的热负荷。但是此循环方式的阀门和管道增多，增加了投资成本。

4. 热电联产循环

一般的火力发电厂只生产电能，除了为回热而抽出少量蒸汽外，其余的蒸汽都将进入冷凝器内凝结放出汽化潜热，这种发电厂称为凝汽式发电厂。这种发电厂的蒸汽动力装置即使采取了高参数蒸汽和回热、再热等措施，热效率仍很少超过40%，如最先进的亚临界参数电站的热效率为41.9%，超临界参数电站的热效率为40%~44.5%。燃料热量中只有大约40%得到利用，而其余的都白白散失，最主要的是由于蒸汽在冷凝器中凝结时传给冷却水的热量仅约占燃料燃烧产生热量的50%。这部分散失的热量虽然数量很大，但是由于品位比较低，已经不能再进一步转换为机械能加以利用。

与此同时，生产和生活中却需要大量低品位的热能，如住宅或公共建筑需要大量供热，印染、造纸工业需要利用低压蒸汽，这部分低品位的热能如果是由高品位的一次能源供应，则会造成能源的浪费。因此，可将汽轮机中乏汽所含能量供给热用户，形成既产电又产热的热电联产循环。实现热电联产循环既发电又供热的火电厂，称为热电厂。

热电厂的热电联产循环有背压式汽轮机热电联产循环和抽气式汽轮机热电联产循环两种，如图 5.3.7 所示。对于背压式汽轮机，全部蒸汽先通过汽轮机做功再供热。为了提高循环的热效率，应把蒸汽压力尽可能降低，现代大型凝汽式汽轮机蒸汽压力通常降到 0.03～0.04 bar，在这种压力下，蒸汽的温度为 24.098～28.981 ℃。这时，虽然蒸汽凝结放出的热量很多，但因为温度水平太低，已经没有利用的价值，而冷却水的温度比蒸汽的温度还低，也不能利用。在采用背压式汽轮机的热电联产循环中，若把蒸汽的压力提高到 1.0 bar，则蒸汽温度为 99.63 ℃，这样温度的热能是可以利用的。

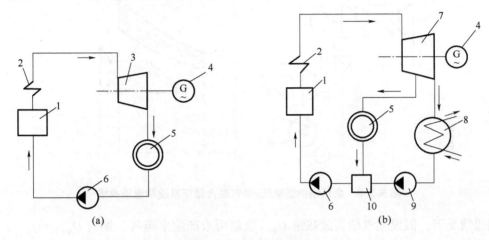

图 5.3.7 热电联产循环
（a）背压式汽轮机热电联产循环；（b）抽气式汽轮机热电联产循环
1—锅炉；2—过热器；3—背压式汽轮机；4—发电机；5—热用户；6—给水泵；
7—抽气式汽轮机；8—冷凝器；9—凝结水泵；10—加热器

从图 5.3.7 可以看出，背压式汽轮机热电联产循环的热效率较原循环低，从热—功转换角度来说是不利的。但此时蒸汽温度高，在理想条件下，不考虑任何损失，则燃料的热量可以全部利用，其中一部分发电，另一部分供热，而不像原来那样白白损失。所以，从热量的角度看，却是极为有利的，可以使热量得到充分利用，节约能源。

热用户对蒸汽的需求量通常变动较大，但电网对电能的需求通常比较稳定，背压式热电厂因供热量与供电量之间相互牵制而无法单独调节，难以适应热用户、电用户的不同要求。抽气式热电厂，虽然利用部分抽气来供热，能量利用率也低于背压式热电厂，但可以方便地调节热电需求，所以抽气式汽轮机热电联产循环应用更为普遍。

5. 燃气–蒸汽联合循环

超临界参数电站的热效率为 40%～44.5%，提高循环热效率的根本途径是提高加热平均温度和降低放热平均温度。然而，对于只采用一种工质的热力循环，可以实现较低的平均放热温度，却不能实现较高的平均吸热温度，反之亦然。汽轮机发电循环利用了蒸汽在常温下凝结的特性，其平均放热温度较低，但工质平均吸热温度不高。例如，国产汽轮发电机组排汽温度一般在 32 ℃左右，而主蒸汽温度最高则为 610 ℃。而燃气轮机发电机组循环的平均吸热温度很高，燃气初温最高达到 1 600 ℃以上，但工质平均放热温度也较高，大功率燃气轮机发电机组的排汽温度高达 550～650 ℃。

单独的汽轮机循环和燃气轮机循环由于自身的特点，效率上难以有大幅度突破，而将燃气轮机吸热温度高和蒸汽动力循环放热温度低的特点结合起来，构成一种效率更高的循环，这就是燃气–蒸汽联合循环。

图 5.3.8 所示为余热锅炉型燃气–蒸汽联合循环系统和温熵曲线。该系统的工作原理是在燃气轮机后面安装一台余热锅炉，利用涡轮的排气去加热蒸汽轮机系统的给水，使其产生高温高压的蒸汽，最后送到汽轮机中做功。

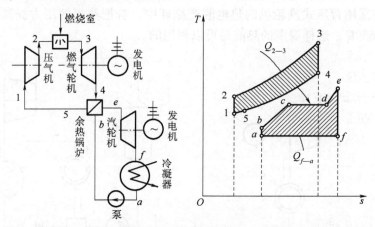

图 5.3.8 余热锅炉型燃气–蒸汽联合循环系统和温熵曲线

理想情况下，假设燃气轮机放热量 $Q_{4—1}$ 全部用来产生水蒸气，则有 $Q_{4—1}=Q_{b—e}$。整个循环加热量为 $Q_{2—3}$，放热量为 $Q_{f—a}$，因此热效率为

$$\eta = 1-\frac{Q_{f—a}}{Q_{2—3}}$$

设燃气轮机效率为 η_1，汽轮机效率为 η_2，则

$$Q_{4—1}=Q_{2—3}(1-\eta_1)$$
$$Q_{f—a}=Q_{4—1}(1-\eta_2)=Q_{2—3}(1-\eta_1)(1-\eta_2)$$
$$\eta=1-(1-\eta_1)(1-\eta_2)=\eta_1+\eta_2(1-\eta_1)=\eta_2+\eta_1(1-\eta_2)$$

可以看出，燃气–蒸汽联合循环的效率既大于燃气轮机循环热效率，也大于汽轮机循环热效率。由于燃气–蒸汽联合循环同时利用了燃气轮机循环平均吸热温度高和汽轮机循环平均放热温度低的优点，因此可以达到较高的热循环效率，最高效率已达到 60% 以上。

在解决燃煤的污染问题方面，首先要致力于解决粉尘的排放问题，进而向解决 NO_x 和 SO_x 排放问题的方向发展。目前，粉尘的排放问题基本上已获得比较满意的解决，NO_x 的排放问题已能在锅炉中改用低 NO_x 燃烧器的方法加以控制。但是，在解决 SO_x 排放的问题上，费用相当高，许多方案还在研究中。目前，世界上解决 SO_x 排放问题最普遍的方法是采用尾气脱硫装置。但是，这种装置的费用很高，一般占全电站总投资费用的 20%~25%，运行费用也很高。而采用燃气–蒸汽联合循环，由于用液体或气体作燃料，因此可以很好地解决 NO_x 和 SO_x 的排放问题。一般来说，燃气–蒸汽联合循环电厂无飞尘，NO_x 和 SO_x 排放都很少，特别是在燃烧天然气时，还可以大大减少 CO_2 的排放量。

综上所述，燃气–蒸汽联合循环发电方式优于燃煤蒸汽电站，越来越受到人们的重视。在世界的发电容量中，其所占份额明显快速增长，自 1987 年开始，美国发电用燃气轮机年生产总功率数已超过了发电用汽轮机年生产总功率数。

5.3.2　核能发电

利用常规能源的火力发电，需要的煤、石油、天然气等矿物燃料的储量是有限的。和火力发电相比，利用核燃料的核能发电具有以下优点。

（1）燃料能量高度集中。在目前实际应用中，1 kg 天然铀可代替 2 800 t 煤，可大大减少燃料及废渣的运输量和相关费用。

（2）对环境污染小。

（3）核燃料储量非常丰富。

核电站是将核燃料在可控自发裂变反应中产生的能量转换为电能的电站，核电站的核心装置是提供核能的反应堆，堆中释放的能量要利用载热流体（水、氦气、液态金属）通过一回路送到热交换器，再通过热交换器加热工质，由二回路送到汽轮机发电。在核电站中，除锅炉被核反应堆及蒸汽发生器取代外，其他设备和系统与普通的火力发电厂基本相同（见图 5.3.9）。核电站利用的热能是核反应堆释放出来的，用于核反应堆的核裂变元素为铀-235，因此目前核电站的核燃料主要是二氧化铀。

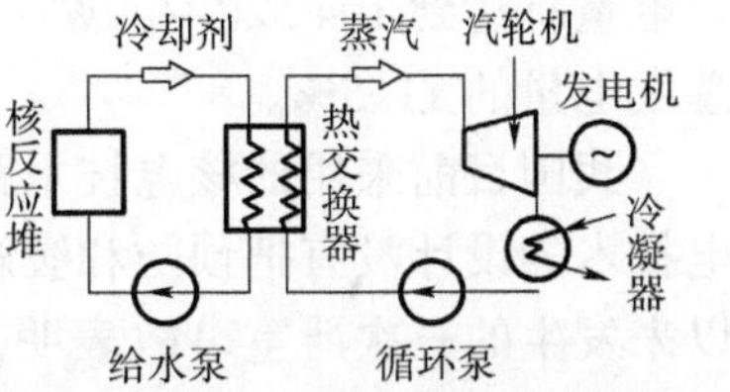

图 5.3.9　核电站设备与系统

1. 核能发电的发展

从核裂变发现到现在，只有 80 多年的历史。从 1954 年苏联建成世界上第一座核电站开始，核电的发展已经历了三代，同时正在研发第四代。

第一代核电技术，即早期原型反应堆，主要目的是通过试验示范形式来验证核电在工程实施上的可行性。苏联在 1954 年建成 5 MW 试验性石墨水冷堆核电站，此后，英国、美国、法国、加拿大等国先后建设了多种类型的核电站。这些核电站均属于第一代核电站。

第二代核电技术是在第一代核电技术的基础上发展起来的，包括压水堆、沸水堆和重水堆等，其主要特点是增设了氢气控制系统、安全壳泄压装置等，安全性能得到显著提升。我国运行的核电站大多为第二代改进型，如投入运行的秦山核电站（见图 5.3.10）、广东大亚湾核电站、秦山二期核电站、岭澳核电站、田湾核电站属于压水堆核电站，秦山三期核电站属于重水堆核电站。

图 5.3.10　秦山核电站

第三代核电技术是具有更高安全性、更高功率的新一代先进核电站。我国已引进第三代核电技术的代表技术 AP1000 等，并在消化、吸收国外技术的基础上，研发形成具有自主知识产权的第三代百万千瓦级压水堆核电技术。

第四代核电技术是由美国能源部发起，并联合法国、英国、日本等 9 个国家共同研究的下一代核电技术。第四代核电技术将满足安全、经济、可持续发展、极少的废物生成、燃料增殖的风险低、防止核扩散等基本要求。我国也已开工建设自主研发的第四代核电站。

我国核电发展已从起步阶段进入安全高效发展阶段，从建设第二代核电厂发展到建设第三代核电厂，从建设沿海核电厂发展到考虑建设内陆核电厂。2023 年年底，我国在运核电机组 55 台，运行装机容量为 5 700 万 kW，其中压水堆 52 座；在建核电机组 26 台，总装机容量为 3 030 万 kW。根据对我国中长期发电总装机容量和除核电外各类电源装机情况的预测，可推算出核电的装机容量在 2030 年将达到 16 055 万 kW，占当年总装机容量的 6.8%。相应地，中国工程院也对我国各类电源中长期发电量情况进行了预测，我国在 2030 年的总发电量将达到 104 520 亿 kW·h，核电在 2030 年的发电量将达到 120 00 亿 kW·h，占当年总发电量的 11.5%。

我国目前采用的核电技术路线都是第二代改进型核电技术和第三代核电技术。第二代核电技术的设计没有把预防和缓解严重事故作为必须有的措施，而世界上核电站运行 50 多年以来发生的三次严重事故表明，第二代核电技术的设计低估了发生严重事故的可能性。因此，第三代核电技术把预防和缓解严重事故作为设计上必须满足的要求，这是第三代核电技术与第二代核电技术在安全要求上的根本差别。

2. 核电站的组成

核电站发电是以核反应堆来代替火电站的锅炉，以核燃料在核反应堆中发生特殊形式的燃烧产生热量来加热水，使之变成蒸汽。蒸汽通过管路进入汽轮机，推动汽轮发电机发电（见图 5.3.11）。一般来说，核电站的汽轮发电机及电气设备与普通火电站大同小异，其关键主要在于核反应堆。

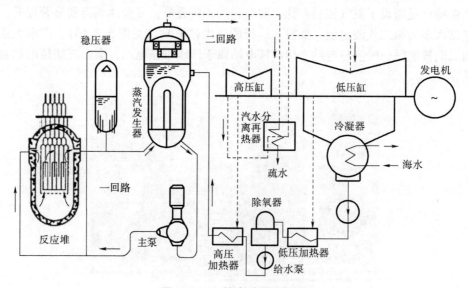

图 5.3.11　核电站原理流程

核电站除了关键设备核反应堆外，还有许多与之配合的重要设备。以压水堆核电站为例，其主要有主泵、稳压器、蒸汽发生器、安全壳、汽轮机等设备，这些设备在核电站中有各自的特殊功能。

（1）主泵：如果把核反应堆中的冷却剂比作人体血液的话，那主泵则是心脏，其功用是把冷却剂送进堆内，然后流过蒸汽发生器，以保证核裂变反应产生的热量及时传递。

（2）稳压器：又称压力平衡器，是用来控制核反应堆系统压力变化的设备。在正常运行时，起保持压力的作用；在发生事故时，提供超压保护。稳压器里设有加热器和喷淋系统，当核反应堆内压力过高时，喷淋系统喷洒冷水降压；当核反应堆内压力太低时，加热器自动通电加热使水蒸发以增加压力。

（3）蒸汽发生器：作用是把通过反应堆的冷却剂的热量传给二回路中的水，并使之变成蒸汽，通入汽轮机的气缸做功。

（4）安全壳：用来控制和限制放射性物质从核反应堆扩散，以保护公众免遭放射性物质的伤害。万一发生罕见的核反应堆—回路水外溢的失水事故，安全壳是防止核裂变产物释放到周围的最后一道屏障。安全壳一般是内衬钢板的预应力混凝土厚壁容器。

（5）汽轮机：核电站用的汽轮机在构造上与常规火电站大同小异，所不同的是由于蒸汽压力和温度都较低，所以同等功率的汽轮机体积比常规火电站的汽轮机体积大。

3. 核反应堆的分类

核反应堆的结构形式是多种多样的，根据燃料形式、冷却剂种类、中子能量分布形式、特殊的设计需要等因素可建造成各种不同的结构形式。目前世界上有大小核反应堆（含各种试验堆）上千座，其分类也有很多种。核反应堆按中子能谱分为热中子堆（简称热堆，又称慢中子堆）和快中子堆。核反应堆按冷却剂种类分为水冷堆、气冷堆、液态金属冷却堆和熔盐堆等。其中的水冷堆又分为轻水堆和重水堆；气冷堆目前的代表堆型是模块式高温气冷堆，简称高温堆；液态金属冷却堆目前最成熟的代表堆型是钠冷快中子增殖反应堆，简称钠冷快堆。反应堆按用途分为研究堆、生产堆和动力堆等，生产堆主要用于生产军用钚和氚。按照冷却剂种类对核反应堆进行分类，如图 5.3.12 所示。

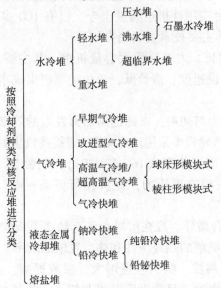

图 5.3.12　按照冷却剂种类对核反应堆进行分类

5.4　动力机械

在热能的利用过程中，大多数情况下需要将热能转换为机械能加以利用，因此热能与动力机械在能源的利用中已经形成了一个有机的整体，动力机械的发展也对经济的发展和社会的进步起到了重要的推动作用。例如，19世纪内燃机的出现，打破了蒸汽动力的统治地位，促进了汽车的出现和发展；第二次世界大战中涡轮喷气发动机的出现，使航空燃气轮机迅速取代活塞式发动机，成为当代航空动力的最主要形式；19世纪末汽轮机的出现，使火力发电得到了迅猛的发展，电能的广泛利用大大促进了人类生活的进步。

动力机械是指将某种能量直接转换为机械能并拖动其他机械进行工作的机械，所以又称原动机或发动机。动力机械是在动力的产生、传递和输出的系统中最主要的设备。例如，5.3节中图5.3.1所示的热力发电厂系统，包含锅炉、汽轮机、发电机、冷凝器、给水泵和连接管道等，在该系统中，汽轮机作为动力机械，连续地完成热能转换为机械能再转换为电能的过程。

动力机械的类型有多种。常见的分类方法有两种：一种是按做功工质分，有蒸汽动力（如汽轮机、蒸汽机）、燃气动力（如汽油机、柴油机、燃气轮机等）、水动力（如水轮机）和风动力（如风力机）；另一种是按加热方式分，有内燃动力（如汽油机、柴油机、燃气轮机等）、外燃动力（如汽轮机、热气机、蒸汽机等）及无加热动力（如水轮机和风力机）。

5.4.1　汽轮机

汽轮机是一种以蒸汽为工质的旋转式动力机械，在能源利用和能量转换中占有重要的地位。汽轮机的任务是把蒸汽的热能转换为机械能，从而带动发电机输出电能。汽轮机运行平稳、单机功率大、效率高、使用寿命长，广泛应用于现代热力发电厂和核电厂。另外，汽轮机的排汽或中间抽汽还可以用于满足生产和生活上的供热需要。

汽轮机从1884年第一台实用性机组问世至今，已有100多年历史，目前运行中的最大机组容量已达1 300 MW，其主要技术发展趋势如下：

（1）单机功率的不断增长，力求采用大容量机组。其主要原因是大容量机组可以减少新建电站数目，加快电力建设速度；造价低，单位功率机组成本低；效率高，大容量机组的电厂经济性高。

（2）提高主蒸汽的初压力与初温，以此提高热力发电的效率。但蒸汽初参数的提高是受一定条件限制的。由于目前汽轮机多采用珠光体钢，以提高机组的适应性，所以温度多稳定在560~570 ℃。压力方面多采用亚临界（16~17 MPa）、超临界（24~25 MPa）和超超临界（27 MPa以上）压力。采用超临界压力，经济性可更高一些，但机组的适应性和可靠性略差。

（3）采用燃气-蒸汽联合循环。现在世界上已有约2万MW机组以燃气-蒸汽联合循环方式进行发电，大大提高了机组的热经济性和热力发电的效率。

（4）提高机组运行的可靠性。机组容量增大、参数提高，必然使其零部件增多，尺寸增大，也相应地增加了事故因素。目前采用微机监控、计算机故障诊断等先进的控制技术，低负荷范围内的变压运行及滑参数启停等运行方式，以提高机组运行的可靠性并改善其运行经济性。

　　图 5.4.1 所示为最简单的汽轮机工作原理简图。具
有一定压力和温度的从锅炉来的蒸汽流经喷嘴，由于喷
嘴中流通截面的变化，蒸汽的热能转换为动能。高速度
的蒸汽从喷嘴流出，射入动叶片与叶片之间的通道，并
推动叶片和叶轮旋转，从而对外做出机械功。

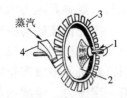

**图 5.4.1　最简单的汽轮机
工作原理简图**

1—轴；2—叶轮；3—动叶片；4—喷嘴

　　实际应用的汽轮机做功基本单元由一列静叶栅（若
干个喷嘴）和一列动叶栅（与叶轮安装为一体的叶片
组）组成（见图 5.4.2），并常将一列静叶栅和一列动叶
栅称为汽轮机的级。只有一个级的汽轮机，称为单级汽轮机；有若干个级的汽轮机，称为多
级汽轮机。

　　汽轮机的本体包括静止和转动两部分。静止部分有气缸、喷嘴、隔板和轴承等主要部
件，转动部分由主轴、叶轮和叶片组成（见图 5.4.3）。

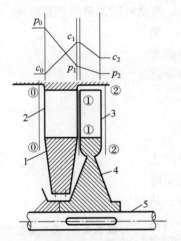

图 5.4.2　汽轮机的级

1—隔板；2—喷嘴；3—动叶片；4—叶轮；5—轴
注：图中 0—0 为静叶栅进口；①—①为静叶栅出口；
②—②为动叶栅出口；p 和 c 分别为蒸汽压力和速度。

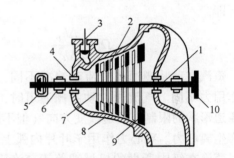

图 5.4.3　汽轮机本体结构示意

1—主轴；2—隔板；3—调节气门；
4—汽封；5—推力轴承；6—固定瓦轴承；7—叶轮；
8—气缸；9—动叶片；10—联轴器

　　气缸即汽轮机外壳，为一个封闭汽室。中低压参数的汽轮机只有一个气缸，称为单缸式
汽轮机。高压以上参数的汽轮机一般有两个或更多气缸。在主轴穿过气缸的地方设有汽封装
置，以减少气缸内蒸汽向外泄漏。在多级汽轮机中，第一级喷嘴都直接装在气缸前端调节气
门下面，以后每级喷嘴都装在隔板上。喷嘴由固定在气缸上的静叶片构成，每两片静叶片之
间的通道构成一个喷嘴。固定在叶轮上的叶片称为动叶片。为控制汽轮机的进气量，要设置
调节气门。隔板是汽轮机各级间的间壁，将汽轮机的各级分隔，是组成一个级的重要部件
之一。

　　根据功能和蒸汽参数高低的不同，汽轮机通常有以下几种类型。

　　（1）按汽轮机功能分类，汽轮机可分为凝汽式汽轮机和供热式汽轮机。凝汽式汽轮机
主要用来带动发电机发电，供热式汽轮机则同时具备供热和发电的功能。

（2）按蒸汽参数高低分类，汽轮机可分为低压汽轮机、中压汽轮机、高压汽轮机、超高压汽轮机、亚临界压力汽轮机、超临界压力汽轮机和超超临界压力汽轮机。

此外，汽轮机按做功原理可分为冲动式汽轮机和反动式汽轮机，按汽轮机气缸数量可分为单缸汽轮机和多缸汽轮机，按汽轮机轴的数量可分为单轴汽轮机和双轴汽轮机，按级数可分为单级汽轮机和多级汽轮机。

具有一定压力、温度的蒸汽通过汽轮机的级时，首先在静叶栅通道中得到膨胀加速，将蒸汽的热能转换为高速气流的动能；然后进入动叶栅通道，在其中改变方向或者既改变方向又膨胀加速，推动叶轮旋转，将高速气流的动能转换为旋转机械能，完成利用蒸汽热能做功的任务。

图 5.4.4 所示为蒸汽通过汽轮机的级做功时的热力过程曲线。$0'(p_0,t_0)$ 点为喷嘴前的蒸汽状态点，$0^*(p_0^*,t_0^*)$ 为喷嘴前的滞止状态点，$0'$—1 为蒸汽通过喷嘴的热力过程曲线，1—2 为蒸汽通过动叶栅通道的热力过程曲线。$1(p_1,t_1)$ 点为动叶栅通道进口（也是喷嘴出口）状态点，$2(p_2,t_2)$ 点为动叶栅通道出口状态点，0^*—$0'$—1—2 为级的热力过程曲线。其中，Δh_t^* 为整个级的滞止焓降，Δh_n^* 为喷嘴的理想焓降，Δh_b 为动叶栅通道的理想焓降。

为了表明蒸汽在动叶栅通道中膨胀程度的大小，常用级的反动度来表示，定义为蒸汽在动叶栅通道中膨胀时的理想焓降和在整个级中膨胀时的滞止理想焓降之比，即

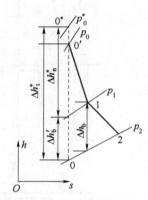

图 5.4.4　蒸汽通过汽轮机的级做功时的热力过程曲线

$$\Omega_m = \frac{\Delta h_b}{\Delta h_n^*}$$

蒸汽在动叶栅通道中流动情况不同，对动叶片产生的作用力不同。气流通过动叶栅通道时，由于受到动叶栅通道形状的限制，被迫改变方向（但不膨胀加速），从而产生离心力。离心力作用于叶片内弧上，称为冲动力。这时蒸汽在级中所做的机械功等于蒸汽微团流进、流出动叶栅通道时动能的变化量。这种级称为冲动级。气流通过动叶栅通道时，一方面要改变方向，同时还要膨胀加速，前者会对叶片产生一个冲动力，后者会对叶片产生一个反作用力，即反动力。蒸汽通过这种级时两种力同时做功，通常称为反动级。

冲动级有三种不同的形式。

（1）纯冲动级。

通常把反动度 Ω_m 等于零的级称为纯冲动级，其特点是蒸汽只在静叶栅通道中膨胀，在动叶栅通道中不膨胀而只改变其流动方向，即有 $\Delta h_b = 0$，$\Delta h_n^* = \Delta h_t^*$。

（2）带反动度的冲动级。

为了提高级的效率，通常冲动级也带有一定的反动度（$\Omega_m = 0.05 \sim 0.20$），这时蒸汽的膨胀绝大部分在静叶栅通道中进行，只有一小部分在动叶栅通道中继续膨胀。这种级称为带反动度的冲动级，具有做功能力大、效率高的特点，因此得到广泛应用。

（3）复速级。

由一组静叶栅和安装在同一叶轮上的两列动叶栅及一组介于第一、第二列动叶栅之间，

固定在气缸上的导向叶栅所组成的级，称为复速级。复速级中蒸汽的做功过程是先在静叶栅通道中膨胀加速，进入第一列动叶栅通道中将高速气流的一部分动能转换为机械能做功；从第一列动叶栅通道流出的气流速度仍然相当大，为了利用这一部分动能，在第一列动叶栅之后装上一列导向叶栅以改变气流的方向，使之顺利进入第二列动叶栅通道继续做功；为了提高复速级的效率，也采用一定的反动度，即让蒸汽通过两列动叶栅和导向叶栅通道时都有一定的膨胀。复速级具有做功能力大的特点，在中小型汽轮机中，通常用复速级作为调节级。

在汽轮机中，通常把反动度 $\Omega_m = 0.5$ 的级称为反动级。根据反动度的定义，其蒸汽在静叶栅通道和动叶栅通道的膨胀程度相同，即 $\Delta h_b = \Delta h_n^* = 0.5 \Delta h_t^*$。反动级是在冲动力和反动力同时作用下做功。这种级的结构特点是动叶片叶型与静叶片叶型相同。反动级的效率比冲动级高，但做功能力小。

5.4.2　活塞式内燃机

活塞式内燃机是一种燃料在发动机气缸内部燃烧，工质被加热并膨胀做功，直接将热能转换为机械能的动力机械，包括汽油机、柴油机、氢气内燃机等。内燃机具有体积小、热效率高、起动快、适应性好等优点，广泛用于交通运输、工程机械、农业机械、发电设备等领域。100 多年来，内燃机的生命力经久不衰。目前世界上内燃机的拥有量超过其他任何热力发动机，在国民经济中占有相当重要的地位。

1. 内燃机的发展历史

1673—1680 年，荷兰物理学家惠更斯首先提出将真空活塞式火药燃烧的高温燃气在气缸中冷却后形成真空，从而带动活塞做功，这在人类历史上第一次把燃气与活塞联系起来，实现了"内燃"。1690 年，由于火药机试验不断失败，惠更斯的朋友和助手法国医生巴本采用了相当于真空原理的、用蒸汽作为工质的活塞式发动机，成为近代蒸汽机的直接祖先。1776 年瓦特发明的近代蒸汽机，在世界范围内掀起了第一次工业革命的热潮。由于蒸汽机技术的科学性、合理性且符合当时生产条件的特点，其在此后的一个多世纪得到了广泛应用。

但是，蒸汽机作为一种动力机械，本身存在一些明显的缺点，如锅炉预热时间长，移动不便，安全性差，特别是蒸汽机热效率低，促使人们在蒸汽机全盛时期并没有放弃对内燃机的研究。1860 年，法国人兰诺研制成功第一台实用的二冲程、无压缩、电火花点火的煤气机，热效率达到 4%。为了提高热效率，1862 年，法国工程师罗沙第一次提出了近代内燃机等容燃烧的四冲程循环理论，这是人类认知上的一次飞跃。

1876 年，德国工程师奥托按照等容燃烧的四冲程循环理论制造出第一台四冲程煤气机，热效率提高到了 14%，是内燃机发展史上的一次重大突破。当时煤气应用比较广泛且容易得到，内燃机诞生初期都以煤气为燃料，随着石油工业的发展，出现了比煤气热值高许多的汽油和柴油，为液体燃料内燃机的出现创造了条件。

1886 年，美国的戴姆勒和德国的本茨分别将所研制的汽油机装在车辆上运行，这一年被公认为汽车诞生年。柴油机几乎是与汽油机同时发展起来的，1892 年，德国科学家狄塞尔提出了压燃式内燃机的专利，并于 1897 年制造出第一台实用柴油机，热效率高达 26%。到 19 世纪末，内燃机已经进入实用阶段。内燃机具有热效率高、体积小、移动方便等优点，为现代社会的发展注入了新的动力，促进了交通运输业的发展。

内河及海上运输是交通运输的重要组成部分，船舶是水上交通的重要交通工具。1912年，由两台柴油机驱动的商船首次试航成功，随着内燃机技术的不断发展及其产品性能的不断提高，柴油机逐渐取代了蒸汽机。由于船舶柴油机热效率高，功率覆盖范围广，起动迅速，运行安全，维修方便，使用寿命长，因此柴油机作为主机和辅机在内河及沿海船舶中已居于统治地位。在远洋船舶中，因为大型低速超长行程二冲程柴油机热效率已经达到50%以上，而且可以燃用价格低廉的重油，所以柴油机作为主机也日益增多，即使超大型船舶主机多采用汽轮机作为主机动力，柴油机作为应急动力或辅机也很常见。

在世界各国中，铁路是主要的交通干线。早期，机车使用蒸汽机长达一个半世纪。1913年，第一台装有柴油机的内燃机车诞生，从20世纪30年代开始，内燃机车开始进入快速发展时期，到20世纪50年代，蒸汽机车已经全面被内燃机车所取代。随着近年来我国高铁、动车线路的大规模建设，电气化铁路成为主流，内燃机车的使用范围逐渐减小。目前，全国铁路内燃机车拥有量为0.77万台，占全国机车拥有量的36.5%，主要在铁路支线、专线上牵引列车运行，在铁路上运行的大部分列车，特别是客运列车，基本已换成了电力机车，内燃机已经逐渐淡出历史舞台。但是，作为铁路应急救援的主力，内燃机车依然发挥着重要的作用。例如，2008年、2024年，中国南方出现大范围暴雪和冻雨，致使铁路接触网（输电线）覆冰，原本风驰电掣的高铁、动车组列车无法正常取电，多地多班次列车被迫降速、停运，甚至在铁路上动弹不得，而不依赖电力驱动的内燃机车在此时"挺身而出"，牵引着复兴号、动车组重新在暴风雪中行驶，确保了春运的正常运行。

1916年第一次世界大战中，英国首次在索姆河战役中使用坦克，自此坦克装甲车辆历经百年发展历程。早期的坦克动力以自然吸气的汽油机为主，从20世纪50年代第二次世界大战后列装的第一代坦克动力开始，由汽油机向柴油机转变，到20世纪60年代时已经全部实现了柴油机化，至今已发展了三代坦克动力装置。目前除美国M1系列和俄罗斯部分T-80主战坦克动力主要采用燃气轮机外，世界上其他主要国家的坦克均采用涡轮增压柴油机作为主战坦克动力。

内燃机最主要的应用还是在汽车行业，其出现促进了汽车工业的发展，汽车工业的大力发展又带动了内燃机技术的进步。100多年来内燃机的发展轨迹，其重要标志与汽车发展密切相关。1908年美国福特公司开始生产T型轿车，大幅度降低了汽车的售价，实现了汽车大众化，所应用的四缸内燃机是一种真正应用于汽车的实用型内燃机。从此，汽车工业飞速发展，开始了大批量生产轿车的历史，到20世纪20年代末，汽车已经成为美国人日常生活不可缺少的交通工具。美国的汽车革命，使汽车成为小巧玲珑、快速方便的交通工具，为人类创造了现代交通文明。

20世纪50年代以后，汽车工业进入了空前繁荣的发展时期，截至2023年年底，全世界汽车保有量约13亿辆，中国的汽车保有量达到3.36亿辆，其中绝大部分采用内燃机作为动力。汽车工业的发展促使内燃机技术不断发展。增压技术的使用，为提高内燃机的功率和热效率开辟了新的路径，大量新技术，如缸内喷射、多气门、进气滚流、稀薄分层燃烧、电控点火正时、高压燃油喷射等的应用，使内燃机在动力性、经济性、可靠性等各方面均取得了惊人的进步。如今，内燃机的最高热效率已经超过了50%，火花点火式内燃机升功率超过100 kW/L，压燃式内燃机升功率也超过100 kW/L。

在内燃机技术发展的同时，也产生了许多负面影响，主要是能源与原材料的消耗和对环境的污染。20 世纪 40 年代，在洛杉矶出现了"光化学烟雾"事件，这个事件的罪魁祸首是汽车所排放的氮氧化合物和碳氢化合物，因此自 20 世纪 60 年代起，从美国开始，各国相继制定了越来越严格的汽车排放法规，促进了内燃机排放控制技术，如三效催化转化器、废气再循环、柴油机微粒过滤器等的发展，特别是随着电子技术的发展和内燃机电控技术的应用，内燃机工作过程能被精确控制，进而使内燃机具有最佳的动力性、经济性和排放特性，成为内燃机发展的主要技术方向之一。

21 世纪以来，世界能源危机日益深化，环境污染日趋恶化，能源与环境已成为 21 世纪制约经济发展的重要因素，成为全世界各国关注的焦点。目前，中国石油的对外依存度超过70%，其中内燃机消耗用油超过 2/3，在大力发展汽车工业的同时，必须清醒认识到其对我国能源安全带来的挑战。同时，巨量的化石能源消费所带来的环境问题，也是一个亟待解决的问题，引起世界各国政府和公众的严重关注，保护和治理环境已成为当今社会的共识。随着机动车保有量的迅速增加和城市化进程的加快，机动车排放已经成为城市大气污染的一个主要来源。

针对日益严重的导致全球变暖温室气体排放的控制问题，1997 年世界各国政府达成《京都议定书》，2015 年达成《巴黎协定》。中国为保护地球环境，承担大国责任，于2020 年 9 月提出碳达峰碳中和战略，力争于 2030 年实现二氧化碳排放量达到峰值，2060年以前实现碳中和。中国是一个内燃机大国，内燃机保有量超过 9 亿台，作为陆上交通、船舶运输和工程机械的主流动力，内燃机产业在"双碳"目标中重任在肩。与此同时，我国正在加速推进节能与新能源汽车发展战略，新能源汽车市场快速发展。2023 年，中国新能源汽车销售达到 949.5 万辆，市场占比已经达到 31.6%，内燃机行业迎来前所未有的危机和挑战。

中国发布的《节能与新能源汽车技术路线图》指出，在相当长的时期内，内燃机仍是汽车动力的主体，是汽车产业节能减排降碳的主要贡献者。为了积极应对碳达峰碳中和战略，内燃机行业也在不断寻求解决途径。一方面，采取各种技术措施，提高内燃机热效率，降低内燃机油耗，同时采用混合动力技术与电气化相结合，实现节能减排；另一方面，采用氢、氨、合成燃料等零碳燃料，从源头上解决内燃机的碳排放问题，内燃机行业才可以摆脱目前面临的困境。

内燃机作为第二次工业革命的标志性科技成就，是世界动力史上的一次大飞跃，其应用范围之广、数量之多是无与伦比的，给世界带来了高度的物质文明。在经历了一个多世纪的发展之后，目前仍在人类生产生活中发挥着不可替代的作用，内燃机单功率从不到 1 kW 到8 万 kW，在其涵盖的整个应用范围内，没有真正的替代品能与之竞争。在未来相当长一段时间，内燃机仍将作为陆上交通、船舶运输和工程机械的主流动力，也是当前和今后实现节能减排以及碳减排最具潜力的产品。

2. 内燃机的分类

内燃机按其主要运动机构不同，分为往复活塞式内燃机和旋转活塞式内燃机两大类，其中往复活塞式内燃机在数量上占统治地位。旋转活塞式内燃机是 20 世纪 50 年代出现的新型内燃机，没有往复运动机构和气门机构，结构简单，体积小，质量小，转速高，单位气缸容积的有效功率大，振动小，运转平稳，而且制造成本低。但是由于旋转活塞式内燃机还存在不少问题，因此目前尚未普遍应用。

常用的往复活塞式内燃机分类方法如下：

（1）按燃料分类，可以分为柴油机、汽油机、代用燃料内燃机等。

（2）按一个工作循环的行程数分类，可以分为四冲程内燃机、二冲程内燃机。

（3）按燃料着火方式分类，可以分为压燃式内燃机、点燃式内燃机。

（4）按冷却方式分类，可以分为水冷式内燃机、风冷式内燃机。

（5）按进气方式分类，可以分为自然吸气式内燃机、增压式内燃机。

（6）按气缸数目分类，可以分为单缸内燃机、多缸内燃机。

（7）按气缸排列分类，可以分为直列式内燃机、V 形内燃机、卧式内燃机、对置气缸内燃机等。

3. 内燃机的工作原理

（1）基本概念。

图 5.4.5 所示为内燃机的结构。内燃机工作时，燃料在气缸内燃烧，使气体压力和温度升高，并在气缸内膨胀做功推动活塞运动，从而通过曲柄连杆机构将活塞的往复运动转换成曲轴的旋转运动，对外输出动力。

在内燃机内，每一次将热能转换为机械能，都必须经过空气吸入、压缩和输入燃料，使之着火燃烧而膨胀做功，然后将生成的废气排出这样一系列连续的过程，称为内燃机的一个工作循环。对于往复活塞式内燃机，根据每一个工作循环所需活塞行程数分类，凡是活塞往复四个单程完成一个工作循环的称为四冲程内燃机，活塞往复两个单程完成一个工作循环的称为二冲程内燃机。

根据所用燃料种类区分，常见的有汽油机和柴油机。汽油机一般是先使汽油和空气混合成可燃混合气，再输入内燃机并进行压缩，然后用电火花使之点火燃烧而做功，这种内燃机又称点燃式内燃机。柴油机一般是直接将柴油喷入内燃机气缸，与在气缸内经压缩后的空气混合，使之在高温下自燃，这种内燃机又称压燃式内燃机。

图 5.4.6 所示为内燃机结构示意。活塞顶离曲轴中心最远处，即活塞最高位置，称为上止点。活塞顶离曲轴中心最近处，即活塞最低位置，称为下止点。上下止点间的距离称为活塞行程。曲轴与连杆下端的连接中心至曲轴中心的距离称为曲柄半径。活塞从上止点到下止点所扫过的容积称为气缸工作容积或气缸排量。多缸内燃机各个气缸工作容积的总和称为内燃机工作总容积或内燃机排量。

（2）内燃机工作原理。

四冲程内燃机的工作原理如图 5.4.7 所示。

1）进气冲程：这是内燃机工作循环的第一个冲程。工作时进气门打开，曲轴旋转 180°，活塞由上止点运动到下止点，新鲜冲量被吸入气缸。

2）压缩冲程：此时内燃机的进排气门全部关闭，气缸形成封闭系统，曲轴旋转 180°，活塞由下止点运动到上止点，将气缸内的冲量压缩。

3）做功冲程：气缸内高温、高压气体膨胀做功，推动活塞由上止点运动到下止点，曲轴旋转 180°，对外做功。

4）排气冲程：膨胀冲程结束后，排气门打开，曲轴旋转 180°，推动活塞由下止点运动到上止点，将燃烧后的废气经排气门排出气缸。

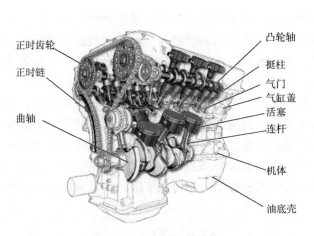

图 5.4.5　内燃机的结构

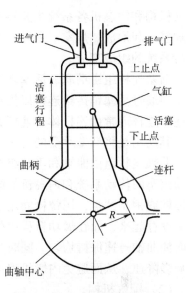

图 5.4.6　内燃机结构示意

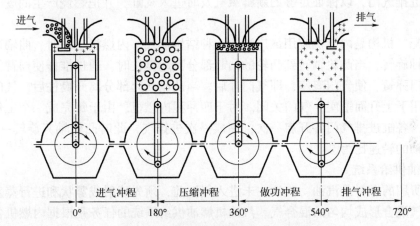

图 5.4.7　四冲程内燃机的工作原理

4. 内燃机构造

内燃机是一种由许多机构和系统组成的复杂动力机械，就其总体构造而言，包括曲柄连杆机构、配气机构、燃油供给系统、冷却系统、润滑系统和起动系统。对于汽油机，还包括点火系统。

（1）曲柄连杆机构。

曲柄连杆机构的作用是将活塞在做功行程中由于燃气膨胀做功所产生的直线运动转变为曲轴的旋转运动；在其他行程中，曲柄连杆机构执行相反的任务，即将曲轴的力传给活塞，使活塞产生直线运动。曲柄连杆机构的主要零件可以分成三组：机体组、活塞连杆组、曲轴飞轮组。

机体组主要由机体、气缸盖、气缸盖罩、气缸衬垫、主轴承盖及油底壳等组成。镶气缸套的内燃机，机体组还包括干式或湿式气缸套。机体组是内燃机的支架，是曲柄连杆机构、配气机构和内燃机各系统主要零部件的装配基体。气缸盖用来封闭气缸顶部，并与活塞顶和气缸壁一起形成燃烧室。另外，气缸盖和机体内的水道和油道及油底壳又分别是冷却系统和润滑系统的组成部分。

活塞连杆组由活塞、活塞环和活塞销组成。活塞的主要功用是承受燃烧气体压力，并将此压力通过活塞销传给连杆以推动曲轴旋转。此外，活塞顶部与气缸盖、气缸壁共同组成燃烧室。连杆通常由连杆体、连杆大头盖、连杆螺栓、连杆小头衬套、连杆大头轴瓦等零件组成，其功用是将活塞承受的力传给曲轴，并将活塞的往复运动转变为曲轴的旋转运动。

曲轴飞轮组由曲轴和飞轮组成。曲轴的功用是把活塞、连杆传来的力转变为转矩，用以驱动汽车的传动系统和内燃机的配气机构及其他辅助装置。飞轮是一个具有相当大转动惯量的铸铁或钢制圆盘，用螺栓固定在曲轴后端的凸缘上。内燃机做功行程期间可将曲轴加速的能量储存起来，而在做功行程以外的几个行程即在曲轴减速时，可把储存的能量释放出来，从而使曲轴转速保持均匀。同时，在内燃机突然超载而引起转速下降时，飞轮转动的惯性可以减慢降速，从而避免内燃机熄火。

（2）配气机构。

配气机构的作用是按照每个气缸内所进行的工作循环和点火次序的要求，定时开启和关闭各气缸的进排气门，以保证足够的新鲜氧气及时进入气缸，并把燃烧产生的废气及时从气缸中排出。

气门式配气机构是内燃机应用最广泛的一种结构形式。内燃机工作时，曲轴通过正时齿轮驱动凸轮轴旋转，当凸轮轴转到凸轮的凸起部分顶起挺柱时，通过推杆使摇臂绕摇臂轴摆动，压缩气门弹簧，使气门离座，即气门开启。当凸轮凸起部分离开挺柱后，气门便在气门弹簧力的作用下上升而落座，气门关闭。对于四冲程内燃机，由于每完成一个工作循环，曲轴旋转两周，各缸进排气门各开启一次，完成一次进排气，此时凸轮轴只旋转一周，因此，曲轴与凸轮轴的转速比为 2：1。

（3）燃油供给系统。

汽油机所用的燃料是汽油，汽油在未进入气缸前，须先喷射成雾状和进行蒸发，并按一定比例与空气混合形成均匀的混合气。汽油机燃油供给系统的任务是根据内燃机各种不同工况的要求，配制出一定数量和浓度的可燃混合气，使其进入气缸，并在临近压缩终止时点火燃烧而膨胀做功。最后，燃油供给系统还应将燃烧产物的废气排入大气。

目前汽油机通常采用电子控制汽油喷射式燃油供给系统，它以控制单元为控制中心，利用各种传感器所采集到的信号，并根据内燃机反馈的实际工况和计算机中预存的控制程序来精确控制喷油器的喷油量，使内燃机在各种工况下均能获得最佳空燃比的混合气。

电子控制汽油喷射式燃油供给系统主要由电动燃油泵、燃油滤清器、燃油压力脉动阻尼器、燃油压力调节器、喷油器和燃油管路等组成。电动燃油泵把汽油从燃油箱中泵出，经过燃油滤清器滤去杂质，再通过燃油总管分配到各个喷油器。燃油压力脉动阻尼器可以减小燃油管路中油压的波动。燃油压力调节器保证喷油器两端压差恒定，使喷油量只受喷油时间长短的影响，从而提高喷油量控制精度。

柴油机所用的燃料是柴油。与汽油相比，柴油黏度大，蒸发性差，一般不能在气缸外部与空气形成均匀的混合气，故柴油机采用高压喷射的方法。在压缩行程接近终止时，将柴油喷入气缸，直接在气缸内部形成混合气，并借助缸内空气的高温自行点火燃烧。

柴油机燃油供给系统由低压油路和高压油路两部分组成。低压油路包括油箱、油水分离器、柴油滤清器和输油泵等部件，高压油路包括喷油泵、高压油管和喷油器等部件。

喷油泵是定时、定量产生高压油的装置，分为柱塞式喷油泵和分配式喷油泵两大类。输油泵将柴油从油箱中吸出，经过油水分离器分离出柴油中的水分，再压向柴油滤清器过滤，干净的柴油进入柱塞式喷油泵，提高压力，再经高压油管送到喷油器，以一定的速度、射程和喷雾锥角喷入燃烧室。多余的柴油从回油管流回柴油滤清器。

目前，柴油机越来越多采用先进的高压共轨系统，由高压油泵、压力传感器、共轨管、喷油器和电子控制单元（electronic control unit，ECU）组成。这种燃油供给系统将喷射压力的产生和喷射过程彼此完全分开，由高压油泵把高压燃油输送到共轨管，通过对共轨管内的油压实现精确控制，使高压油管压力大小与内燃机的转速无关，从而大幅减小柴油机供油压力随内燃机转速的变化，避免了传统机械供油系统低速下供油压力低的缺陷。ECU 可以通过喷油器上的电磁阀精确控制喷油器的喷油量、喷油时刻，并可实现喷油规律柔性可调。

（4）冷却系统。

内燃机冷却系统的功能是使内燃机在所有的工况都保持在适当的温度范围内。冷却系统既要防止内燃机过热，也要防止冬季内燃机过冷。在内燃机起动以后，冷却系统还要保证内燃机迅速升温，尽快达到正常的工作温度。

内燃机在工作过程中，气缸内燃烧温度最高可达 2 500 ℃。燃烧产生的热量，有一部分（约占燃烧热量的 1/3）经各种传热方式传给内燃机组件。直接与高温气体接触的机件若不及时冷却，则其中运动件将因受热膨胀而破坏正常间隙，或因润滑油在高温下失效而卡死；各机件也会因高温而导致机械强度降低甚至损坏。因此，为保证内燃机正常工作，必须对这些在高温条件下工作的机件加以冷却。但若冷却过度，气缸内的温度过低，热量散失过多，转变为有用功的热量就减少，还将使燃料的雾化和蒸发性能变差，从而导致混合气的形成和燃烧不好，同时还会造成机油黏度过大，机械运转阻力增加。这些都会造成内燃机的油耗增加，功率下降。

根据冷却介质的不同，内燃机的冷却系统有水冷系统和风冷系统两种形式。内燃机中使高温零件的热量直接散入大气而进行冷却的一系列装置称为风冷系统。水冷系统是将这些热量先传导给冷却液，然后再散入大气而进行冷却。大多数内燃机冷却系统采用水冷系统。

内燃机的水冷系统由水泵、散热器、冷却风扇、节温器、补偿水桶、机体和气缸罩的水套以及附属装置组成。在水泵增压后，经分水管进入内燃机的机体水套，再从水套壁周围流过并通过冲水套壁吸热升温，然后流入气缸盖水套，从气缸盖水套吸热后经节温器流入散热器。在散热器中，冷却液使流过散热器周围的空气散热而降温。最后冷却液返回水泵，如此循环往复。

（5）润滑系统。

内燃机工作时，传动零件的相对运动表面之间必然产生摩擦。金属表面之间的摩擦不仅会增大内燃机内部的功率消耗，使零件工作表面迅速磨损，而且摩擦产生的大量热可能导致零件表面烧损，致使内燃机无法运转。因此，为保证内燃机正常工作，必须对相对运动表面加以润滑，也就是在摩擦表面上覆盖一层润滑油，使金属表面间隔一层油膜，以减小摩擦阻力，降低功率损失，减轻机件磨损，延长内燃机使用寿命。流动的机油不仅可以清除摩擦表面的磨屑等杂质，而且还可以冷却摩擦表面，气缸壁和活塞环上的油膜还能提高气缸的密封性。此外，机油还能防止零件生锈。

内燃机的润滑是由润滑系统来实现的，根据内燃机传动零件的工作条件不同，润滑方式可分为以下几种。

1）压力润滑。以一定的压力把润滑油压入摩擦表面的润滑方式称为压力润滑。该方式主要用于主轴承、连杆轴承和凸轮轴等负荷较大的摩擦表面的润滑。

2）飞溅润滑。利用内燃机工作时运动部件溅起来的油滴或油雾润滑摩擦表面的润滑方式称为飞溅润滑。该方式主要用于润滑负荷较小的气缸壁表面和配气机构的凸轮、挺柱、气门杆及摇臂等零件的工作表面。

3）润滑脂润滑。通过润滑脂嘴定期加注润滑脂来润滑零件工作表面的润滑方式称为润滑脂润滑，水泵及发电轴承等多应用此方式。

典型的内燃机润滑系统工作时，机油泵通过机油集滤器从油底壳中吸入机油，如果油压太高或流量过大，则机油从安全阀旁流回油底壳，而压力和流量正常的机油则进入机油滤清器进行过滤，然后进入内燃机的主油道。机油滤清器上有旁通阀，若机油滤清器堵塞，油压升高，则旁通阀打开，机油直接短路进入主油道。主油道通过分油道将机油送到各个主轴承，同时主油道中有一路供给凸轮轴总油道，然后给各个凸轮轴承供油。缸盖上凸轮轴总油道末端也是整个压力油路的末端，此处有一个用来作为最低压力报警的压力开关。

（6）起动系统。

要使内燃机由静止状态过渡到工作状态，必须先用外力转动内燃机的曲轴，使气缸内吸入可燃混合气并燃烧膨胀，工作循环才能自动进行。曲轴在外力作用下开始转动到内燃机开始自动怠速运转的全过程，称为内燃机的起动。

要使内燃机起动成功，必须有一定的起动转速和起动转矩。起动转速是保证内燃机工作所必需的压缩压力和着火燃烧的重要条件。起动转矩则必须克服机械运动件和辅助运动件的摩擦力和机油的黏性力、机件加速的惯性力、气体或工质的初始压缩阻力等。

转动内燃机曲轴使内燃机起动的方法很多，常用的是电力起动、人力起动、压缩机起动等。如今汽车大部分使用电力起动方式。这种起动系统以蓄电池作为电源，以电动机作为动力源，当电动机轴上的驱动齿轮与内燃机飞轮边缘的环齿啮合时，电动机旋转产生的动力就通过飞轮传递给内燃机的曲轴，使曲轴转动，进而起动内燃机。

（7）点火系统。

点火系统是点燃式内燃机特有的系统，为了适应内燃机的工作，要求点火系统能按照内燃机的点火次序，在一定时刻供给火花塞足够能量的高压电，使其两极间产生电火花，点燃混合气，使内燃机做功。按照点火系统组成和产生高电压方式的不同，点火系统分为传统点火系统和电子点火系统。

电子点火系统又分为有分电器电子点火系统和无分电器电子点火系统。根据发展历程不同，有分电器电子点火系统可分为有触点式电子点火系统和无触点式电子点火系统两种。

有触点式电子点火系统保留了传统点火系统的分电器，利用晶体管的开关作用代替断电器触点，控制点火线圈一次电路的通断，减小触点电流，从而减小触点火花，延长触点寿命。无触点式电子点火系统用电子控制点火模块代替断电器触点，点火信号由曲轴位置传感器提供，利用各种类型的传感器代替断电器触点，产生点火信号，控制点火系统工作。因此，在该点火系统工作时，与触点有关的故障都不会发生。

无分电器电子点火系统又称计算机控制点火系统，一般由传感器、ECU、点火模块、高压线圈等组成，取消了传统点火系统的配电器和断电器，使点火系统大大简化，且提高了工作可靠性，消除了由配电器盖和分火头之间的火花造成的无线电干扰和能耗。因此，此系统在现代汽车上应用广泛。

5.4.3 航空发动机

飞机的发明和应用是 20 世纪人类取得的最伟大科技成就之一，极大地推动了人类社会的文明和进步，对人类社会的日常生活产生了巨大的影响。航空发动机作为飞机的"心脏"，在航空技术的发展过程中起着关键性作用。活塞发动机的应用，圆了人类的飞行梦；航空燃气轮机的出现，使飞机突破声障，实现超声速飞行；高涵道比涡轮风扇发动机的出现，使航空运输成本大大降低，实现了不着陆越洋飞行。经过百余年的发展，航空发动机已经发展成为可靠性极高的成熟产品，不仅作为各种用途的军民用飞机、无人机和巡航导弹动力，而且利用航空发动机衍生发展的燃气轮机还广泛用于地面发电、船用动力、移动电站、天然气和石油管线泵站等领域。

进入 21 世纪，航空发动机技术正在进一步加速发展，为人类航空领域带来新的重大变革。传统的航空发动机正在向变循环发动机、多电发动机、间冷回热发动机等方向发展，新型的脉冲爆震发动机（pulse detonation engine，PDE）、超燃冲压发动机、涡轮组合发动机，以及以太阳能和燃料电池为动力的发动机技术也在不断成熟，这些发动机的发展将使未来的航空器更快、更高、更远、更经济、更可靠，能够满足更加严格的环保要求，并将使高超声速航空器、跨大气层飞行器和可重复使用的天地往返运输成为现实，开辟人类航空史的新纪元。

1. 航空活塞式发动机

活塞式发动机曾经是航空动力的主力。1903 年，美国人莱特兄弟设计制造的"飞行者一号"飞机，实现了人类历史上首次有动力、可操纵、持续的飞行，标志着人类的飞行梦想变为现实。"飞行者一号"飞机采用的是一台 9 kW 的活塞式发动机，此后，活塞式发动机技术不断进步，性能得到大幅度提高，功率从不到 10 kW 提升到了 2 500 kW，功率密度从 0.11 kW/kg 提升到 1.5 kW/kg，耗油率从 0.5 kg/(kW·h) 减少到 0.25 kg/(kW·h)，寿命从数小时提高到上千小时。从人类实现首次动力飞行到第二次世界大战结束，活塞式发动机在航空动力领域统治了 40 年左右，以活塞式发动机为动力的螺旋桨飞机飞行速度从 16 km/h 提高到近 800 km/h，飞行高度达到 15 000 m。航空领域这些进步和成就，都是与活塞式发动机的发展分不开的。进入喷气时代后，虽然活塞式发动机在大多数领域已被航空燃气轮机所取代，但在小型低速航空器中，其仍占有一席之地。

航空活塞式发动机是依靠活塞在气缸中的往复运动使气体工质完成热力循环，并将燃料的化学能转换为机械能的动力装置，其工作原理和基本结构与 5.4.2 节介绍的活塞式内燃机基本相同。图 5.4.8 所示为对置两缸活塞式发动机示意。

航空活塞式发动机在发展历史中，按照冷却方式和气缸排列方式等，结构大致可以分为液冷发动机、旋转气缸活塞式发动机、气冷星形活塞式发动机等。

（1）液冷发动机。

19 世纪末，内燃机开始用于汽车的同时，人们联想到把内燃机用作飞机飞行的动力源，并着手这方面的试验。1903 年，莱特兄弟在"飞行者一号"飞机上安装了一台 4 缸、水平直列式液冷发动机，完成了世界上第一次有动力的持续飞行。图 5.4.9 所示为"飞行者一号"飞机所用的航空活塞式发动机，仅有 9 kW 的功率，质量却有 81 kg，发动机通过两根链条带动两个直径为 2.4 m 的木制螺旋桨产生动力。

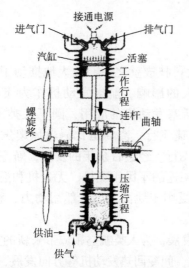

图 5.4.8　对置两缸活塞式发动机示意　　　图 5.4.9　"飞行者一号"飞机所用的航空活塞式发动机

　　莱特兄弟在 1903 年飞行成功引起了社会对飞行的广泛兴趣，也加快了飞机制造技术的发展。从那时开始，航空业就在世界上得到普遍的重视。1908—1914 年，世界各国总共设计和制造了约 30 种航空活塞式发动机。第一次世界大战的爆发大大促进了军事航空事业的发展，航空活塞发动机的技术也迅速得到提高。德国、英国、法国、美国、意大利纷纷设计制造出多种航空活塞式发动机，装备于各型作战飞机。这些发动机大多继承了汽车发动机的传统，采用液冷方式，主要原因是在 20 世纪 30 年代以前，飞机的飞行速度较低，气冷发动机裸露在外面，冷却效果差，而且空气阻力大，其应用也受到限制。

　　（2）旋转气缸活塞式发动机。

　　采用液冷方式的活塞式发动机体积和质量都较大，主要原因是液冷发动机需要设置一个封闭循环的液冷系统，包括散热器、冷却液箱、泵、阀门和管路，导致冷却系统笨重复杂，而且只要被敌方的火力击穿一个洞，整台发动机便无法工作。

　　为了减小发动机的体积和质量，1907 年，法国塞甘兄弟二人开始设计一种新型发动机——旋转气缸活塞式发动机。这种结构的发动机冷却方式是气冷，在飞行速度不高的条件下，为了保持空气在气缸周围高速流动、提高冷却效果，塞甘兄弟采用了一种不同于常规的发动机布局方案，将曲轴固定在飞机上，气缸固定在螺旋桨上，发动机运转时，气缸随螺旋桨旋转，而曲轴不旋转。不断旋转着的气缸，即使在地面上也能得到较好的冷却，而且旋转气缸本身还起到了相当于飞轮的作用，使发动机运转更平稳。旋转气缸活塞式发动机的气缸数都是奇数，呈星形布置，也有做成双排的。

　　旋转气缸活塞式发动机总体设计干净利索，体积和质量小，使飞机具有良好的爬升和机动性能。同时发动机暖机快，对警报能及时响应。因为其取消了液冷系统，所以提高了生存力。大量的旋转气缸活塞式发动机从第一次世界大战开始一直使用到战争结束，甚至战后还继续使用了许多年。但是，这种发动机也有先天缺陷，即旋转气缸的陀螺效应使飞机的操纵性能不好。在发明整流罩使气冷星形活塞式发动机具有实用性后，旋转气缸活塞式发动机逐渐退出了历史舞台。

（3）气冷星形活塞式发动机。

与旋转气缸活塞式发动机不同，气冷星形活塞式发动机的气缸是固定的，而螺旋桨由曲轴带动旋转。这种气冷星形活塞式发动机与液冷发动机相比有许多优点。首先，所有的气缸连接到一个曲轴上，这样曲轴可以做得比较短，使发动机刚性好、零件少、质量小。其次，由于发动机采用气冷方式，省去了复杂、笨重、易损的液冷系统，又进一步减小了质量，提高了可靠性、维修性和生存性。气冷星形活塞式发动机的功率密度在所有结构形式的发动机中是最高的。最后，因为所有的气缸都作用在一个曲轴行程内，所以避免了直列发动机的"摇摆振动"源问题。

气冷星形活塞式发动机在发挥这些优点之前，必须解决两个问题：①如何把所有的气缸连接到一个曲轴上，解决的办法是采用主-副连杆结构，主连杆的大头上有若干个销孔，副连杆借助连杆销与主连杆相连，如图 5.4.10 所示；②气冷星形活塞式发动机迎风面积大，导致飞行阻力增大，1928 年，美国国家航空咨询委员会（National Advisory Committee for Aeronautics，NACA）发明的整流罩试验成功，气冷星形活塞式发动机装在流线型的整流罩内，不仅降低了阻力，而且改善了冷却效果，使气冷星形活塞式发动机的功率大幅提升，因而得到广泛应用。

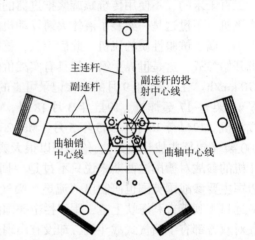

图 5.4.10 气冷星形活塞式发动机的曲柄连杆机构

在第二次世界大战结束后，涡轮喷气发动机的发明开创了喷气时代，气冷星形活塞式发动机逐步退出主要航空领域，但功率小于 370 kW 的气冷星形活塞式发动机仍广泛应用在轻型低速飞机和直升机上，如行政机、农林机、勘探机、体育运动机、私人飞机和各种无人机。目前，除少数国家仍生产少量的气冷星形活塞式发动机外，大多数的发动机是气冷的水平对置发动机。在小飞机上采用水平对置发动机，其视界和流线型相较于采用气冷星形活塞式发动机要好得多。此外，水平对置发动机的活塞无论是相向还是反向运动，其振动均小于其他形式的发动机。

2. 航空燃气轮机

第二次世界大战中，各种飞机用的发动机都是活塞式发动机，这种发动机工作时只输出功率，不能直接产生飞机前进的推力或拉力，因此需要采用螺旋桨作为推进器，在桨叶上产生推进飞机前进的推力。这种由活塞式发动机与螺旋桨组成的飞机动力装置，在第二次世界大战中发挥了重要的作用，却限制了飞机飞行速度的提高，其主要原因有两点。首先，推进飞机前进的推进功率与飞机的飞行速度的三次方成正比，当飞行速度提高后，飞机所需的大功率活塞式发动机根本无法实现。例如，一架装有 2 000 mhp[①] 发动机、质量为 4 t 的飞机，

———————————

① 1 马力 = 1 mhp = 735.5 W。

要将其飞行速度由 400 km/h 提高到 800 km/h，即使不考虑螺旋桨在高速飞行时效率大幅度降低的因素，也需将发动机功率提高到 16 000 mhp，这么大的功率，航空活塞式发动机显然是不可能实现的。即使能实现，其质量也将高达 8 t，比飞机还重。其次，当飞机速度增大后，空气在桨叶叶尖处的相对速度大大提高，损失增加，使桨叶的效率大幅度降低，为了能得到足够的拉力，就要求增大发动机的功率。由此可以看出，采用活塞式发动机作动力的飞机，飞行速度是受到限制的，不可能接近声速，更不可能达到声速、超过声速，当时最先进的战斗机飞行速度也只有 600~700 km/h。

（1）涡轮喷气发动机。

20 世纪 40 年代，第二次世界大战空战异常残酷，经常一天中有几百甚至上千架飞机在空中鏖战。1944 年夏季的一天，盟军的 B-29 "超级堡垒" 重型轰炸机在执行编队轰炸任务时，突然遇到了带着雷鸣般呼啸声、疾速冲入机群的不速之客，这不禁让盟军飞行员吓出一身冷汗。原来他们遇到的是不仅飞行高度远高于盟军轰炸机，而且时速比当时最快的战斗机还快一二百千米的、不使用传统螺旋桨推进器的新式飞机，这就是纳粹德国的 Me-163 战斗机喷气式飞机。不过这是一架装了液体火箭发动机的战斗机，续航时间很短，实战价值不大，且批量很小，属于试验性质的飞机。此后不久，德国制造的装有两台涡轮喷气发动机的 Me-262 战斗机开始参战，这是世界上第一架具有实战价值并投入批量生产的喷气式战斗机，其最高速度达870 km/h。在 1944 年 9 月的一次记录可查的空战中，6 架 Me-262 战斗机仅用 6 min 即击落盟军 15 架 B-17 轰炸机。1945 年 3 月 18 日，Me-262 战斗机打下了盟军 21 架轰炸机和 5 架 P-51战斗机。1944 年 9 月—1945 年 5 月，Me-262 战斗机共击落盟军各种飞机 613 架，自己仅损失200 架（包括非战斗损失），给盟军以很大威胁。此时第二次世界大战已接近尾声，Me-262 战斗机的参战对德国法西斯来说只不过是 "回光返照"，挽救不了最终灭亡的命运。与此同时，盟军主要参战国英国也研制出 "流星" 喷气式战斗机，但是这种飞机仅仅用于保卫本国领土，最远只飞到英吉利海峡上空，用于拦截德国的飞航式导弹和轰炸机。尽管第二次世界大战期间敌对双方都有了喷气式战斗机，却没有出现过面对面的空中格斗。可是涡轮喷气发动机一出世就有不同凡响的表现，推动飞机跨过声速、克服热障，使航空飞行器跨入喷气时代。

图 5.4.11 所示为单轴涡轮喷气发动机，由进气道、压气机、燃烧室、涡轮和尾喷管五个部件组成，战斗机的涡轮和尾喷管间还有加力燃烧室。发动机工作时，外界空气流入进气道，在较大的飞行速度下，气流经过进气道时速度减小而压力提高；气流流过压气机时进一步增压，燃烧室利用燃油燃烧时放出的热量对气流加热；从燃烧室流出的高温高压气流推动涡轮旋转，涡轮与压气机之间有轴连接，涡轮输出的功率提供给压气机；燃气发生器后面紧跟一个尾喷管，由燃气发生器出来的气流仍具有较高的压力和温度，燃气在尾喷管中膨胀，压力降低而速度增高，由尾喷管中排出产生高速推力。

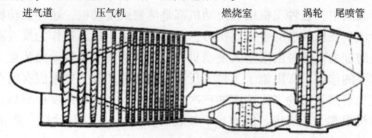

进气道　　　压气机　　　　　　　燃烧室　　　涡轮　尾喷管

图 5.4.11　单轴涡轮喷气发动机

当涡轮喷气发动机的压力比较高时，为了使发动机获得大的稳定工作范围，常将压气机分为串联的两部分，分别由两个涡轮以不同的转速驱动，压气机中位于前端的部分，空气压力较低，称为低压压气机，后端的空气压力较高，称为高压压气机，相应的涡轮称为低压涡轮和高压涡轮。这种结构形式的燃气轮机称为双轴涡轮喷气发动机（见图 5.4.12）。

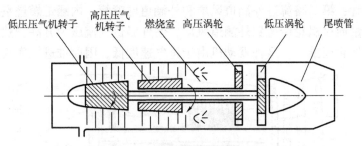

低压压气机转子　高压压气机转子　燃烧室　高压涡轮　低压涡轮　尾喷管

图 5.4.12　双轴涡轮喷气发动机

从工作原理来说，涡轮喷气发动机与活塞式发动机均属于内燃机，每个工作循环都包括吸气、压缩、燃烧、排气四个过程，但是与活塞式发动机相比，其用于飞机动力显然具有更大的优势。首先，涡轮喷气发动机本身既是热机又是推进器，直接产生推进飞机前进的推力，而不像在活塞式发动机中需用限制飞行速度的螺旋桨作为推进器；其次，涡轮喷气发动机空气流量比活塞式发动机大几十倍甚至更多（航空活塞式发动机中的空气流量最大约为 1 kg/s，而早期推力较小的涡轮喷气发动机空气流量也在 30～40 kg/s）；最后，活塞式发动机曲轴每转两转才完成吸气、压缩、燃烧、排气的一个工作循环，而在涡轮喷气发动机中，这几个过程是同时进行的，只要发动机开始工作，就会连续不断地做功产生推力。因此，涡轮喷气发动机做功能力远远大于活塞式发动机，产生的巨大推力能使飞机克服高速飞行时的极大阻力，使飞行速度接近声速、超过声速成为可能。

20 世纪 40 年代后期，英国、美国、苏联等国先后研制成功了第一代航空涡轮喷气发动机，发展了多种以涡轮喷气发动机为动力的实用型喷气战斗机。在 20 世纪 50 年代初期的抗美援朝战争中，中国人民志愿军空军驾驶的米格-15 与美军的 F-86 之间的空战，是世界上首次出现喷气式战斗机的空战。从此，以活塞式发动机为动力的飞机逐渐退出了历史舞台。

涡轮喷气发动机在战斗机的使用中不断得到改进、发展，使发动机性能不断得到提高，与此同时，涡轮喷气发动机也开始应用于旅客机，1952 年，世界上第一架喷气式旅客机，由英国生产的"彗星"投入使用，标志着新一代旅客机的诞生。1958 年前后，美国的波音707、苏联的图-104 大型喷气式旅客机投入使用，标志着大型旅客机进入喷气式时代。1968 年和 1969 年，巡航速度达到声速 2 倍的苏联图-144、英国的协和式超声速旅客机先后投入试飞，表明了涡轮喷气发动机也能使大型旅客机的飞行速度大大超过声速。

但是，涡轮喷气发动机存在严重的缺点，即经济性差，因为涡轮喷气发动机的推力是用高速喷出的燃气得到的，高温、高速的燃气流出发动机，使大量的能量排入大气，对于发动机而言，是一个大的能量损失，因此，涡轮喷气发动机的燃油消耗率高，飞机的航程变得很短。尽管这对于执行防空任务的高速战斗机还并不十分严重，但用在对经济性有严格要求的亚声速民用运输机上却是不可接受的。

（2）涡轮风扇发动机。

涡轮风扇发动机是一种能产生大的推力而排气速度较低的燃气轮机，其经济性较涡轮喷气发动机有较大的改善，耗油率约降低 1/3。因此，当第一种涡轮风扇发动机在 1960 年问世后，很快被各种新型旅客机所选用。有些原来采用涡轮喷气发动机作动力的旅客机，也换装了涡轮风扇发动机。图 5.4.13 所示为涡轮风扇发动机，与涡轮喷气发动机相比，其改善发动机推进效率的思路是将通过发动机的空气分成两路：第一路流过内涵道的压气机、燃烧室、涡轮和尾喷管；第二路流过外涵道风扇和外涵道尾喷管。内涵道燃烧室出口高压、高温燃气的一部分能量通过涡轮传递到外涵道风扇，使外涵道气流压力升高，然后在外涵道尾喷管中膨胀，产生外涵道推力。这种发动机由于排气速度低，因而推进效率高。

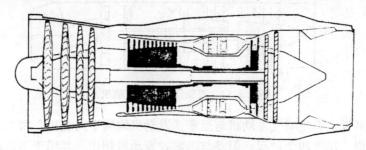

图 5.4.13　涡轮风扇发动机

20 世纪 60 年代研制的旅客机大多采用了低涵道比的涡轮风扇发动机，由于涡轮风扇发动机有内外两个涵道，发动机外径较大，因此它被认为不适合用于战斗机。20 世纪 60 年代中期，美国要发展 20 世纪 70 年代的"空中优势战斗机"，要求发动机有高的推重比（8.0 左右）和低的巡航耗油率，显然涡轮喷气发动机是不能满足这些要求的，于是利用涡轮风扇发动机耗油率低的特点，采用大量先进技术，发展出了直径小、推力大（11 000 kgf①）、推重比大（8.0 左右）、带加力燃烧室的涡轮风扇发动机，并先后装备于 F-15 战斗机、F-16 战斗机，现在仍然是世界最先进的战斗机之一。在此之后，新研制的战斗机均采用了带加力燃烧室的涡轮风扇发动机，如美国的 F/A-18 战斗机，法国的"幻影"战斗机，苏联的米格-29 战斗机、苏-27 战斗机等。

20 世纪 60 年代初，美国空军提出发展战略远程大型运输机的计划，要求这种飞机能一次运载包括直升机、重型坦克、吉普车、大型桥梁等在内的军事装备，起飞总重 350 t 左右，航程 10 000 km 以上。为满足这种飞机的要求，需研制推力约为 20 000 kgf、耗油率比低涵道比涡轮风扇发动机低 1/3 的新型发动机。于是在广泛应用先进技术的基础上，采用"三高"（高涵道比、高总压比、高涡前总温）的循环参数，发展出了满足要求的发动机，称为高涵道比涡轮风扇发动机。这类新一代高涵道比涡轮风扇发动机的研制成功，使美国空军的 C-5A 战略远程运输机于 1970 年装备部队。当年参加投标研制这种飞机的美国三大飞机制造商——波音公司、洛克希德公司、道格拉斯公司，在美国空军选中洛克希德公司的方案后，均以自己公司参与投标的方案为基础，研制出新一代宽体机身、载客 350~450 人、航行 10 000 km 的大型客机，其中就有著名的波音 747 机型。

20 世纪 70 年代末 80 年代初，国际上曾一度误认为燃气轮机技术已发展到最高水平。然而 20 世纪 80 年代中期以来，航空燃气轮机技术又出现了突飞猛进的发展，发达国家开始为第四代战斗机研制新一代的发动机。1982 年，美国空军提出"先进战术战斗机"（ATF）计划，与当时的 F-15 战斗机等第三代战斗机相比，除要求有良好的机动性外，还要有良好

---

① 　1 kgf = 9.807 N。

的敏捷性、高隐身性、超声速巡航与短距离起降能力等，对发动机的要求则是推重比达到10.0，具有低巡航耗油率，采用矢量喷口等。美国空军的第四代战斗机的代表是 F-22 "猛禽"式战斗机，该战斗机由洛克希德和波音联合设计研制，动力装置采用的是普惠公司研制的 F119-PW-100 涡轮风扇发动机，于 1997 年 9 月 7 日首飞成功，开始了第四代战斗机的试飞阶段，标志着战斗机的更新换代即将成为现实。

1990 年波音公司提出发展一种新型的、能飞任何航线的双发大型客机波音 777，这种飞机能载运 350 名乘客飞行 7 500 ~ 10 000 km，要求所用的发动机不仅推力特大（37 000 ~ 45 400 kgf），而且要有极高的可靠性，飞行中不会出现停车事件。世界三大航空发动机公司分别用 4 年多的时间研制出了当代推力最大的涡轮风扇发动机。1995 年 6 月，波音 777 按计划投入运行，谱写了航空史上的又一新篇章。

战斗机和旅客机发展的例子，充分说明了航空燃气轮机在飞机发展中所起的重大作用。可以毫不夸张地说，人类在航空领域的每一次重大的革命性进展，无不与航空燃气轮机技术的突破和进步密切相关。

（3）涡轮螺旋桨发动机。

涡轮喷气发动机功率大，但当飞机在较低的亚声速飞行时，由于排气速度高且推进效率低，因此耗油率高；而螺旋桨作为推进器在低速飞行时具有很高的推进效率。涡轮螺旋桨发动机是既有涡轮喷气发动机功率大、体积小的优点，又有活塞式发动机经济性好优点的一种发动机。

图 5.4.14 所示为涡轮螺旋桨发动机，其综合了涡轮喷气发动机和螺旋桨的优点。涡轮螺旋桨发动机的主要特点是涡轮除了带动压气机外，还要驱动螺旋桨旋转，由于螺旋桨的直径较大，转速远低于涡轮，因此为使涡轮和螺旋桨都工作在正常范围内，就需要在其之间安装一个减速器。燃气发生器产生的大部分可用能量用于带动螺旋桨旋转，由此产生向前的拉力使飞机向前飞行；而从尾喷管中喷出的燃气温度和速度较低，所产生的推力一般比较小，因此，采用涡轮螺旋桨发动机作为动力的飞机前进推力主要由螺旋桨产生，喷气推力只占较小的部分。

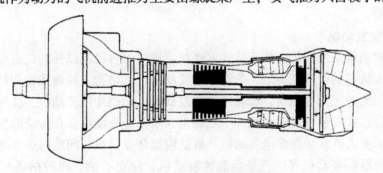

图 5.4.14　涡轮螺旋桨发动机

与航空活塞式发动机相比，涡轮螺旋桨发动机具有质量小、振动小等优点，特别是随着飞行高度的增加，其性能更为优越；与涡轮喷气发动机和涡轮风扇发动机相比，涡轮螺旋桨发动机又具有耗油率低和起飞推力大的优点。但因螺旋桨特性的限制，配装涡轮螺旋桨发动机的飞机飞行速度一般不超过 900 km/s，所以，在大型远程旅客机和运输机上，已被高涵道比涡扇发动机所取代，但在中小型运输机和通用飞机上仍有广泛应用。

（4）涡轮轴发动机。

图 5.4.15 所示为涡轮轴发动机。在构造上，涡轮轴发动机也有进气道、压气机、燃烧

室、涡轮等涡轮喷气发动机的基本构造，不同之处在于其在核心机涡轮的后面加装了一套涡轮（一级或多级），燃气在这个涡轮（一般称为动力涡轮）中膨胀，驱动其高速旋转并输出一定功率。涡轮轴发动机的主要特点是涡轮带动压气机旋转，其出口的燃气可用量全部用于驱动动力涡轮，燃气排出发动机而不产生喷气反作用推力。大多数发动机中，动力涡轮与燃气发生器的涡轮没有机械联系，二者工作于不同转速，所以动力涡轮又称自由涡轮。动力涡轮轴上的输出功率可以用来驱动直升机的旋翼、地面车辆、发电机及舰船等。

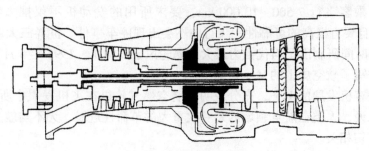

图 5.4.15　涡轮轴发动机

涡轮轴发动机在航空发动机领域主要用在直升机和垂直/短距起落飞机上，它与活塞式发动机相比，主要优点是功率大、质量小和体积小，且由于没有活塞式发动机的往复运动，所以振动小、噪声低。随着技术的进步，涡轮轴发动机的耗油率还将进一步降低。装备涡轮轴发动机的直升机，无论从航程、速度、升限还是装载量上都比活塞式发动机直升机要大，经济性也更好。当然，涡轮轴发动机也有其不足之处，其制造比较困难，制造成本也较高，特别是由于旋翼的转速较低，因此需要比涡轮螺旋桨发动机更重更大的减速器，有时其质量占发动机总质量的1/2以上。相比之下，活塞式发动机本身转速较低，传动系统相对简单，对于一些普及型或超小型的直升机来说，使用活塞式发动机仍然是较好的选择。

3. 新型航空发动机

新型航空发动机是指除传统的活塞式发动机和航空燃气轮机以外的先进航空发动机。新型航空发动机大致包括以下三类。一是新概念发动机，在结构、原理或循环特性上与传统航空发动机具有很大的区别与创新，如脉冲爆震发动机、超燃冲压发动机、波转子发动机、等离子发动机、分布式矢量推进发动机等。二是重大革新型发动机，在传统的发动机原理、结构基础上进行了重大革新，如多电发动机、自适应循环发动机、间冷回热发动机、超微型涡轮发动机和各种组合发动机等。三是新能源发动机，应对石油资源的枯竭和绿色环保的要求，开发使用航空煤油以外的新燃料和新能源发动机，如氢燃料、合成燃料、生物燃料、天然气燃料发动机，太阳能、核能、燃料电池、激光和微波能发动机等。

（1）冲压发动机。

在涡轮喷气发动机中，为了使空气-燃油混合物燃烧后获得高的能量转换以产生大的推力，需要将进入燃烧室的空气压力提高，而且压力越高越好。在航空燃气轮机中，由涡轮驱动的压气机将进入燃烧室的空气增压，这就要消耗空气-燃油混合物燃烧后高温燃气中的大部分能量。

当高速气流流过发动机进气道时，气流速度会滞止下来，压力增大，当空气的压力达到一定数值时，就可以不需要压气机对其进行压缩而直接进入燃烧室喷油燃烧。此时，由于没有压气机也就不需要涡轮，从燃烧室出来的燃气直接进入尾喷管膨胀加速，向后喷出。其做功能力比有压气机的发动机大很多。这样的发动机称为冲压喷气发动机，简称冲压发动机。

冲压发动机由进气道、燃烧室和尾喷管等三部分组成，图 5.4.16 所示为超声速冲压发动机工作原理。进气道做成扩散型通道，即进口截面积小于出口截面积，气流在进气道中减速，随着气流速度的降低，压强加大，在燃烧室中喷油进行燃烧，高压、高温燃气在尾喷管中膨胀，以很大的速度由喷口喷出。

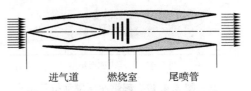

图 5.4.16　超声速冲压发动机工作原理

为了很好地组织燃烧过程，通常燃烧室内装有预燃室、喷油嘴环和火焰稳定器，为防止烧蚀和振荡燃烧，还设置了冷却通道和防振屏。

冲压发动机具有以下优点。

1）在较高的超声速飞行时，经济性能好、耗油率低，显著优于涡轮喷气发动机和涡轮风扇发动机，是在大气层内高速飞行的理想动力装置。

2）无转动部件，结构简单、质量小、成本低、使用维护方便，推重比高。

3）由于没有转动部件，便于与固体火箭组合，因此组合发动机体积小、性能高。

4）与火箭发动机相比，不需自带氧化剂，燃油消耗比火箭发动机的推进剂消耗少，发动机工作时间比火箭发动机长。

冲压发动机具有以下缺点。

1）需要飞行器达到一定飞行速度后，发动机才能起动工作，因此飞行器上常需要用其他发动机作助推器。

2）与火箭发动机相比，单位迎风面推力较小，飞行阻力大。

3）对飞行状态的改变比较敏感，因此在宽马赫数（Ma）范围飞行时，要对进气道和喷管进行调节。

4）只适宜在 25 km 高度以下工作，大于此高度后，空气密度、压力和温度都显著降低，会导致发动机性能变差甚至无法工作。

（2）超燃冲压发动机。

超燃冲压发动机是指燃料在超声速气流中进行燃烧的冲压发动机。目前航空发动机的燃料都是在亚声速气流中进行燃烧的，又称亚燃燃烧。使用超声速燃烧，能减少气流的压缩和膨胀损失，降低气流温度和压力，减轻发动机的结构负荷。采用液氢或碳氢燃料，可在 Ma 为 6~25 的范围内工作，并可将飞行高度延伸到大气层边缘（50~60 km）。

超燃冲压发动机具有结构简单、质量小、成本低、比冲高和速度快的优点。与火箭发动机相比，超燃冲压发动机不需要自带氧化剂，有效载荷大大增加，可作为高超声速巡航导弹、高超声速飞机、跨大气层飞行器、可重复使用的航天运载器的动力装置。

超燃冲压发动机由进气道、超声速燃烧室（有的方案还包含一个用于预燃的亚声速燃烧室）和喷管组成（见图 5.4.17）。燃料分级喷入进气道和燃烧室，与超声速气流混合进行燃烧，高温燃气从喷管喷出产生推力。由于超声速燃烧中燃料在燃烧室内停留时间极短，因此要保证完全燃烧，就需要热值高、热稳定性好、能自燃点火和点火延迟期短的高反应速度的燃料（如液氢或特殊的碳氢燃料等）。

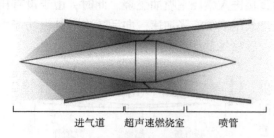

图 5.4.17 超燃冲压发动机示意

目前，国外发展较多的超燃冲压发动机主要有两种类型：一种是直接将燃料喷射到超声速气流中，通过控制燃料喷射的位置，使燃烧由亚声速燃烧模态过渡到超声速燃烧模态，故称亚燃/超燃双模态超燃冲压发动机；另一种是从进气道先将一部分气流引入亚声速燃烧室预燃，然后与大部分超声速气流混合补燃，再从尾喷管喷出，故称亚燃/超燃双燃烧室超燃冲压发动机。

亚燃/超燃双模态超燃冲压发动机当 Ma 小于 6 时，进气道内产生正激波，实现亚声速燃烧，当 Ma 大于 6 时，实现超声速燃烧。这样就使超燃冲压发动机使用的 Ma 下限降到 3，扩展了超燃冲压发动机的工作范围。这种双模态超燃冲压发动机可用于高超声速的巡航导弹、无人机和有人驾驶的飞机。亚燃/超燃双燃烧室超燃冲压发动机（见图 5.4.18）的进气道分为两部分：一部分引导部分气流进入亚声速燃烧室，另一部分引导其余气流进入超声速燃烧室。这种发动机适用于像巡航导弹这样的一次性使用的飞行器。

超燃冲压发动机的关键技术与技术难点主要包括以下几点。

1）燃料的喷射、掺混、点火和燃烧。

超燃冲压发动机燃烧室内的气流速度为超声速，气流在燃烧室内的逗留时间为毫秒级。在这么短的时间内完成燃料的喷射、掺混、点火和组织有效的燃烧是非常困难的。

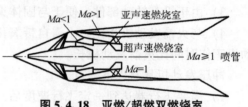

**图 5.4.18 亚燃/超燃双燃烧室
超燃冲压发动机的结构简图**

2）燃烧室的设计和试验技术。

由于来流不均匀，超燃冲压发动机燃烧室的工作非常复杂，因此，燃烧室的设计和试验，特别是超声速燃烧过程的研究非常重要。高超声速推进系统研究对试验设备的要求很高，要模拟的气动参数变化范围大。目前，只有有限的试验可在地面进行，大部分问题必须通过飞行试验解决。

3）发动机与机体（弹体）的一体化设计。

超燃冲压发动机机体/发动机的一体化设计是非常复杂的技术，包括气动设计一体化、结构设计一体化、燃料供应和冷却系统设计一体化、调节控制设计一体化。

4）耐高温材料和吸热燃料。

高超声速推进系统热负荷极高，需要耐高温的陶瓷基复合材料和碳/碳复合材料，同时需要燃料在工作过程中完成许多部件的冷却任务。对于导弹，由于机动性和长时间储存要求，需要更合适的吸热燃料。

尽管超燃冲压发动机有许多优势，是高超声速飞行器的最佳吸气式动力，但它不能独立完成从起飞到高超声速飞行的全过程，因此，人们提出了组合发动机的概念，这种组合发动机将成为未来从地面起降的、可重复使用的空天飞行器的动力。

（3）组合发动机。

为了兼顾安全性、经济性和作战效能的综合要求，高超声速飞行器的飞行范围十分宽广

（高度 0~40 km 或更高，Ma 从亚声速、跨声速、超声速到高超声速直至入轨），这就要求其动力装置在如此宽广的飞行包线内有长航程、重复使用的特点且能够稳定可靠工作，同时还要满足一定的环保（噪声、排放）要求。目前没有任何一种单一类型的发动机能够满足这些要求，必须积极发展组合发动机。

目前，航空航天领域已经有许多种不同的推进装置，如航空燃气轮机、火箭发动机、冲压发动机等，不同的推进方式在不同的飞行速度段都有其最佳的适用范围。组合发动机就是把两种以上不同类型的喷气发动机在形式、结构和工作过程上有机地结合在一起，形成一台兼具组成者各自特点的一种新型喷气发动机。

组合发动机主要分为三大类：涡轮基组合循环（turbine based combined cycle，TBCC）发动机，又称涡轮冲压组合发动机；火箭基组合循环（rocket based combined cycle，RBCC）发动机，又称火箭冲压组合发动机；涡轮火箭冲压组合发动机（TBCC/RBCC）。

1）涡轮冲压组合发动机。

涡轮冲压组合发动机是将涡轮发动机和冲压发动机组合起来使用的吸气式发动机。根据涡轮发动机和冲压发动机的组合方式，可以分为分体式组合发动机和整体式组合发动机，其中整体式组合发动机又根据涡轮和冲压两类发动机主要部件的关系和流程分为串联布局组合发动机和并联布局组合发动机。在涡轮冲压组合发动机中，冲压发动机按其工作模态分为亚燃冲压发动机、超燃冲压发动机和双燃冲压发动机。

在冲压工作模态，涡轮发动机主燃烧室停止工作，加力燃烧室作为冲压发动机的燃烧室。由于涡轮发动机在中低 Ma 的比冲高、耗油率低，适用于中低速、长航程飞行器，而冲压发动机适用于高速、短航程飞行器，因此将涡轮发动机与冲压喷气发动机有机结合起来，可使其同时具有涡轮发动机和冲压发动机的优点，在满足远程、高速、快速到达及攻击方面具有明显的优势，可用于高空高速的侦察机、运输机、轰炸机和攻击机及高速远程巡航导弹等。

采用涡轮冲压组合发动机的高速飞行器，在起飞阶段使用涡轮发动机，爬升到一定高度后加速到冲压发动机开始工作状态，冲压发动机投入工作后逐渐关掉涡轮发动机，利用冲压发动机爬升、加速至高 Ma；返回时关掉冲压发动机，重新起动涡轮发动机，使飞行器安全返航。因此使用涡轮冲压组合发动机的高空高速飞行器具有水平起飞和降落的功能，同时具有航程远、可多次反复使用的特点。

2）火箭冲压组合发动机。

火箭冲压组合发动机是一种由火箭发动机和冲压发动机有机结合的组合发动机。火箭冲压发动机的主要部件为空气进气道、燃气发生器（火箭室）、补燃室和尾喷管，如图 5.4.19 所示。

火箭冲压组合发动机可以分为固体火箭冲压组合发动机、液体火箭冲压组合发动机和固体-液体火箭冲压组合发动机等不同类型。目前还在发展一种可变（工作）模态的火箭冲压复合循环组合发动机，如图 5.4.20 所示。该类型是火箭基复合循环组合发动机的最基本类型。

可变模态火箭冲压复合循环组合发动机一般由三维压缩高超声速进气道、隔离段、双模态燃烧室和可调尾喷管组成，其特点是工作范围很宽（从零起飞到超声速），既能大推力起飞加速（火箭引射模态），又能高比冲巡航飞行（亚燃冲压和超燃冲压），还能关闭冲压通道，用火箭模态加速至轨道速度。

普通型火箭冲压组合发动机可用于各种战术导弹，可变模态火箭冲压复合循环组合发动机有望用于高超声速飞行器和航天运输。

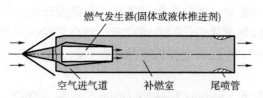

图 5.4.19　火箭冲压组合发动机示意

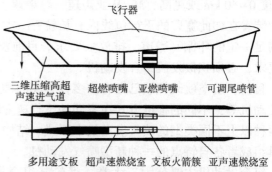

图 5.4.20　可变（工作）模态的火箭冲压
复合循环组合发动机示意

3）涡轮火箭冲压组合发动机。

涡轮火箭冲压组合发动机是涡轮、火箭、冲压三种发动机组合工作的推进装置。根据循环方式不同，这种发动机主要可以分为具有燃气发生器循环的涡轮火箭冲压组合发动机和具有膨胀循环的涡轮火箭冲压组合发动机。前者自带燃料和部分氧化剂（故称燃气发生器），排出的富燃燃气驱动涡轮后流入冲压燃烧室进行二次燃烧，如图 5.4.21 所示。后者完全不带氧化剂，而是利用液氢流经热交换器后变为气态再驱动涡轮（同时冷却高温壁面或来流），随后纯气态氢排入冲压燃烧室进行燃烧，如图 5.4.22 所示。涡轮和压气机的耦合有单轴、双轴、叶尖涡轮等不同方式。在这种发动机中，由于驱动涡轮的气流温度不受或者很少受飞行速度的影响，因此飞行 Ma 范围为 $0\sim6$；同时由于少带或不带氧化剂，发动机的性能有很大提高，但热交换器等结构质量的增加会使推重比降低。因此，这类发动机适用于以巡航为主、飞行 Ma 低的高超声速推进任务，如 Ma 小于 6 的洲际飞机及高超声速导弹等。

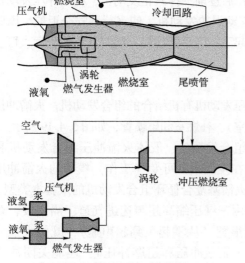

图 5.4.21　具有燃气发生器循环的
涡轮火箭冲压组合发动机

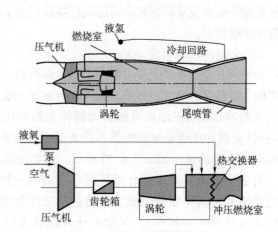

图 5.4.22　具有膨胀循环的
涡轮火箭冲压组合发动机

（4）超声速强预冷发动机。

超声速飞行器使用机动灵活、起飞准备周期短、在战争中可超越空间限制、实现高速突防，是用于远程精确打击、实时侦察、战场信息监视的理想飞行器，还可实现全球快速到达，大幅提升人员、货物运输效率，为全球经济发展提供新的增长点，可影响人类的生活方式。

在超声速飞行条件下，随着飞行 Ma 的增大，发动机进气滞止温度不断增大，导致压气机难以正常工作，也超出了常规发动机材料、结构耐受及稳定工作的极限。采用预冷技术，通过换热、射流等手段可使进气温度降低到发动机正常工作的温度，是解决这些问题的有效途径。

根据实现预冷的方式，预冷发动机主要可以分为射流式预冷发动机和预冷器式预冷发动机两类。射流式预冷发动机是通过在发动机进口直接喷入冷却介质的方式实现预冷，预冷器式预冷发动机是基于冷却介质与发动机进口空气之间的高性能换热系统实现预冷。预冷器式预冷发动机又可以根据循环特征，进一步分为单一循环和多循环耦合两类。

1）射流式预冷发动机。

射流式预冷发动机以美国 MSE 技术公司的射流式预冷-涡轮基循环组合发动机为代表，其冷却介质为水、液态空气、液氧、N_2O_4 等。试验研究表明，射流预冷可使由 F100 发动机改型而来的试验机，在海平面高度的推力提升约 1 倍，在 24 700 m 高空最大飞行速度的 Ma 可达到 3.5。但射流会引起发动机进口气流总温、总压畸变及压力损失，水等冷却介质的注入可能导致含氧量的下降，进而需要在燃烧前额外添加氧化剂。

2）单一循环预冷器式预冷发动机。

在单一循环预冷器式预冷发动机中，除燃料外，只有空气一种循环工质，低温燃料同时作为推进剂和冷却介质，此类发动机以膨胀循环空气涡轮冲压发动机（air turbo ramjet engine with expander cycle，ATREX）为代表。日本宇宙航空研究开发机构（Japan Aerospace Exploration Agency，JAXA）从 1986 年开始开展 ATREX 的研制，进行了包括原理设计、防冰、先进材料技术，以及换热器、氢涡轮核心部件研制等一系列工作。ATREX 通过氢燃料和来流之间的换热，降低进口空气总温；利用被加热后的高温氢驱动涡轮，带动压气机对空气进行压缩；随后氢和空气混合燃烧，经喷管排出产生推力。ATREX-500 的基本工作原理示意如图 5.4.23 所示。

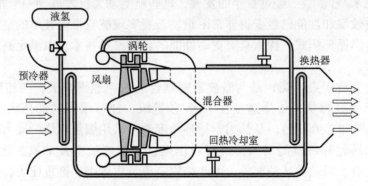

图 5.4.23　ATREX-500 的基本工作原理示意

3）多循环耦合预冷器式预冷发动机。

在多循环耦合预冷器式预冷发动机中，除了燃料和空气以外，还额外增加了一种换热介质作为循环工质，其工作原理的显著特征为空气开式循环和换热介质闭式循环的紧密耦合。

多循环耦合预冷器式预冷发动机主要以"弯刀"（scimitar）发动机和"佩刀"（sabre）发动机为代表。相较于单一循环预冷器式预冷发动机，其增加了以超临界氦为工质的闭式布雷顿循环。在闭式布雷顿循环中，预冷器（氦-空气换热器）对空气进行预先冷却，然后通过氦-氢换热器实现循环放热过程，再由氦涡轮驱动空气压气机和氦压缩机。"弯刀"发动机利用氦良好的热、功传递性能，安全、低腐蚀的特点和闭式循环内部洁净的优势，在安全性、可靠性方面比单一循环预冷器式预冷发动机更具优势。"佩刀"发动机（见图5.4.24）采用类似的循环设计，主要区别在于增加了以液氧为氧化剂的火箭工作模式，以适应入轨飞行的需求。目前，相关研究主要集中在高性能换热器技术方面，其中包含大量的新概念、新设计，在工作机理、部件设计及制造、发动机控制等方面仍存在较多关键技术亟待突破。

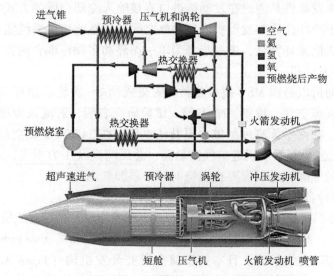

图5.4.24 "佩刀"发动机原理简图和结构示意

（5）爆震发动机。

目前已有的航空动力装置，其燃烧方式几乎均基于爆燃燃烧模式。爆燃近似于等压燃烧，传播速度在米/秒量级。经过百年的发展，这些航空动力已发展到一个相当成熟的阶段，要大幅提高推进效率和性能已经变得非常困难。若要实现航空推进技术的突破，就需要寻求新的燃烧和热力学循环模式，探索具有更高性能的新型推进技术，以满足高超声速飞行器对推进系统的要求。

爆震燃烧（又称爆轰燃烧）是与激波紧密耦合的超声速燃烧波，与传统发动机中的爆燃不同，近似于等容燃烧，传播速度在千米/秒量级，使可爆燃料的压力、温度迅速升高（可高达100 atm[①]和2 800 ℃）。从热力学循环角度看，采用爆震燃烧的动力装置，可以不用传统的压气机和涡轮部件就能对气体进行自压缩，与传统航空发动机相比具有以下特点：①由于没有压气机、涡轮等转动部件，因此结构简单、质量小、推重比大，是新一代高推重比军用发动机的理想方案；②燃烧过程接近等容过程，热效率高，耗油率低，在民用发动机领域也大有用武之地；③工作范围宽，Ma为0～10、高度为0～50 km范围内飞行且推力可

---

① 1 atm = 101.325 kPa。

调；④与冲压发动机相比，可以在地面静止状态起动；⑤能分别以吸气式发动机或火箭发动机方式工作，可以实现空天往返。

1）脉冲爆震发动机。

脉冲爆震发动机是利用脉冲式爆震波产生推力的新概念发动机，是过去30年爆震推进研究的热点之一。

脉冲爆震发动机包括吸气式脉冲爆震发动机和脉冲爆震火箭发动机两种类型，其基本工作原理是相同的，区别是吸气式脉冲爆震发动机从空气中获得氧化剂，而脉冲爆震火箭发动机则自带氧化剂。

以吸气式脉冲爆震发动机为例，其主要由进气道、燃料罐、氧化剂罐、喷射器、起爆器、爆震燃烧室、尾喷管及控制系统等组成。图5.4.25所示为吸气式脉冲爆震发动机结构示意。

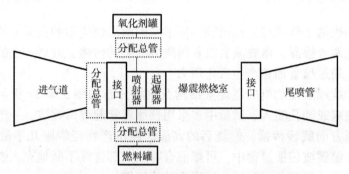

图5.4.25 吸气式脉冲爆震发动机结构示意

脉冲爆震发动机的工作循环包括四个步骤（见图5.4.26）：第一步，进气道开启，燃料与氧化剂充入并混合，爆震燃烧室充满可爆混合物；第二步，当可爆混合物填充完毕时，关闭进气道，并在爆震燃烧室前端固壁面附近用火花塞高能点火从而形成爆震波；第三步，爆震波在爆震燃烧室内传播，并在开口端排出；第四步，进气道开启，喷入惰性气体用于扫气以使燃烧产物排出，之后开始下一循环的充气过程。

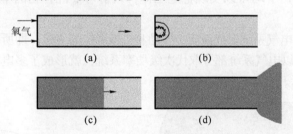

图5.4.26 脉冲爆震发动机的工作循环
（a）填充可爆混合物；（b）起爆；（c）爆震波在爆震燃烧室内传播；（d）燃烧产物排出

目前脉冲爆震发动机基本原理已经得到充分研究，试验技术也很成熟，实现了几十甚至上百赫兹的高频率工作，研究向进一步提升有效推力的方向开展。脉冲爆震发动机可以在一个很宽的Ma范围内工作，非常适合飞行器的需求。除独立用作动力装置，还可利用爆震燃烧构成外涵道脉冲爆震发动机涡轮风扇发动机、脉冲爆震发动机加力燃烧室、基于脉冲爆震发动机的混合循环和组合循环发动机，广泛用于无人机、靶机、战斗机、战略轰炸机、高超声速飞机、远程导弹等。

虽然在试验中可实现脉冲爆震发动机的高频率工作，但由于脉冲爆震发动机的整个运行过程是间歇性、周期性的多次起爆循环，因此每次起爆需要消耗较高的能量，而现有技术很难实现这种高能量、高频率的起爆。另外，脉冲爆震发动机目前的研究遭遇推力不足的难题，其根源在于发动机工作过程本身，即做功时间占整个循环过程时间的比例太低，加之高速喷出的燃烧产物难以通过喷管膨胀做功，因此，这种发动机真正投入使用，还有许多技术问题需要解决。

2）连续爆震发动机。

最近几年，关注度最高的爆震发动机为连续爆震发动机（continuous detonation engine，CDE），又称旋转爆震发动机（rotating detonation engine，RDE）。与现有的航空航天动力装置及其他爆震发动机相比，连续爆震发动机具有明显的优势，有望带来航空航天推进技术的跨越式发展。

连续爆震发动机的工作原理为在同轴圆环形或圆筒形燃烧室的头部，持续不断地充入燃料和氧化剂，并使两者掺混，爆震波会沿着圆周方向旋转传播，波后产生的高温高压工质沿着圆轴方向排出，通过喷管加速产生反作用力。

目前常见的连续爆震发动机的燃烧室结构及流场分布如图5.4.27所示。在进气壁，燃料和氧化剂通过细缝或圆孔喷入。试验中多采用预爆震管起爆爆震波，一个或多个爆震波在燃烧室头部沿圆周方向旋转传播，燃烧后的高温、高压产物经膨胀几乎沿圆轴方向迅速喷出，产生推力。在爆震波传播过程中，可爆混合物从头部连续不断地充入燃烧室。未燃推进剂在爆震波面前形成动态三角形区域，供爆震波旋转燃烧。

相比于之前的爆震发动机，连续爆震发动机的优势主要体现在以下几个方面。首先，只需要初始起爆一次爆震波便可持续地旋转传播下去。其次，由于爆震波的自维持和自压缩性，可爆混合物可由爆震波增压到一定压强，在较低的增压比下产生更大的有效功。最后，爆震波传播方向与进气、排气方向独立，爆震波被封闭在燃烧室内不排出，主要用来燃烧产生高效工质，避免了爆震波喷出管外而造成的巨大能量损失。连续爆震发动机在宽范围入流速度（100~2 000 m/s）下均可以实现稳定工作，入射可瀑混合物的平均流量大幅可调。

（6）多电发动机。

全电飞机是一种以电气系统取代液压、气动和机械系统的飞机，即所有的次级功率均以电的形式传输、分配。如果以电气系统部分取代次级功率系统，就形成了多电飞机。多电发动机的结构示意如图5.4.28所示。

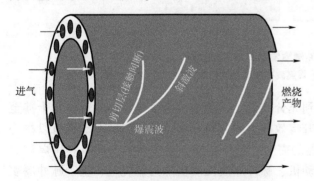

图5.4.27　目前常见的连续爆震发动机的燃烧室结构及流场分布

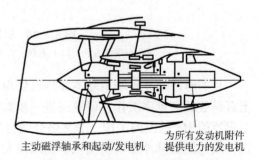

图5.4.28　多电发动机的结构示意

作为多电飞机的动力源，多电发动机除提供飞机飞行所需推力外，还为飞机上所有用电系统提供电力，并且不需要润滑系统。与传统发动机相比，多电发动机具有性能更好、结构更紧凑、维修性和可靠性更高、运行和维护成本低等许多优势。从军用角度看，多电发动机除为飞机提供推力和电力供给外，兆瓦级电功率可用于装备大功率定向能武器，作战中将获得巨大优势。

多电发动机在传统的航空燃气轮机上，用主动磁浮轴承系统代替传统的接触式滚动轴承和润滑系统，用安装在主轴上的大功率内置式整体起动发电机，为发动机和飞机提供所需要的电源，用全电气化传动附件取代机械液压式传动附件，实现发动机和飞机的全电气化传动。同时，发动机的控制系统也由集中式全数字电子控制系统改为分布式控制系统，发动机的燃油泵和作动器也改为电力驱动。

多电发动机采用主动磁浮轴承，可利用电磁力使轴承稳定悬浮起来且轴心位置可以由控制系统控制。用主动磁浮轴承系统代替传统的接触式滚动轴承和润滑系统，可以省去复杂的轴承腔、迷宫式封严等结构，减少发动机的零件数量，减小发动机质量，改善发动机可靠性和维修性，降低成本。同时，由于主动磁浮轴承可以承受更高的温度，因此可以设计得离燃烧室或涡轮更近，使发动机结构更加紧凑。另外，采用主动磁浮轴承还可以减少振动、改善发动机转子动力学特性，实现主动振动控制和叶尖间隙控制。因为主动磁浮轴承在不工作或发生故障时（如电力失效）发动机转子无法处于悬浮状态，所以需要加装轻质量的辅助轴承（又称备份轴承或保护轴承），以保证对转子的支撑，保护主动磁浮轴承系统不受损坏。

多电发动机的一体化起动/发电机装在风扇轴上，是集起动机和发电机功能于一体的电机。利用电机可逆原理，发动机稳定工作前作为电起动机工作，带动发动机转子运行到一定转速后，发动机喷油点火并逐步进入稳定工作状态；此后，发动机反过来带动电机，使其成为发电机，向飞机和发动机用电设备供电。采用一体化起动/发电机可取消功率提取轴和齿轮传动减速装置，减小发动机的质量和迎风面积。

多电发动机分布式控制系统的数据总线与系统中多个灵巧作动器或传感器相连，每个灵巧作动器或传感器都具有一定的处理功能，可执行本地功能。采用分布式控制系统可大大减小发动机的质量，改善故障隔离特性，减轻驾驶员的工作负荷，提高发动机的控制能力，并带来故障检测和维修方面的巨大好处。

电动燃油泵和电力作动器也是多电发动机的重要部件。电动燃油泵转速与发动机转速不相关，可根据发动机需要调整转速，提供发动机所需的燃油量，不需要燃油回流，这样既减小了系统的质量，也降低了系统的复杂性。与传统液压作动器始终有泄漏问题相比，电力作动器很容易进行故障识别。

（7）氢燃料发动机。

随着全球气候变化带来的挑战日益严峻，世界各国都在采取有效措施减少大气污染物的排放，加大清洁可再生能源的开发和利用。氢能作为一种清洁高效、可持续、零碳排放的能源，日益受到各国的重视。2020 年，我国郑重宣布，2030 年实现碳达峰，2060 年前实现碳中和，发展氢能产业和相关技术是实现这一目标的重要保障。

根据国际民用航空组织（International Civil Aviation Organization，ICAO）预测，基于现有传统航空技术，航空业的持续发展将导致 2050 年碳排放减少至 2005 年的 50% 的目标无法实现。因此，能够实现零碳排放的氢燃料动力飞机成为未来航空动力的一个重要发展方向。

在飞机上使用氢燃料主要有三种方式：一是在燃气轮机中直接燃烧（氢气燃气轮机），二是生产合成燃料，三是通过燃料电池发电。燃气轮机的燃烧室及燃料管路经重新设计后，可直接燃烧氢气。合成燃料则是对氢气进行化学加工，形成合成燃料，以替代传统航空煤油，不需要对飞机和发动机进行重大的改动。氢燃料电池可用作应急辅助能源和推进动力源。

德国宇航中心（DLR）早在2015年就开始了全球首架氢动力飞机HY4的研制，计划采用锂电池和氢燃料电池作为动力，在起飞阶段使用锂电池，巡航阶段采用氢燃料电池，能够以145 km/h的巡航速度连续飞行5 h以上。2018年，新加坡HES能源系统公司也发布了氢燃料电池飞行器"元素1号"的概念图，该飞行器采用氢燃料电池与分布式电推进结合的设计。2020年9月，美国ZeroAvia公司试飞了全球首架氢动力商用飞机，依靠氢燃料电池，飞机飞行速度达到了185 km/h，但飞行时间仅8 min。同时，欧洲空中客车公司发布了未来氢动力的概念飞机ZEROe，飞机采用氢混合动力，即同时采用氢气燃气轮机和氢燃料电池。

2024年1月29日，我国自主研制的第一架以氢内燃机为动力的通航飞机——世界首款四座氢内燃飞机原型机成功首飞。与前面的氢燃料电池和氢燃气轮机不同，此次试飞的原型机搭载的是增压直喷内燃机，发动机功率达到120 kW。

与氢燃料电池相比，氢燃料发动机功率密度更高，可实现远程跨洲飞行。与传统航空发动机相比，除了碳排放方面具有明显优势，氢气燃气轮机还具有起动性能好、燃料消耗低、单位推力/功率大等优势。因此，对传统航空发动机开展氢燃料适应性改造，是进一步提升性能的有效方式。当然，氢燃料发动机的发展仍面临着许多技术上的挑战，需要在氢工质循环、氢燃烧、氢控制、氢损伤和适航等诸多领域开展关键技术攻关。随着新能源技术的快速发展，氢燃料发动机与氢燃料电池组合的混合动力将是未来氢能航空的主要发展方向。

尽管氢燃料是应用前景非常好的新能源之一，但是，要使氢燃料飞机获得实际应用，还要解决一些技术难点。

1）液氢的密度只有煤油密度的1/12左右，能发出同样热量的液氢的体积是煤油的4倍，因而装载液氢燃料的燃料箱体积太大，工程师必须重新设计飞机机翼，以容纳体积更大的氢燃料。

2）由于液氢的工作温度为−253.9 ℃，因此使用液氢需要一套低温地面运输和储存系统，以及机上燃料供应和控制系统。

3）液氢的生产成本高，大约是煤油的3倍。而且，目前世界各地的机场，都已经配备了石油供应系统，改用液氢牵涉世界机场地面设施的技术改造，是一项耗资极大的工程。

4）氢燃料燃烧后排出大量的水汽（比煤油燃烧后多2.8倍），如果形成冷凝带，是否会对飞行产生影响，也需要通过试飞进行更加深入的分析。

5.4.4　燃气轮机

燃气轮机是以气体为工质，将燃料的化学能通过燃烧产生的热能转换为机械能对外输出的旋转式动力机械。除了5.4.3节介绍的航空燃气轮机外，燃气轮机还广泛应用于舰船推进、特种车辆动力、导弹动力，以及发电、天然气及石油管道输送、海洋油气勘探及开采平台等众多工业领域。可以说，没有任何一种动力机械像燃气轮机这样有如此多的应用方式，因此它也被誉为装备制造业"皇冠上的明珠"。

1. 燃气轮机发展及现状

燃气轮机的发展虽然只有几十年的历史，但是其概念很早就产生了。中国南宋时期出现的走马灯，利用燃烧灯火所产生的热气上升，推动带纸叶片的叶轮，使装在叶轮轴上的纸影回转，这就是最早的燃气轮机的雏形。

18 世纪末，随着热力学的发展，人们开始利用热力循环的知识进行燃气轮机的设计和研究。1905 年，法国研制出第一台能输出有效功率的燃气轮机，由于当时的叶片机效率较低，因此整个燃气轮机的效率很低。

1939 年是燃气轮机发展历史上具有里程碑意义的时刻，这一年，第一架装有涡轮喷气发动机的飞机在德国试飞成功，同年，瑞士 ABB 公司研制出第一台 4 MW 发电用燃气轮机组。工业，特别是航空工业的发展，为燃气轮机的发展奠定了坚实的基础。从此以后，燃气轮机开始进入工业的各个领域并得到了广泛应用。

1947 年，英国海军首次在高速炮艇上试装了燃气轮机。由于船用燃气轮机具有功率大、体积小、质量小、起动快、加速性好等优点，70 多年来，舰船用燃气轮机发展非常迅速，应用已十分广泛，大到轻型航空母舰、巡洋舰，小到快艇、气垫船，从水面战斗舰艇到民用船舶，燃气轮机已经成为各国现代大中型水面舰艇和高性能船舶的主要动力装置。日益复杂昂贵的作战系统推动了舰船的大型化，从 20 世纪 90 年代以来，大功率燃气轮机已经成为各国海军舰船动力需求的主流。新一代大功率燃气轮机的功率普遍超过了 3 万 mhp，最大功率已达到 5 万 mhp，简单循环的效率达到 40%。在民用船舶领域，燃气轮机由于经济性不如柴油机，在很长一段时间应用受到限制。但是近年来，随着比传统螺旋桨效率更高的喷水推进方式的发展，燃气轮机在高速船舶中的应用不断扩大。为了提高舰船动力的经济性并适应大范围的工况变化，燃气轮机舰船一般采用联合动力装置。在低速航行或巡航工况时，由单独的 1 个动力装置推进，在加速航行或全速航行时，由另外 1 个动力装置单独工作或 2 个动力装置共同工作。舰船的主要动力装置有汽轮机、柴油机、燃气轮机及核动力，目前与燃气轮机组成联合装置的主要有柴油机-燃气轮机（简称柴-燃）、燃气轮机-燃气轮机（简称燃-燃）、燃气轮机-汽轮机（简称燃-蒸）三大类。

燃气轮机在地面的一个重要应用领域是坦克装甲车辆动力。相比于柴油机，燃气轮机作为坦克动力，具有功率密度高、转矩储备系数高、低温起动性能良好、可靠性高等优点，但同时也存在燃油消耗率高等不足。世界上第一款以燃气轮机为主动力的坦克，是苏联于 1976 年列装的 T-80 主战坦克。后来，在美国第三代坦克研制过程中，燃气轮机方案最终胜出，1982 年以 AGT-1500 燃气轮机为动力的 M1 坦克正式列装于美军。M1 坦克选用 AGT-1500 燃气轮机作为动力之前，开展了大量试验。其中，通过与同功率柴油机的对比试验发现，采用 AGT-1500 燃气轮机的坦克加速性能更好，噪声更低，大修期更长，燃料适用性也更强，尤其是加速性能非常突出，即使在-50 ℃的低温环境中，燃气轮机也不需要预热即可起动加速至额定工况。目前，美国和俄罗斯装备燃气轮机的主战坦克约有 24 000 辆，远远超过装备柴油机的主战坦克。

小型涡轮喷气发动机、涡轮风扇发动机也用于巡航导弹上。1991 年海湾战争中，以美国为首的多国部队对伊拉克的首次空袭是从发射"战斧式"巡航导弹开始的，该导弹准确攻击了约 90% 的空袭目标，在飞机出动之前严重摧毁了伊拉克的设防，从而使之后多国部队出动 2 107 架次的大规模空袭中，只损失了 4 架飞机。海湾战争中，"战斧式"巡航导弹名噪一时。巡航导弹在战争中的重要作用，经海湾战争考验后备受重视。巡航导弹不仅可用于战术攻击，还可用于战略攻击，可以从游弋于大洋中的核潜艇上攻击大陆纵深目标。得益于先进的小型一次性燃气轮机，巡航导弹的质量小、射程远。巡航导弹用的燃气轮机属于航空发动机范畴，只不过有其独特的使用要求：一次使用，低成本，单位迎风面推力高，低油耗，强力快速起动，高可靠等。图5.4.29所示为"战斧式"巡航导弹的剖视图，该巡航导弹采用的是F107涡轮风扇发动机，与常规燃气轮机相比，仅起动点火系统不同，为一个固体火药点火器。

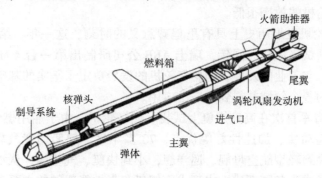

图5.4.29　"战斧式"巡航导弹的剖视图

由于燃气轮机可以快速起动与加载，非常适合用于电网尖峰负荷和紧急备用电源。除此之外，随着燃气轮机技术的进步和清洁能源使用的需求，燃气轮机在发电领域得到了极大的发展，特别是燃气轮机与汽轮机构成的联合循环发电技术，热效率已经超过60%，在发电量相同的情况下，使用天然气的燃气轮机发电厂二氧化碳排放量比燃煤发电厂可减少50%，燃气轮机及其联合循环已经成为最清洁的火力发电技术。据统计，美国自1987年起，燃气轮机及其联合循环机组的年装机容量已经超过汽轮机组，2018年，燃气轮机及其联合循环发电装机容量已达到全球装机容量的1/4。目前最先进的H级/J级重型燃气轮机简单循环和联合循环的热效率已分别达到43%和63%以上，简单循环的功率达到590 MW，而联合循环1×1配置的功率达到870 MW，是所有热—功转换发电系统中热效率最高的大规模商业化发电方式。未来，随着发电领域向可再生能源和脱碳变革，燃气轮机在发挥高效、高功率密度、快速响应等优势的同时，其与可再生能源利用也紧密结合，即将富余的可再生能源如太阳能、风能等用于制氢。在需要电能时，通过氢气在燃气轮机中燃烧用以发电或驱动供能，从而形成重要的能量储存机制，即能源互补系统。可以预计，在全球气候变暖和大气污染问题日益严重的今天，随着可再生能源应用日益广泛，燃气轮机的技术优势将日益突显，将是21世纪乃至更长时间内能源高效转换和洁净利用的核心装备。

许多蕴藏量丰富的石油、天然气产地与其使用的地区距离较远，一般通过长距离管道进行油气的输送。在油气管道输送中，需沿管道按一定距离设置多座增压站，对油气进行增压，克服油气在管道中的流动阻力，使管道能够连续不断地输送油气。例如，我国的西气东输工程，一线管线全长约4 200 km，每隔200~300 km就需要一个增压站。由于绝大多数增压站远离城市，交通不便，重型机械设备很难运达，并且有些站点水源稀少，而燃气轮机体积小、质量小、起动快、不用冷却水等优点，因此，其很适合作为石油、天然气输送管线驱动增压装置的动力。目前以燃气轮机为动力的增压站在天然气管道输送中占有绝对优势。与天然气管道不同，石油输送管道多采用离心泵将石油增压后输送，但是在边远和荒芜的无人区以及大容量的输油管道中，采用燃气轮机更为合适。对于石油输送管道，燃气轮机无法直接燃用原油，必须经过专门的处理，除去原油中所含的盐分并添加适当的添加剂。

长期以来，陆地石油和天然气资源已被大规模开采，储量急剧下降，各国早已将目光转向了尚未被大规模开发的海洋油气资源。开采海洋油气资源，必须先建造海洋平台以安装各种开采设备以及油气加工和储存设施，这些都离不开动力的支撑。由于远离陆地，相对独立，海洋平台所需的动力必须由自备的动力装置提供。海洋平台空间十分有限，采用燃气轮机提供动力的优点十分突出，应用十分广泛。例如，目前为我国渤海湾油田提供发电的主动力 90%以上来自燃气轮机。与陆地的石油和天然气开采类似，燃气轮机在海洋平台主要用于发电，同时也可用作油田注气/水、气举采油及油气管道输送的增压动力等。

2. 燃气轮机基本工作原理

燃气轮机是一种工质连续流动的动力机械，其基本工作原理如图 5.4.30 所示。燃气轮机包括三个主要部件：压气机、燃烧室和涡轮。此外，为保证正常工作，燃气轮机还包括燃料供应、润滑、起动、进排气、调节控制等系统。燃气轮机可以直接驱动负荷，也可以通过齿轮箱驱动负荷。燃气轮机可以设计成使用多种燃料，包括天然气、航空燃油、氢气等。

燃气轮机的工作原理如下：由大气吸入的空气（状态 1），在压气机中被压缩到一定压力后流入燃烧室（状态 2），与喷入燃烧室的燃料混合后进行燃烧（状态 3），将燃料中的化学能转换为热能，形成的高温、高压的燃气流入涡轮进行膨胀（状态 4），推动涡轮旋转做功，最后废气由涡轮出口排入大气。涡轮与压气机的轴是相连接的，涡轮所产生的功一部分为压气机所消耗，其余部分为燃气轮机可以输出的功。压

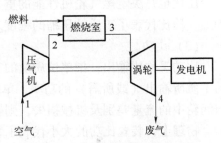

图 5.4.30　燃气轮机基本工作原理

气机、燃烧室和用于带动压气机工作的涡轮，这三个部分统称燃气发生器。

同活塞式内燃机一样，燃气轮机的工作循环也是由吸气、压缩、膨胀做功、排气四个过程组成的，但不同的是，前者的四个过程均在同一个气缸内交替进行，而燃气轮机的工作过程在不同的部件中连续完成。

燃气轮机的工作循环既可以采用等容燃烧，也可以采用等压燃烧。但是因为要实现等容燃烧，必须在燃烧室内安装进排气门，从而导致结构复杂、尺寸增加并降低了工作可靠性，所以燃气轮机通常采用等压燃烧的循环过程。

图 5.4.31 所示为等压燃烧的燃气轮机理想循环。根据等压燃烧的燃气轮机装置各工作过程的主要特征，可将工质在压气机中的压缩过程简化为等熵压缩过程 1—2，燃烧室中的燃烧过程理想化为等压加热过程 2—3，涡轮中的膨胀过程简化为等熵膨胀过程 3—4，考虑到进气压力和排气压力基本相同，将工质排向大气并由涡轮出口状态恢复到压气机进口状态的过程用等压放热过程 4-1 来代替。此循环又称布雷顿循环。

燃气轮机循环的主要指标可用两个参数指标和两个性能指标来表示。

（1）温比 τ。

温比是决定燃气轮机性能的重要参数之一，其定义是涡轮进口温度与压气机进口温度之比。物理上，温比代表了工质被加热的程度。在一定的进气条件下，温比主要取决于循环最高温度。一般来说，温比越高越好，同时温比的提高，体现了燃气轮机对高温材料和冷却技

术更高的要求。

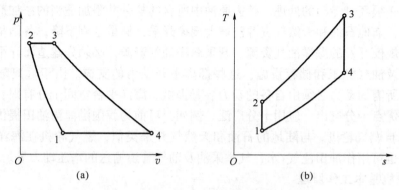

图 5.4.31　等压燃烧的燃气轮机理想循环

(a) p—v 图；(b) T—s 图

（2）压比 π。

压比也是决定燃气轮机性能的重要参数之一，定义为压气机出口与进口的总压之比。物理上，压比代表了工质被压缩的程度。

（3）比功。

比功又称比输出，指单位质量的工质所做（或所需）的功，单位为 kJ/kg；或单位流量的工质所输出（或所需）的功率，单位为 kW/(kg·s⁻¹)。在近似计算中，如果忽略压气机与涡轮中的流量差别及机械损失，则燃气轮机的装置比功等于涡轮比功与压气机比功之差。

物理上，装置比功的大小代表了装置做功能力的大小。装置的比功越大，输出相同功率所需要的工质流量就越小，此时所需要的管道和装置的尺寸也越小，相应的制造成本也越低；装置的比功越小，输出相同功率所需要的工质流量就越大，此时所需要的管道和装置的尺寸也越大，相应的制造成本也越高。因此，应尽量提高装置的比功。燃气轮机输出的功率等于其比功与压气机进口空气流量的乘积。

燃气轮机理想循环的比功是温比和压比的函数，其变化关系如图 5.4.32 所示。先进燃气轮机的最高循环温度 T_3 可达 1 900 K 以上，采用简单循环可获得超过 40% 的热效率。但为了讨论和说明，图 5.4.32 中的最高循环温度取值较低，这样会得到较低的更实际的压比范围，以便更好地讨论。图 5.4.32 表明，燃气轮机简单循环的比功随温比 τ 和压比 π 变化。当 π 不变时，比功随着 τ 的增加而增加；当 τ 一定时，比功随 π 的变化有一最大值，对应于使比功获得最大值的压比称为最佳压比。此外，随着温比 τ 的增加，使比功获得最大值的最佳压比不断增大。

（4）热效率。

燃气轮机的热效率定义为燃气轮机输出的有用功与输入的燃料完全燃烧放出的热量之比。物理上，热效率表明了燃料的有效利用程度，是燃料转化为有用功的经济性指标。除此之外，工程上还经常采用燃料消耗率来表示装置工作的经济性，是指单位输出功的燃料消耗量。

由热效率的表达式可得燃气轮机理想循环热效率的表达式，即

$$\eta = 1 - \frac{1}{\pi^{\frac{k-1}{k}}}$$

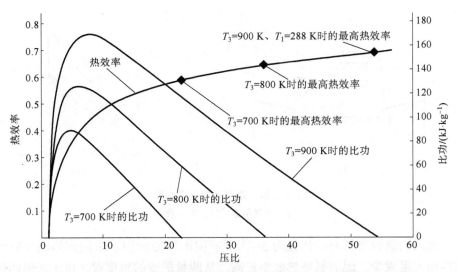

图 5.4.32　燃气轮机理想循环的比功与压比和热效率的变化关系

　　因此，理想简单循环的热效率仅取决于压气机的进出口压比 π，而与温比 τ 无关，热效率随 π 的增加而单调增加，这是因为随着压比 π 的增加，压气机出口气体 T_2 增加，达到相同的 T_3 时所需要加入的燃料变少，从而热效率变高。

　　在研究燃气轮机实际循环时，应考虑各个过程的不可逆损失。在实际燃气轮机装置中，气体流经压气机、涡轮时速度很高，存在各种流动损失，使压气机消耗的功增大，涡轮做出的功减少，因而循环功也相应减少。但是可以忽略散热这个因素，而将其视为绝热不可逆过程，如图 5.4.33 中的 1—2′ 和 3—4′ 所示。

　　在燃气轮机装置中，为了提高燃油经济性，通常采用带回热的工作循环。涡轮的排气温度高于压气机出口压缩空气的温度，因此有可能利用较高温度的废气来绝热压缩后的空气，以减少燃烧过程中燃料的耗量，从而使装置的效率提升，工质内部的这种热量交

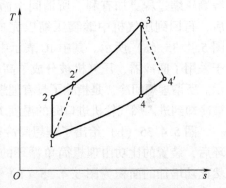

图 5.4.33　实际燃气轮机循环

换称为回热，实现此种热交换所采用的设备称为回热器。燃气轮机回热循环如图 5.4.34 所示。理想回热循环和理想简单循环的装置布置基本相同，只不过是在涡轮出口排气和压气机出口压缩空气之间加了一个回热器。采用回热后，工质在吸热过程的低温阶段，吸热量来源于工质内部的换热，工质向外热源的吸热过程由过程 2—3 变为过程 5—3，显热循环的加热平均温度提高。而工质向低温热源的放热过程也由原简单循环的过程 4—1 变为过程 6—1，放热平均温度也显著降低。回热循环的工作过程如下：1—2 为空气的等熵压缩过程，2—5 为空气等压预热过程，5—3 为燃烧室中的等压燃烧过程，3—4 为燃气等熵膨胀过程，4—6 为排气等压冷却过程，6—1 为等压放热过程。

　　由图 5.4.34 可以看到，采用回热后的理想回热循环的过程 T—s 图与理想简单循环完全重合，且比功均为面积 1—2—3—4，故对于理想回热循环，装置的比功不变。此外，采用理想简单循环时，装置中加入的燃料所具有的比能为 2—3 下所围图形的面积；而加入回热

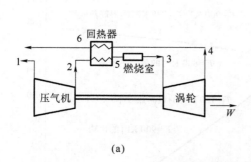
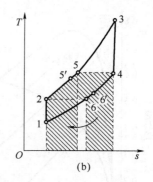

图 5.4.34 燃气轮机回热循环

(a) 装置示意；(b) T—s 图

后，装置中加入的燃料所具有的比能为 5—3 下所围图形的面积。采用回热循环后，比功不变化而燃料加入量减少，因而循环热效率提高。从能量平衡的角度看，由于理想回热循环与理想简单循环的循环功相同，而采用回热后，工质接受外热源的加热量少了，因此，热效率提高。

为了提高装置的比功，可以采用降低压缩功的间冷循环。对于压缩过程，气体的温度越低，其分子运动速度也越低，达到同样的压比所需的压缩功也越小，因而等温的压缩过程较等熵压缩过程更加有利。所谓间冷循环，是指在压缩过程中，将工质引至冷却器进行冷却后，再回到压气机中继续压缩以完成压缩过程的循环。这种类型燃气轮机的装置示意如图 5.4.35 (a) 所示。其中 IC 表示中间冷却器（又称间冷器），一般用水来进行冷却。由于采用了间冷器，压气机被分成了高压压气机和低压压气机两个部分，分别用 HC 和 LC 表示。所谓理想间冷，是指除了具有理想简单循环的假设条件外，还假定间冷器出口的工质可以被冷却到进入燃气轮机进口时的温度 T_1，即 $T_{1m}=T_1$。此外，在间冷器中假定无损失存在。

图 5.4.35 (b) 给出了理想间冷循环的工作过程 T—s 图，可以看出，采用理想间冷循环后，装置的比功由理想简单循环的面积 1—2′—3—4 增加到了 1—2m—1m—2—3—4，显然比功增加的面积为图 5.4.35 (b) 中 1m—2—2′—2m 部分的阴影面积。工质被引出时的压力大小不同，图中阴影面积也不同，即增加的比功大小不同，当两台压气机的压比相同时，理想间冷循环的比功最大。

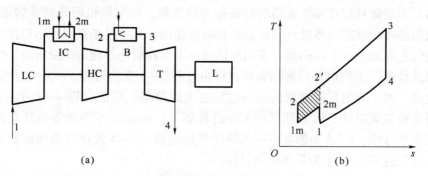

图 5.4.35 理想间冷循环的装置示意和 T—s 图

(a) 装置示意；(b) T—s 图

5.4.5　火箭发动机

火箭发动机和航空燃气轮机（如涡轮喷气发动机、涡轮风扇发动机）一样，都是采用喷气推进的方式，即利用高速喷射物质的动量产生反作用力来推动飞行器运动（见图 5.4.36）。与航空发动机不同，火箭发动机喷射的物质全部来自自身所携带的推进剂，不需要利用周围的大气，因此火箭发动机既可以在大气层中工作，也可以在大气层以外的太空工作，广泛应用于运载火箭、弹道导弹和卫星、飞船、航天飞机等各类航天器。而航空燃气轮机因为是利用周围大气作为氧化剂，自身只携带燃料，所以只能在大气层中工作。

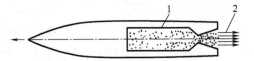

图 5.4.36　火箭发动机推进原理
1—火箭发动机；2—喷出的射流

火箭发动机按照发动机工作时使用的初始能源类型不同，可分为化学能火箭发动机、核能火箭发动机、电能火箭发动机和太阳能火箭发动机等。依靠推进剂的化学能作为能源的火箭发动机称为化学能火箭发动机，是目前技术最为成熟、应用最广泛的火箭发动机。

化学能火箭发动机是依靠推进剂在燃烧室内进行化学反应释放热能，将工质加热到很高的温度，然后再膨胀加速到高速喷出，从而产生反作用力推动飞行器运动。推进剂包括燃烧剂和氧化剂两部分。化学能火箭发动机根据所携带的推进剂物理形态不同，又可分为固体推进剂火箭发动机（简称固体火箭发动机）、液体推进剂火箭发动机（简称液体火箭发动机）、固-液混合型推进剂火箭发动机（简称混合火箭发动机）三类。推进剂的物理形态对火箭发动机的结构影响很大。第一类，即固体火箭发动机，燃烧剂和氧化剂结合在一起制成装药，直接置于燃烧室内，如图 5.4.37 所示；第二类和第三类，全部或部分使用液体推进剂，因而需有专门的推进剂储存箱和输送系统（见图 5.4.38 和图 5.4.39）。这三种发动机的结构性能、能量特征和其他性能各有优缺点。

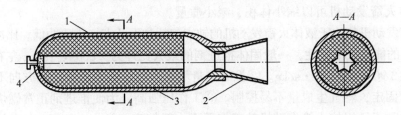

图 5.4.37　固体火箭发动机示意
1—燃烧室；2—喷管；3—固体推进剂装药；4—点火装置

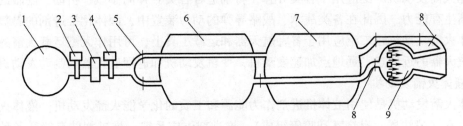

图 5.4.38　液体火箭发动机（挤压式）示意
1—高压气瓶；2—高压爆破阀门；3—减压器；4—低压爆破阀门；5—隔膜；
6—燃烧剂储存箱；7—氧化剂储存箱；8—流量控制板；9—燃烧室

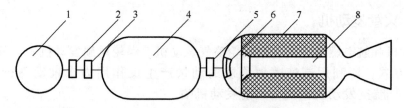

图 5.4.39　混合火箭发动机示意
1—高压气瓶；2，5—阀门；3—减压器；4—液体推进剂储存箱；6—头部喷注器；
7—固体装药；8—燃烧室

1. 固体火箭发动机

固体火箭发动机是以固体推进剂燃烧产生的高温高压燃气为工质，通过喷管高速喷出获得推力的动力装置。固体火箭发动机主要由燃烧室、固体推进剂装药、喷管和点火装置等组成。在固体火箭发动机中，燃烧用的推进剂是燃烧剂与氧化剂预混在一起的固态混合物，这种混合物填充到特定形状的模具中（此过程称为浇注），在黏结剂固化后形成药柱，直接装于燃烧室或发动机壳体内。固体火箭发动机工作时，由点火装置点燃装药，燃烧产物流经药柱，化学反应在药柱表面按预定的速度平稳燃烧，从而使该处的固体转化（经历分解和汽化阶段）为燃气。

固体火箭发动机相比于液体火箭发动机的优点包括如下几点。①结构简单。固体火箭发动机不需要专门的燃料输送系统，结构简单，典型固体火箭发动机的零部件只有几十个，且各个零部件之间没有相对运动，而液体火箭发动机的零部件可多达几千甚至上万个。因此，固体火箭发动机可靠性高，成本低，研制周期短。②使用操作简便、安全。固体推进剂加工成型后直接储存在发动机中，因此总是处在待发状态。而液体火箭发动机在发射前必须对各系统进行全面检查，一些大型火箭的推进剂还需现场加注，准备时间长。③固体推进剂密度大，因此固体火箭发动机可以缩小体积，减小质量。

固体火箭发动机相比于液体火箭发动机的缺点包括如下几点。①比冲低。比冲反映了火箭发动机推进剂的能量效率特性，一般固体推进剂的最大比冲为 $2\,600\ \mathrm{N\cdot s/kg}$ 左右，而液体推进剂则可高达 $3\,900\sim4\,000\ \mathrm{N\cdot s/kg}$。②推力矢量不易控制。推力的大小和方向不易调节，主要是因为喷管固定，燃气生成量不易控制。③工作压强高。为使推进剂正常燃烧，提高发动机的能量转换效率，固体火箭发动机的工作压强一般较高，常在 $10\ \mathrm{MPa}$ 左右甚至更高，增大了发动机壳体的机械负荷与质量。

固体火箭发动机广泛应用于各类导弹，特别适合各类导弹向小型、机动、隐蔽的方向发展，提高生存能力，因此在各类战术、战略导弹的动力装置中，固体化推进剂的趋势十分明显。固体火箭发动机还广泛应用于各种航天器和运载工具上，可用作大型运载火箭的助推发动机，航天器的近地点、远地点加速发动机，变轨发动机和返回航天器的制动发动机。

2. 液体火箭发动机

液体火箭发动机是使用液体推进剂作为能源和工质的化学能火箭发动机。液体火箭发动机由推力室（喷注器、燃烧室和喷管组成）、推进剂供应系统、推进剂储存箱和各种调节器等部分组成。

大多数液体火箭发动机使用的是双组元推进剂，即氧化剂组元和燃烧剂组元，分别储存在各自的储存箱中。发动机工作时,推进剂供应系统将两种组元分别经各自的输送管道输送到发动机头部,由喷注器喷入燃烧室中燃烧,生成高温、高压燃气。燃气经喷管膨胀加速后,高速喷出产生飞行器的动力。

相比于固体火箭发动机,液体火箭发动机推进剂密度低、结构复杂、成本高、准备时间长,并且液体推进剂的腐蚀性使其储存时间短,需要定期更换与检查。但是与固体火箭发动机相比,液体火箭发动机比冲高、工作时间长、推力矢量易于控制、可反复起动。液体火箭发动机是弹道导弹、运载火箭和航天器的主要动力装置。在第一代战略导弹武器中采用了液体火箭发动机,后来为了提高机动性和快速反应,改为固体火箭发动机。液体火箭发动机性能高、推力大、适应性强、技术成熟、工作可靠,目前是大型运载火箭、航天飞机等最常用的动力装置。

3. 混合火箭发动机

混合火箭发动机使用的推进剂有固体和液体两种,一般把燃烧剂为固体、氧化剂为液体的混合方式称为正混合,反之称为逆混合。发动机起动时,高压气瓶中的高压气体通过减压器降低至所需的压强进入氧化剂储存箱;受挤压的液体氧化剂经阀门进入燃烧室,而后由燃烧室头部的喷注器喷入燃烧剂药柱的内孔通道。药柱点燃后,药柱内孔表面生成的可燃气体与通道内的液体氧化剂射流互相混合并燃烧,产生的燃气从喷管喷出,产生推力。

目前混合火箭发动机多数为正混合火箭发动机,因为这种组合的推进剂可以提高推进剂的平均密度比。此外,燃料的体积通常都小于氧化剂的体积,所以正混合具有燃烧室尺寸小的优点。另一个重要原因是固体氧化剂都是粉末,要制成一定形状并具有一定机械强度的药柱比较困难。

5.4.6　核动力装置

核动力装置是以核燃料代替普通燃料,利用核反应堆内核燃料的核裂变反应产生热能并转换为动力的装置。5.3.2 节介绍的核能发电就是核动力装置的典型应用。

1. 工作原理

核动力装置主要包括核反应堆、产生动力的系统和设备,如蒸汽供应系统、汽轮机等,以及为保证设备正常运行、人员健康和安全所需要的系统和设备等(见图 5.4.40)。

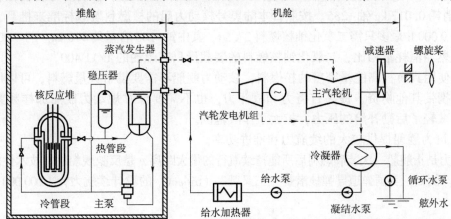

图 5.4.40　核动力装置

核燃料在核动力装置的核反应堆中产生核裂变反应，释放巨大能量，被不断循环的冷却水吸收，后者又通过蒸汽发生器将热量传给二回路中的水，使之变为蒸汽后传送至汽轮机中做功。核动力装置的优点是功率大，一次装填核燃料可以使用好几年。装备核动力装置的舰船几乎有无限的续航力。

2. 工作用途

核动力装置主要用于以下几个方面。

（1）发电。与火力发电相比，核电站基建投资较高，但燃料费用较低，发电成本也较低。在正式运行的核电站中，广泛采用的是热中子轻水堆（包括压水堆和沸水堆），其次是气冷堆和重水堆。其中除沸水堆核电站外，其他堆型中核电站汽轮机的蒸汽均不直接与核反应堆接触，所以汽轮机基本上无放射性污染。

（2）推进潜艇和水面舰船。核动力装置能以较少的燃料提供较大的动力，故核潜艇的航速快、续航能力大。

（3）用于空间技术和其他方面。空间核动力装置一般包括热源和能量转换器，其中热源可以是核反应堆，但利用较多的是同位素电池；能量转换器使热能转换为电能，有静态（功率较小，效率较低）和动态（功率较大，效率较高）两类。这些装置也可以用于海洋和陆地上的特殊场合，如极地气象站等。

3. 船舶核动力装置

具有划时代意义的原子核裂变现象揭开了人类利用核能的序幕。1954年，世界上第一艘核动力舰艇"鹦鹉螺号"下水，从那时起到现在，世界上已有近十个国家先后建造了470多艘采用核动力推进的潜艇、水面舰艇、客货商船、破冰船等。事实充分证明，船舶在使用核动力装置以后，其推进能源又进入了一个崭新的发展阶段。

核动力装置将裂变能转换为推进舰船的动力，与常规动力装置相比，具有以下几个显著特点。

（1）核燃料具有极高的能量密度，燃料质量占全船载质量的比例较小。

1 kg 铀-235 完全核裂变所放出的能量，相当于 2 800 t 优质煤或者 2 100 t 燃油充分燃烧放出的能量，也就是说，核燃料的能量密度是常规燃料的数百万倍。以一艘推进功率为 74 MW 的大型快速船为例，采用常规动力装置全速航行 1 h 大约消耗 35 t 燃油，一年中若全速航行 9 000 h，累计消耗的燃油大约为 315 000 t。如果采用压水堆核动力装置，全速航行 1 h 仅需消耗 0.017 kg 铀-235。按照日本陆奥号核动力船的核燃料装载标准来推算，一年中全速航行 9 000 h 最多只需二氧化铀核燃料 27.5 t，其中铀-235 含量约 970 kg。与 9 000 h 满功率航行的燃油消耗量相比，二氧化铀核燃料的装载量只有燃油的 1/11 400。

由于使用具有极高能量密度的核燃料，核动力舰船不需要携带大量燃料，可以用节省下来的空间携带其他物资，提高自持力和战斗力，也不需要像常规动力舰船那样频繁补给燃料，大大减轻了后勤补给的压力，扩大了作战范围。

（2）可为舰船提供较大的续航力和推进功率。

续航力是指舰船一次装满燃料后所能持续航行的最大距离，是反映舰船战术技术性能的重要指标之一。例如，美国弹道导弹核潜艇"三叉戟"（trident）的设计续航力为 1 000 000 n mile[①]，

---

① 1 n mile（海里）约等于 1 852 m（米）。

以 30 kn① 的速度可连续航行 33 400 h，相当于 1 391 天。

军用舰船因作战使命的需要，对最大航速有较高的要求。例如，航空母舰在飞机起飞时，要求高速逆风航行，以降低对弹射器和飞机的要求；舰艇在作战时，高航速有利于其快速占领攻击阵位、迅速脱离危险区域。一般来说，舰船的航速要提高 1 倍，动力装置的推进功率就需要增加 8 倍，因此，大功率的动力装置是舰船获得高航速的先决条件。目前使用的舰船动力核反应堆，单堆功率为 30～300 MW。核动力舰船可根据吨位、航速及其他方面的要求装载一个或多个核反应堆，强大的动力可以使核动力舰船的航速达到 30 kn 以上。美国"海狼级"攻击型核潜艇的最高航速达到了 35 kn。

常规动力舰船受燃料装载量的限制，不仅续航力有限，而且以高速连续航行的时间也极为有限，对舰船的作战范围、作战方式都有制约作用，而核动力舰船在这个方面的优越性就非常突出。

（3）核裂变反应不需要氧气，有利于提高舰船的隐蔽性。

与常规化石能源的燃烧反应不同，核裂变过程不依赖氧气。核动力装置在运行过程中，不像常规动力装置那样为了维持运行，需要不断送入氧气并排出废气，因而核动力装置用于舰船推进，对于提高舰船的隐蔽性具有显著的优势。

采用柴油发电机组推进的常规潜艇在潜航时用蓄电池给推进电机供电，因为蓄电池储能有限，所以潜艇平均航速往往较低，而且每航行一段时间就必须浮出水面或上浮至通气管深度，利用柴油发电机组进行充电。核动力潜艇只要携带了足够的给养和消耗物资，在艇员身体健康允许的情况下，可以长期在水下高速航行。长时间的潜航能力，增加了潜艇的隐蔽性，极大地扩展了潜艇的攻击能力和防御能力。

水面舰船采用核动力装置，不需要像常规动力装置那样设置庞大的进排气系统。一方面简化了船体结构设计，使舰船上层建筑的设计更为灵活；另一方面，由于没有高温排气，因此舰船的红外特征被削弱，被敌方探测到的概率减小。

（4）核裂变反应会产生放射性，增加了核动力装置的复杂性。

首先，核反应堆在运行过程中，堆芯的核裂变反应会产生强烈的放射性，因此必须采取屏蔽与防护措施，以保护船员的身体健康，防止对环境造成污染；其次，核反应堆在运行一段时间后停堆时，堆芯的核裂变产物继续衰变，仍然会放出大量热量，需要设置相应的停堆冷却系统；最后，核动力舰船普遍采用压水堆核动力装置，反应堆的运行压力通常在 10 MPa 以上，冷却剂温度高达 300 ℃ 左右，一旦设备与管道破裂，高温、高压的冷却剂将喷涌而出，将大量放射性物质带入环境，造成人员伤亡和环境污染，同时，核反应堆也会因为得不到充分的冷却而使堆芯烧毁。为了避免出现这种事故，确保即使发生事故后也能使事故后果降到最轻，核动力装置中设置了一系列相关的安全保护系统。因此，核动力装置与常规动力装置相比，系统更为复杂，运行和管理的要求更高。

另外，核动力装置在运行过程中会产生不同形态的放射性废物，由于空间限制，在核动力舰船上不能像核电站那样设置完善的放射性废物处理系统，一般都将这些放射性废物储存起来，回到基地再进行处理，因此，在停靠核动力舰船的码头需要设置相应的处理设施。

---

① 1 kn（节，每小时海里数）相当于 1.852 km/h。

4. 核电池

核电池又称放射性同位素电池，是通过半导体换能器将同位素在衰变过程中不断放出具有射线的热能转换为电能制造而成的。一般核电池在外形上与普通干电池相似，呈圆柱形（见图5.4.41）。在圆柱的中心密封有放射性同位素源，外面是热离子转换器或热电偶式的换能器。换能器的外层为防辐射的屏蔽层，最外面一层是金属筒外壳。按能量转换机制，核电池可分为九类：直接充电式核电池、气体电离式核电池、辐射伏特效应能量转换核电池、荧光体光电式核电池、热致光电式核电池、温差式核电池、热离子发射式核电池、电磁辐射能量转换核电池和热机转换核电池。

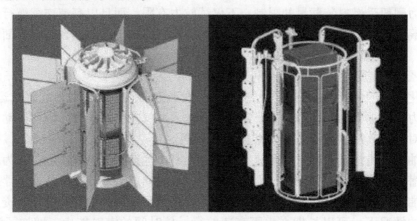

图5.4.41 核电池

核电池已成功地用于航天器的电源、心脏起搏器电源和一些特殊军事用途领域。2012年8月7日，美国"好奇号"火星车抵达火星，核电池寿命可达14年。2013年，我国嫦娥三号的"玉兔号"月球车装载着核动力装置成功着陆月球。我国成为美、俄之后，第三个将核动力用于太空探测的国家。

5.4.7 星际航天器动力

1. 离子推进器工作原理

离子推力器又称离子发动机，是空间电推进技术中的一种，其特点是推力小、比冲高、效率高，广泛应用于空间推进，如航天器姿态控制、位置保持、轨道机动和星际飞行等。关于离子推进器的研究，早在1965年就开始进行了SERT-Ⅰ空间飞行试验，1970年进行了SERT-Ⅱ空间飞行试验，1997年起，离子推进器在商业卫星上正式应用。

与传统火箭通过尾部喷出高速气体实现向前推进不同，离子推进器不是采用燃料燃烧而排出炽热的气体，而是利用电能将气态工质氙气电离，转化为带正电荷的高速离子流，金属高压输电网对离子流施加静电引力，使离子流获得加速度，加速后的离子流通过反作用力推动卫星进行姿态调整或者轨道转移任务，可以使航天器获得143 201 km/h的速度。离子推进器工作原理如图5.4.42所示。

离子推进器所提供的推动力或许相对较弱，加速度很低，可能只有几厘米/秒甚至更低，有人形容这种推力只能"吹动一张纸"。但与化学火箭发动机极短的燃烧时间不同，离子推进器提供的加速时间可以很长，因此发动机比冲很大，就是说，同样质量的工质能提供更大的总推力和最终速度，足以满足卫星调姿和变轨的需要。

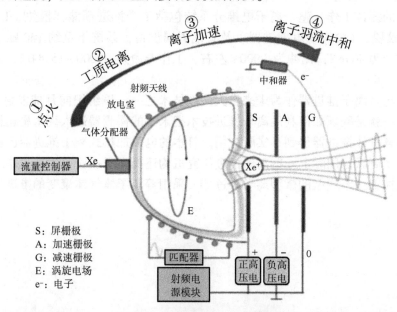

图 5.4.42　离子推进器工作原理

2. 离子推进器现状

离子推进器已经应用到一些太空飞船上，如日本的"隼鸟"太空探测器，欧洲的"智能 1 号"太空船和美国的"黎明号"小行星探测器等，而且技术已经取得了很大的进步。离子推进太空探测器如图 5.4.43 所示。未来最有希望成为更远外太空旅行飞船推进器的可能就是可变比冲磁等离子体火箭（variable specific impulse magnetoplasma rocket，VASIMR）。这种火箭与一般的离子推进器稍有不同。普通的离子推进器是利用强大的电磁场来加速离子体，而 VASIMR 则是利用射频发生器将离子加热到 100 万 ℃。在强大的磁场中，离子以固定的频率旋转，将射频发生器调谐到这个频率，给离子注入特强的能量，并不断增加推进力。试验初步证明，如果一切顺利，VASIMR 将能够推动载人飞船在 39 天内到达火星。

图 5.4.43　离子推进太空探测器

自 2012 年起，经过 1 万 h 运转后，中国成功在"实践 9 号"科学卫星上完成 XIPS-20 氙离子推进器的测试工作。整个离子电推分系统包括 1 个推进剂储存模块、1 个调压模块、4 个流量控制模块、4 台离子电推进器以及其他附属设备，系统干重约 140 kg。单台离子电推进器额定推力为 40 mN，比冲为 3 000 s 左右，工作寿命为 10 000~15 000 h，达到了国际先进水平。

欧空局已经将离子推进器作为未来十大尖端技术之一，该组织向月球发射 SMART-1 探测器的目的之一就是验证如何利用离子推进技术把未来的探测器送入绕水星运行的轨道。俄罗斯的稳态等离子体推进器得到了实际应用。日本的电弧加热式离子推进器已在空间自由飞行器上通过在轨测试。国际上一些离子推进研究机构还提出了一些采用新工作原理的推进方案，如采用微加工工艺成型的微型离子推进器、采用等离子体气体聚变的推进器等。

第6章 能源与环境

6.1 概述

6.1.1 环境的定义

环境是相对于某一事物来说的，是指围绕着某一事物（通常称为主体）并对该事物产生某些影响的所有外界事物（通常称为客体），即环境是指相对于某项中心事物的周围事物。环境因中心事物的不同而不同，随着中心事物的变化而变化。围绕中心事物的外部空间、条件和状况，构成中心事物的环境。

《中华人民共和国环境保护法》从法学的角度对环境概念进行了阐述："本法所称环境，是指影响人类生存和发展的各种天然的和经过人工改造的自然因素的总体，包括大气、水、海洋、土地、矿藏、森林、草原、野生生物、自然遗迹、人文遗迹、自然保护区、风景名胜区、城市和乡村等。"

6.1.2 我国面临的主要环境问题

1. 水体污染及水资源问题

随着经济的高速发展，我国要继续发展钢铁、冶金、煤炭、石油、化工、建材等工业，因此，存在严重的结构性污染，尤其是水体污染。

水是人类消耗最多的自然资源，水资源的可持续利用是所有自然资源可持续开发利用中最重要的一个问题。由于人类活动的影响，水资源减少，污染加剧，危及人类对水资源的基本需求，进而引发一系列的经济、社会问题。我国的水体污染主要是由工业废水、农药、生活污水，以及各种固体、气体等废物排放造成的。水体污染对人体与社会造成危害并且带来各种巨大损失。

根据中华人民共和国生态环境部发布的公告，2022 年，全国废水排放总量为 2 595.8 万 t，氨氮排放总量为 82.0 万 t，2022 年全国废水中主要污染物排放量见表 6.1.1。由表 6.1.1 可知，全国废水中污染物主要来源为生活源和农业源。

表 6.1.1　2022 年全国废水中主要污染物排放量

废水/万 t					氨氮/万 t				
排放总量	工业源	生活源	农业源	集中式	排放总量	工业源	生活源	农业源	集中式
2 595.8	36.9	772.2	1 785.7	1.1	82.0	1.4	52.5	28.1	0.1

2. 城市大气污染

城市工业集中，人口密度大，大气污染十分严重，主要的污染源是工业和家庭燃煤污染，属于煤烟型污染。二氧化硫、氮氧化物和颗粒物是我国城市大气污染的主要污染物。根据生态环境部公告，2022 年，全国二氧化硫排放总量为 243.5 万 t，氮氧化物排放总量为 895.7 万 t，颗粒物排放总量为 493.4 万 t。全国 2022 年废气中主要污染物排放量见表 6.1.2，由表可见，大气污染物主要来源于工业源和移动源。

表 6.1.2 全国 2022 年废气中主要污染物排放量

二氧化硫/万 t				氮氧化物/万 t				
排放总量	工业源	生活源	集中式	排放总量	工业源	生活源	移动源	集中式
243.5	183.5	59.7	0.3	895.7	333.3	33.9	526.7	1.9

2023 年，全国 339 个地级及以上城市（以下简称地级以上城市）中，203 个城市环境空气质量达标，占 59.9%；136 个城市环境空气质量超标，占 40.1%。全国地级以上城市环境空气质量优良天数在 16.7%~100% 之间，平均为 85.5%。2016—2023 年，全国城市环境空气质量优良天数比例从 83.1% 上升至 85.5%。2023 年全国酸雨区面积约 44.3 万 km^2，占陆域国土面积的 4.6%，比 2022 年下降 0.4%。

3. 固体废物污染

2022 年，全国工业固体废物产生量为 41.1 亿 t，综合利用量（含利用往年储存量）为 23.7 亿 t，综合利用率为 57.7%。2022 年全国工业固体废物产出及利用情况见表 6.1.3。

表 6.1.3 2022 年全国工业固体废物产出及利用情况

产生量/亿 t	综合利用量/亿 t	处置量/亿 t
41.1	23.7	8.9

4. 生态破坏

（1）森林破坏、草地退化。

森林不但为人们提供薪材，为经济发展提供原材料，还为各种野生动植物提供了优越的栖息环境。森林的破坏不仅使木材和林副产品资源短缺，珍稀野生动植物濒临灭绝，还加剧了自然灾害的发生频率和危害程度，使陆地生态环境日益恶化。

草地是十分重要的自然资源和生产资料，既是维系人类生存和发展的基本条件，也是陆地生态系统的主体组成部分。由于人们长期无节制地掠夺式利用自然资源，草地等资源日趋枯竭，人类面临着资源危机。目前，草地沙化、退化、碱化现象日趋严重，水土流失加剧，干旱、洪涝等自然灾害频繁发生。生态环境恶化，已影响到国民经济的可持续发展、社会的安定团结。草地退化的原因主要是牲畜的发展与草地的生产能力不适应，草原建设和管理落后及滥垦、过度放牧；另外，草场的病、虫、鼠害加重了草原的退化，草原退化又进一步导致这些灾害的加剧，形成了恶性循环。

（2）水土流失。

截至 2022 年，全国现有水土流失面积 265.34 万 km^2，其中，水力侵蚀面积 109.06 万 km^2，风力侵蚀面积 156.28 万 km^2。

6.1.3　能源消费与环境污染

在人类的生产和生活中，需要将能源从初级形式转换为可以消费应用的高级形式。这种转换过程对环境产生了各方面的负面影响。

各种能量中，热能、机械能和电能是消费最多的，且在不同的工业装置中完成各种转换过程。例如，锅炉把燃料化学能转换为热能，汽轮机把热能转换为机械能，发电机把机械能转换为电能，三者组成火力发电厂；汽车的内燃机把燃料化学能转换为热能后再转换为机械能；水电站把水的位能转换为动能后再转换为电能；太阳能集热器或电池分别把光能转换为热能或电能等。高品位的电能也可以转换为光能、热能或机械能，用于照明、取暖或做功。这些在人为干预下的能量转换过程，虽然得到了造福于人类的结果，但同时也产生了有害于环境的不良效应，即环境污染。

根据热力学定律，任何能量转换装置的效率都不能达到 100%。例如，使用非再生性常规能源，火力发电厂将煤的化学能转换为电能的效率约为 40%，汽车发动机将石油化学能转换为机械能的效率约为 25%，核电站的效率约为 33%。可见，大部分能源在消费过程中以热能的形式散失于环境，造成热污染，同时还向环境排放有害污染物，产生不良的环境效应。因此，提高能源资源利用效率，不仅可以减少能耗，节约能源，提高产品的经济性，而且可以减少环境污染，有利于环境保护。

多数环境污染问题与能源应用直接有关，如空气污染、水体和土壤污染、热污染、放射性污染、固体废物和噪声等。化石燃料的燃烧，排放的 SO_2、NO、CO、碳氢化合物和烟尘等直接污染大气，污染物在大气中经过物理过程和光化学反应形成酸雨和光化学烟雾，影响范围更广，除大气之外，还污染水体和土壤。排放的大量 CO_2 和废热引起温室效应，造成区域性和全球性的危害。能源工业产生的大量固体废物也污染大气、水和土壤。

近年来，出现了切尔诺贝利、日本福岛等几次核电站重大事故，使公众对核电站辐射有了许多担忧。此外，核电站同样也会向环境排放废热。

6.2　能源开发利用的环境问题

6.2.1　含碳能源的环境影响

煤、石油、天然气、生物质能是地球能源中的四大常规含碳燃料。自工业革命以来，含碳燃料一直是伴随人类科技进步和文明发展的最重要的燃料。目前，人类社会生活和生产所需要的动力绝大部分源于化石燃料和生物质燃料的利用。

1. 煤炭开发利用中的环境问题

（1）煤矿开采产生的环境问题。

煤矿开采过程中会产生大量污染物，导致大气环境污染、水体污染、固体废物污染、土壤植被污染、生态环境破坏等问题。

此外，煤矿开采过程中还会排放大量的瓦斯气体，不仅具有爆炸隐患，而且加剧了温室效应，对人类健康造成不良影响；采煤过程会产生烟尘、尾煤、煤尘，对一线工人的安全和健康造成隐患，可导致煤肺病；原煤堆放场有大量的扬尘，煤粉降落在建筑物、农作物、晾晒的衣物上，对矿区周边居民的生活造成不良影响。

煤矿开采必然涉及地下水的疏干和排泄，导致地下水位大面积大幅度下降，矿区供水水源枯竭，地表植被干枯，地面塌陷，自然景观破坏，严重时可引起地表土壤沙化。煤矿大量排放矿井废水会不同程度地污染地表及地下水系；煤矸石和露天堆煤场遇到雨天，污水会流入地表水系或渗入地下浅水层；选煤厂的废水不经处理大量排放，对地表、地下水源造成污染，使矿区周围的河流、沼泽地或积水池等变为黑色死水。

矿区开采车辆的长期通行，对土壤植被进行碾压和破坏，地表土壤裸露的面积增加，增加了水土流失的可能性；铺设管道、电缆等辅助工程，使翻挖的深土替代了表面的熟土，降低了土壤的营养含量，对植物根系造成破坏，导致矿区植被的数量和种类减少，不利于维持生态系统的平衡。

煤炭开采过程中会产生煤矸石，常年堆积在一起，占用矿区周边的大量土地，风化之后可能会自燃产生有毒气体，遇到暴雨淋滤后会发生滑坡、污染地表地下水，危害居民人身安全。另外，矿区内的大量工作人员和家属，产生大量的生活垃圾，不仅会影响环境卫生，而且会滋生细菌病毒、传播疾病。

（2）煤炭运输产生的环境问题。

在我国，煤炭生产基地远离消费用户，导致了北煤南运、西煤东运的长距离煤炭运输格局。在运输中，由于振动、泄漏、强对流天气等因素，部分暴露的煤尘飞扬、飘洒，既损失大量煤炭，又污染了沿线居民的身体健康，影响周围农作物的生长。据统计，2022 年，我国铁路运煤量为 26.82 亿 t，占比 58.8%，平均运输距离超过 500 km，平均运煤损耗率为 1.2%。

（3）煤炭加工产生的环境问题。

选煤的过程中，粉尘从受煤漏斗、筛分、破碎、煤泥晾干等污染源扬起，影响员工的身体健康、生活和环境卫生，严重时可能还会产生着火和爆炸。生产过程中，各类设备会产生刺激性噪声，影响员工身心健康，降低工作效率。洗煤水的大量外排，不仅损失了大量的细煤粉，还造成了严重的环境污染。型煤加工和水煤浆加工的过程中，不仅有扬尘污染、噪声污染，还有化学药剂污染，对员工健康和环境卫生均有不良影响。

（4）煤炭利用产生的环境问题。

煤炭在燃烧的过程中，排出大量的烟尘、硫氧化物、氮氧化物、微量重金属元素、烃类化合物、二噁英等有机物质，这些有害物质与大气中的水分结合会形成酸雨、腐蚀金属，进入人体内部会危害呼吸系统和神经系统，产生的二氧化碳会造成温室效应，使大气层温度升高。另外，燃煤产生的灰渣对水体和土壤也会产生污染。

2. 石油开发利用中的环境问题

石油及其加工产品给人类生活带来诸多便利的同时，在石油开采、运输、装卸、加工和使用过程中，也不可避免地带来了自然环境污染和生态环境破坏等问题。

（1）石油开采产生的环境问题。

石油开采涉及地下、地上等多种工艺技术，不同的生产阶段和不同工艺过程，产生不同的污染物。在钻井过程中，不仅占用了土地，破坏了地表植被，还会排放钻井废液、机械冲洗水、跑冒滴漏的油液等污染物；另外，还会产生大量的固体废物、废弃泥浆、岩屑、噪声等污染物。井下作业的污染物包括钻井泥浆、冲砂施工时的固体废物、洗井压井时的废水和废酸液、落地原油及二氧化硫、氮氧化物、硫化氢等气体污染物。在采油过程中，还会产生采油水、落地原油、油泥沙、采油废气、采油噪声等，而且随着原油产量的下降，排放的废水污染物就越多。这些污染物对大气环境、地表水源、地下水源、土壤、农作物、林地都有不良的影响和破坏。特别是海洋石油开采时，泄漏的石油漂浮在海面上，迅速扩散形成油膜，通过扩散蒸发、溶解、乳化、光降解及生物降解和吸收等进行迁移、转化。油类可黏附在鱼身上，使鱼窒息，抑制水鸟产卵和孵化，破坏其羽毛的不透水性，降低水产品质量；油膜阻碍水体的复氧作用，影响海洋浮游生物生长，破坏海洋生态平衡；此外，石油泄漏还破坏海滨风景和滨海湿地。

（2）石油运输产生的环境问题。

在石油输送管道铺设阶段，进行土建施工时，不仅会损坏施工现场的植被及地表，而且土壤裸露后还会出现扬尘；建筑材料在运送过程中，若没有采用合理的遮盖手段，也容易出现扬尘，造成空气污染。在石油输送管道施工期进行土建工作时，运输车辆、施工机具会产生冲洗废水、废润滑油、废柴油、泥浆废水，直接排放会对地表水造成严重污染。石油输送管道施工期间，施工人员产生的生活垃圾、生活废弃物、建筑垃圾等在自然条件下较难降解，产生大量的细菌和病毒，通过空气、水、土壤等环境媒介传播疾病。石油输送管道建设中的管沟开挖、管道敷设、管沟回填等施工环节使地表土壤的裸露面积增加，破坏植被，表层熟土被深层的生土所替代，增加了水土流失的可能性，降低了土壤的营养含量，对生态系统产生不良影响。

（3）石油加工产生的环境问题。

原油预处理是脱除原油里所含的盐和水，会产生含盐和含油的废水，进而会对地表水体和土壤产生污染。在石油炼制过程中，燃料燃烧会产生烟气，如加热炉烟气、工业锅炉烟气等，含有烟尘、SO_2、NO、CO_2、重金属元素等；在生产工艺过程，会产生废气，如催化裂化再生烟气、油品挥发排放气等，含有 H_2S、催化剂粉尘、沥青油烟、非甲烷烃等。这些没有经过清洁设备处理的气体，排放到空气中会造成严重的污染。石油炼制中产生的废水主要包括含硫污水、气体净化污水、碱渣污水、轻污油罐脱水、汽油罐脱水、生产装置无组织排放的污水。尽管在污水排放前已进行处理，但仍有一些污染物会排放到地表，对土地和地表水造成污染。

（4）石油利用产生的环境问题。

石油的利用主要是将炼制的油品燃烧，将化学能转换为热能或机械能。燃烧过程中生成一氧化碳、烃类化合物、硫氧化物、氮氧化物等污染物，会产生光化学烟雾、酸雨，危害人体健康，腐蚀金属；产生的碳烟等细颗粒物会危害人类的呼吸系统；产生的二氧化碳会产生温室效应，导致环境温度升高。石油的化工利用生产各种化工产品和化工原料，也会产生烟气、粉尘、含硫化合物、有机化合物、含氮化合物、一氧化碳、卤素化合物、废水、废弃物等。总之，石油的利用对大气的污染危害了人体健康，破坏了环境，污染了地表水和地下水资源，改变了土壤的性质，降低了土壤肥力，影响了森林和农作物的生长。

3. 天然气开发利用中的环境问题

（1）天然气开采产生的环境问题。

油气田天然气从开发建设到生产，污染物排放较为复杂，对环境影响也较大。在开发建设期间，大规模生产井、地面配套站场、管网、道路的建设，会产生钻井泥浆、钻井污水、钻井烟气、岩屑及噪声，从而产生水体废水、大气污染、土壤污染、噪声污染及地表植物破坏；油气田开发建设期对区域环境的影响比较显著，但持续时间较短。在生产运行期间，主要的采油、井下作业、油气集输、储运等工艺过程产生了大量的含油污水、井下作业废水、挥发性烃类气体、加热炉烟气、含油污泥等污染物，从而产生水体污染、大气污染、土壤污染和噪声污染等环境问题，对周围环境产生一定的影响，且持续时间较长。

在开采天然气水合物过程中，如果向大气中排放大量甲烷气体，必然会进一步加剧全球温室效应，极地温度、海水温度和地层温度也将随之升高，引起极地永久冻土带之下或海底的天然气水合物自动分解，大气温室效应会进一步加剧，加拿大福特斯洛普天然气水合物层的融化就是一个例证。另外，天然气水合物的分解会释放海底岩石空隙，使岩石的内摩擦力和强度降低，在地震波、风暴波或人为扰动下，海底天然气水合物岩层中形成的破裂面会引起海底滑坡或泥石流。

（2）天然气加工产生的环境问题。

天然气加工主要包括天然气脱硫脱碳和脱水干燥两个过程。在天然气脱硫脱碳过程的吸收、闪蒸、换热、再生四个环节中，工艺设备的密封性差或腐蚀会造成酸性气体、烃类气体、吸收液蒸气的泄漏，会形成酸雨，并影响人体呼吸系统。吸收和换热设备因腐蚀会造成碱性吸收液的泄漏，从而污染地表水、地下水和土壤，使土壤板结，影响土壤肥力和生产力。天然气脱水的主要设备是吸收塔和再生系统。在吸收操作过程中，如果吸收塔密封不严或操作不规范，会导致吸收塔的有机溶剂泄漏或溅出，流入的污水会改变地表水体的性质、降低水体的自净能力，渗入土壤会改变土壤的结构和性质，影响植物生长。如果再生设备密封性差或被腐蚀而导致泄漏，会使吸收液蒸气和烃类气体逸出至大气，造成大气污染，对当地居民的呼吸系统产生刺激。天然气凝液回收工艺所用设备主要是冷冻机、膨胀机、蒸馏塔，这些设备在工作过程中，会产生噪声污染，若设备被腐蚀，泄漏烃类物质，就会污染大气，甚至会发生爆炸。

（3）天然气运输产生的环境问题。

天然气长输管道在铺设阶段，土建施工会造成地表裸露而产生扬尘，建筑材料运输和清除垃圾时产生扬尘，从而影响环境卫生，危害人体健康。运输车辆、施工机具的冲洗废水，润滑油、废柴油等油类，泥浆废水，会污染地表水、地下水和土壤。施工人员日常生活产生的生活垃圾、施工的弃土和建筑垃圾，会影响环境卫生，传播疾病，破坏地表形态、土层结构和植物生长。天然气管沟开挖、管道架设、管沟回填等施工环节，造成地表土壤裸露面积增加，增加了水土流失的可能性，影响了地表植物的生长，破坏了生态环境。

（4）天然气利用产生的环境问题。

天然气利用是通过燃烧装置将化学能转换为热能，主要设备就是燃烧器。天然气的不完全燃烧会产生一氧化碳、烃类化合物、氮氧化物、硫氧化物，会产生气溶胶、光化学烟雾、酸雨，危害人体健康和农作物生长。燃烧产物二氧化碳，会产生温室效应，造成大气层温度升高。天然气的化工利用主要是生产甲醇、合成氨、乙炔等。这些生产过程中产生的烟气、烟尘和粉尘，以及二氧化硫、氮氧化物、一氧化碳、烃类化合物，危害了人类健康，污染建筑物，影响了植物生长，产生了温室效应；生产过程还会产生有毒有害的废水、各类固体废物，污染地下水、地表水和土壤，改变土壤性质和肥力，影响农作物的生长。

4. 生物质能开发利用中的环境问题

（1）生物质能植物种植产生的环境问题。

世界范围内生物质能植物种植的土地分为三类：耕地、自然植被、边际土地。盲目引进物种或大面积种植，会直接、间接侵占大自然和半自然生态系统；大规模单作、无节制使用杀虫剂、除草剂等，会造成外来物种入侵、原生栖息地的退化和消失，甚至某些物种消亡。如果在草原上种植生物质能植物，则可能会导致草原功能丧失、破坏生态环境。此外，在荒草地、沙地，生物质能植物播种、收获等环节会造成水土流失、地表植被破坏和土壤次生盐碱化。

（2）生物质原料处理产生的环境问题。

生物质能原料在收集中，如果随意堆放在房前、屋后、路边，则会对居民产生视觉污染。在生物质堆放地，如果生物质自燃或人为焚烧，则会造成环境污染和能见度降低；如果生物质被遗弃在河道沟渠，在汛期会引起内涝，在阴雨天气腐烂会污染地表水。生物质原料在破碎中会产生扬尘，降低局部范围内的空气质量，破碎机械运行中排放的废气，也是有害气体。生物质原料在干燥和成型加工过程中，夹杂的泥土会随尾气排出，增加了大气中的颗粒物浓度，热风炉中燃料的燃烧、加热过程也会排出有害气体，危害人体健康。

（3）生物质利用产生的环境问题。

生物质燃烧、热化学液化、汽化、碳化过程中，产生的污染物主要有氮氧化物、硫化物、颗粒物、一氧化碳、酸性气体、多环芳烃、二噁英等，产生致癌物，形成酸雨，影响环境卫生，危害人体健康，露天堆放的半焦和灰渣也会污染土地和地下水。生物质在液化制乙醇或沼气的过程中，会产生大量的有机废水、废气、废渣、二氧化碳等污染物，增加温室效应，污染地下水和土壤。

6.2.2 无碳能源的环境影响

1. 水力发电的环境影响

水流本身并不发生化学变化，所以说水能是一种清洁能源。水能资源最显著的特点是可再生、无污染。水电开发对环境的影响主要有以下几个方面。

（1）水力发电常采用坝式水电站发电。坝式水电站常修建于河流中上游的高山峡谷中，建设中产生的地表扬尘、废油废水、生活垃圾、建筑垃圾等，对人体健康、水土环境存在危害，地表植被的破坏、水中泥沙的增多，对生态环境也产生了不良影响。水坝对河流生态系统的影响主要体现在非生物要素和生物要素两个方面，同时根据影响程度可以划分为三个等级。水坝对非生物要素的影响主要是对第一级非生物要素水文、水质、泥沙等，以及第二级非生物要素河道、河床、河口等方面的影响。水坝对生物要素的影响主要是对第二级生物要素初级生物、浮游生物、水生大型植物、藻类等，以及第三级生物要素无脊椎动物、鱼类、哺乳动物、鸟类等方面的影响。

（2）修建水坝将引起河流生态系统的第一级非生物要素（水文、水质、泥沙等）和第二级非生物要素（河道、河床、河口等）的变化，进而引起河流生态系统服务功能的改变。在河流上筑坝蓄水后，给河流强加了一种人工的流量变化模式，改变了河流原有的自然季节流量模式，引起了河流生态系统水文的变化，进而会引起供水、水力发电等河流生态系统产品和调蓄洪水、蓄积水分等河流生态系统服务的变化。河流因建坝而经历的化学、物理和生物变化会极大地改变河流生态系统原有的水质状况，进而会引起供水、水产品生产、休闲文化等河流生态系统产品和净化环境、提供生境、维持生物多样性等河流生态系统服务的变化。修建水坝之后，大量的泥沙被截留在水库内，造成清水下泄，再加上河流水文、水质的变化，使河道、河床、河口、三角洲等发生了显著的变化，对河流生态系统产生了深远的影响，进而会引起内陆航运、休闲文化、原材料食品等河流生态系统产品和河流输送、蓄积水分、净化环境、提供生境、维持生物多样性等河流生态系统服务的变化。

2. 核能发电的环境影响

世界核能协会对 1997—2017 年之间的 23 份相关研究报告进行了分析，对各种电力全生命周期的 CO_2 排放强度进行了总结，具体见表 6.2.1。从表中可见，虽然各研究对技术设备、运行条件的假设不同，导致对各种电力全生命周期碳排放给出了不同的数值，但核电是清洁能源是大家的共识。

表 6.2.1　各种电力全生命周期 CO_2 排放强度总结

CO_2 排放强度/$(g \cdot kW^{-1} \cdot h^{-1})$							
电力种类	燃煤发电	燃油发电	燃气发电	光伏发电	风电	水电	生物质发电	核电
中值	1 054	733	499	85	26	26	45	29
最低值	790	547	362	13	6	2	10	2
最高值	1 372	935	891	731	124	237	101	130

当前，核电可能产生的污染主要是放射性废水、放射性废气和放射性固体废物。原则上，废料需要回收处理储存，不能外排，排入环境的只是处理回收后残余的尾气，数量甚微。为了减少核电站排放放射性物质的量，核电站排放的"三废"都要经过严格的治理，一般采用的方法如下：①对于放射性废液，用蒸发、离子交换、凝聚沉淀、过滤等方法处理，达到排放标准后，排放至江、河、湖、海，浓缩液及高放射性废液，经浓缩后固化储存。②对于放射性废气，经过过滤、储存、衰减等过程，待其放射性水平达到允许值后，通过烟囱排入大气。③对于固体废物，通常按照其放射性水平高低分别装在金属桶或用水泥固化后放到废物库储存，并有严格的措施，防止受到水的浸蚀而造成周围土地和水体的污染。只要能确保安全运行，核电站对环境的影响是极小的，排放到环境的放射性气体在严格的监督和控制之下，周围的居民因此受到的辐射剂量小于来自天然本体的 1%。

在铀矿资源的开发阶段，铀矿资源的开采造成的废水、废渣等污染也不可忽视，对铀尾矿也必须进行妥善处理，如果处理不好，将会污染农田、空气、水体，甚至对自然和社会都造成严重影响。矿区经过风化雨水的冲刷，或受到洪水等自然灾害，污染范围扩散也会造成难以想象的后果。

另外，核能发电对环境的冲击主要来源于核燃料循环、核物质运转以及核事故所带来的影响。核事故产生大量的放射性物质排入环境，通过各种途径达到人体，对人类健康产生很大的危害。1986 年 1 月 6 日，美国俄克拉何马州一座核电厂因错误加热发生爆炸，结果造成 1 名工人死亡，100 人受到核辐射。1986 年 4 月 29 日，苏联切尔诺贝利核电站发生大爆炸，其放射性云团直抵西欧，导致 8 000 人死于辐射带来的各种疾病。2011 年，日本海啸导致的福岛第一核电站事故大量释放出了放射性物质，导致核电站周边 20 km 以内的居民疏散。

3. 太阳能利用的环境影响

与常规能源相比，太阳能本身安全卫生，对环境无污染，且不损害生态环境。但太阳能的利用过程中存在对环境的污染。

太阳能光热利用的定日镜场的建设中，施工道路修建、场地平整、材料堆放、基础开挖、管道敷设、管沟回填等施工活动，对项目区内的土壤和植被造成严重的破坏，产生的扬尘也会污染环境；在进行土建施工时，运输车辆、施工机具产生的废水、废油，施工人员产生的生活垃圾、施工产生的弃土和建筑垃圾等，对地表水、地下水、土壤都存在污染。一般情况下，太阳能定日镜场在运营期间，维护人员在日常生活中会产生生活污水、生活垃圾、废弃材料，对水体、土壤、地表植被产生污染和破坏；定日镜在太阳光照射后会产生强烈的反射光，从而造成光污染，产生大量的热量，使局部地区的环境温度形成"热岛"，对周边的环境也会产生不利影响。

太阳能光电利用中的太阳能电池，生产过程会产生废气，工业硅提纯产生粉尘，多晶硅铸造产生大量的废弃污染物，多晶硅太阳能电池片的加工过程会产生大量的三氯氢硅和四氯化硅，这些产物对人的身体很有害，如果排入水体，将会对地表水体造成严重污染。另外，在光伏电站和电站运营的过程中，也会产生废水、废油、固体废物及强电磁场，对大气、水体、土壤、人体及生态系统造成污染。

4. 风能利用的环境影响

风能与其他能源相比，具有蕴藏量巨大、可再生、分布广泛、无污染四个优点。但风能利用的全寿命周期中，不同阶段对周围环境造成的影响不可忽视，主要有以下几个方面。

风电场施工期间，工程选址、施工占地、工程施工的各环节都会对周边环境产生扬尘污染，造成地表裸露、植被破坏，改变了当地动物栖息的环境。运输车辆、施工机具的冲洗废水、润滑油、废油、泥浆废水会污染地表水和地下水。另外，施工人员还会产生大量的生活垃圾、建筑垃圾，造成环境污染。

在风电场运营期间，风机运行噪声和转动对动物造成伤害，对植被覆盖率和生物量产生影响，还会改变土壤的温度、湿度及营养成分。风电场运行会改变风速、风向、地面温度和水汽循环途径，从而导致局部地域气候变化，影响降雨量。另外，风电场对动物、植被、土壤及生态系统碳、氮循环等方面会产生不良影响。

5. 地热利用的环境影响

深层地热资源往往埋藏深，地热水补给缓慢，如果长期无回灌开采，则将造成地下水的水位持续下降、地热资源枯竭、地面沉降或塌陷等地质灾害；如果有回灌但是回灌系统密封性差，水质会因为氧化而变质，且金属锈蚀也会污染地下水。

地热尾水排入地表水体后，受纳水体的温度升高，加速水中含氮有机物分解，导致地表水体富营养化；水中有机物分解会消耗水中的溶解氧，影响水生生物的正常生长。此外，地热水含有氟、重金属和其他有害元素，会影响受纳水体的水质，影响人类的健康。

地热水中矿化度较高，随着地热尾水进入土壤，土壤溶液浓度提高，会导致植物根系吸水困难。土壤中盐分增加，会影响微生物如硝化细菌、根瘤菌等的活动，使土壤中养分不能转化为植物可直接利用的成分，造成农作物减产。如果长期排放地热尾水，使盐分在土壤中日渐积累，尤其是在蒸发强烈的干旱地区，则会造成土壤盐渍化。

地热水中往往含 H_2S、CO_2 等气体，排放到大气中会影响周围的大气环境，对人体的危害较大，会麻痹人的嗅觉神经，甚至导致人窒息而死。在地热工程施工过程中，平整土地、打桩、挖土方、建造建筑物、材料运输和搅拌等环节都会产生扬尘而影响大气环境。

6. 海洋能利用的环境影响

潮汐能的利用必须修筑水坝，建设过程中需要大量的土石，大多采用炸山取土石的方法，严重破坏当地的地形地貌，使地表形态和土层结构遭到破坏，造成地表裸露，产生扬尘。运输土石过程中，各种运输车辆、施工机具都需耗用燃油，产生硫氧化物、氮氧化物等燃烧尾气，在大气中积聚，导致酸雨并加剧温室效应，从而对大气环境造成严重污染。在建设水坝期间，施工人员和装备还会产生废水、废油、废泥浆水、固体废物，从而污染地下、地表水体，危害农作物和人体健康。潮汐电站的建立会改变潮汐涨落的规律，从而改变水库内部泥沙的动力平衡，泥沙沉积加重，库区内水体的温度、盐度、含沙量等发生变化，影响海洋生物和海产品的繁殖，进而改变海湾底部的生态系统。

波浪能、海流能、温差能的开发利用都需要在大海特定水域中安装发电装置，这将改变局部区域波浪的波高、波长和流速等水动力因素，以及泥沙等悬浮杂质的沉积规律，进而影响水质。发电产生的噪声、环境振动、电磁场也会影响海洋生物的生长和迁徙活动。另外，在发电装置安装的过程中，施工机械也会产生废水、废油、废气、固体废物，改变水质，导致大气和海水受到污染。

7. 氢能利用的环境影响

以煤、石油、天然气等化石燃料为原料制取氢气的过程中，会产生废水和灰渣等污染物。废水中含有大量的苯、焦油和氨。在吹风阶段，灰渣会以飞灰的形式排到大气，对当地大气环境造成严重污染。生物法制氢是指生物质厌氧发酵制氢，发酵后混合气的泄漏易导致火灾、爆炸等事故，从而对环境造成影响；发酵后的残液含有重金属，也会对环境造成污染。

通常，氢气采用储罐车和管道运输。无论采用何种运输方式，管道和储氢罐容易发生氢脆现象，会导致氢的泄漏及燃料管道的失效，同时氢的扩散能力强、易汽化着火，会导致火灾、爆炸。

6.3 节能与减排

节能减排就是节约能源、降低能源消耗、减少污染物排放，包括节能和减排两大技术领域。减排项目必须加强节能技术的应用，避免片面追求减排结果而造成的能耗激增，注重社会效益和环境效益均衡。《中华人民共和国节约能源法》指出，节约能源是指加强用能管理，采取技术上可行、经济上合理及环境和社会可以承受的措施，从能源生产到消费的各个环节，降低消耗、减少损失和污染物排放、制止浪费，有效、合理地利用能源。

6.3.1 节能减排指标体系

我国在"十一五"期间提出了"节能减排"重大战略，国务院在2007年首次发布《节能减排综合性工作方案》。为全面贯彻和落实方案要求，即突出抓好工业节能减排，着力加强重点领域节能减排，完善节能减排激励约束机制，加强节能减排监督管理和组织领导，我国通过对各个预选指标的可行性量化分析，确定6个方面39项指标及其标准，构成了节能减排指标体系。

1. 工业及重点领域能源消耗

用万元国内生产总值能耗反映整个社会经济发展能源消耗情况，用万元工业增加值能耗反映工业领域能源消耗情况，用单位原煤耗电量、发电厂自用电比率、单位乙烯综合能耗、火电厂供电标准煤耗、吨钢可比能耗、合成氨综合能耗（大型装置）、水泥综合能耗、铁路货运综合能耗、载货汽车运输耗油等指标反映重点领域主要高耗能产品单位能耗情况。

2. 能源效率与结构

节约能源，一方面要提高能源生产、转换和使用效率，另一方面要加大对可再生能源的开采和利用。能源加工转换总效率，是指一定时期内能源经过加工转换后，产出的各种能源产品的数量与投入加工转换的各种能源数量的比率，是观察能源加工转换装置和生产工艺先进与落后、管理水平高低等的重要指标。能源自给率是指能源生产量与原煤、原油、天然气等一次能源供应总量之比，反映能源消费自给状况。可再生能源消费比重，反映能源消费中太阳能、风能、水能、生物质能、潮汐能等取之不竭的能源比重。农村非商品性能源生活消费比，是指沼气、秸秆、薪柴与农村居民能源消费的比值，反映了农村能源节约与可持续利用情况。

3. 工农业用水与节水

提高水资源利用效率是节能减排工作的重要组成部分。用单位工业增加值用水量、万元农业 GDP 用水量反映工农业生产对水资源的消耗情况。用农业灌溉用水有效利用系数、城市节约用水量比重反映农业生产和城市生活节约用水的情况。

4. 污染物排放量

污染物排放主要体现在固体废物、废气和废水三个方面。用工业固体废物产生量反映固体废物的排放情况。用废水排放总量、化学需氧量排放总量、氨氮排放总量反映废水的排放情况。用工业废气排放总量、SO_2 排放总量、烟尘排放总量、粉尘排放总量反映废气排放情况。

5. 污染物治理与利用

用工业废水排放达标率、城市污水处理率、工业废水中化学需氧量去除率、工业废水中氨氮去除率反映废水的处理和再利用情况，用城市生活垃圾无害化处理率、工业固体废物综合利用率反映固体废物的处理和再利用情况，用工业二氧化硫去除率反映废气的处理情况。

6. 环境质量

节能减排要使重点地区和城市的环境质量有所提高，生态环境恶化趋势基本遏制。为了比较全面地反映环境质量和人与自然的和谐，选择森林覆盖率、建成区绿化覆盖率、城市人均公共绿地面积、人口自然增长率、常用耕地面积保有幅度等多项指标。

6.3.2　节能的措施

1. 施工节能措施

（1）能源节约教育。施工前对所有的工人进行节能教育，树立节约能源的意识，养成良好的习惯，并在电源控制处贴出"节约用电"标志等，达到节约用电的目的。

（2）制定合理施工能耗指标，提高施工能源利用率。

（3）优先使用国家、行业推荐的节能、高效、环保的施工设备和机具，如选用变频技术的节能施工设备。

（4）施工现场分别设定生产、生活、办公和施工设备的用电控制指标，定期进行计量、核算、对比分析并有预防与纠正措施。

（5）在施工组织设计中，合理安排施工顺序、工作面，以减少作业区域的机具数量，相邻作业区域充分利用共有的机具资源，应优先考虑能耗较少的施工工艺。

（6）设立耗能监督小组。项目工程部设立临时用水、临时用电管理小组，除日常的维护外，还负责监督过程中的使用，发现浪费水电人员，单位应予以处罚。

（7）选择利用效率高的能源。

2. 机械设备

（1）建立施工机械设备管理制度，开展用电计量，完善设备档案，及时做好维修保养工作，使机械设备保持低耗、高效的状态。

（2）选择功率与负荷相匹配的施工机械设备，避免大功率施工机械设备低负荷、长时间运行。机电安装可采用节电型机械设备，如逆变式电焊机和能耗低、效率高的手持电动工具等。机械设备宜使用节能型油料添加剂，在可能的情况下，考虑回收利用，节约油量。

（3）合理安排工序，提高各种机械设备的使用率和满载率，降低各种机械设备的单位耗能。

3. 生产生活及办公临时设施

（1）利用场地自然条件，合理设计生产生活及办公临时设施的体形、朝向、间距和窗墙面积比，使其获得良好的日照、通风和采光。

（2）临时设施宜采用节能材料，墙体、屋面使用隔热性能好的材料，减少夏天空调、冬天取暖设备的使用时间及耗能量。

（3）合理配置采暖、空调、风扇数量，规定使用时间，节约用电。

4. 施工用电及照明

（1）临时用电优先选用节能电线和节能灯具，临电线路合理设计、布置，临电设备采用节能照明灯具。

（2）照明设计以满足最低照度为原则，照度不应超过最低照度的 20%。

6.3.3 固体废弃物的资源化利用

废物资源化是采用各种工程技术方法和管理措施，从废弃物中回收有用的物质和能源，也是废物利用的宏观称谓。三十多年来，随着人类社会的发展，废弃物不断增加，资源不断减少，废弃物的资源化已经为人们所关注，并取得了明显的经济和环境效益。

固体废物是指在社会的生产、流通、消费等一系列活动中产生的、一般不再具有原使用价值而被丢弃的、以固态和泥状存在的物质，或是提取目的组分后废弃的不同剩余物质。固体废物分类方法很多，按组成可分为有机废物、无机废物，按形态可分为固体（块状粒状和粉状）废物和泥状（污泥等）废物，按来源可分为工业废物、矿业废物、城市垃圾、农业废物和放射性废物，按危害状态可分为有害废物和一般废物。

固体废物来源途径不同，所含的有毒有害成分以及病原微生物类型也不同，其污染途径也不同。工矿企业固体废物所含化学成分形成化学物质型污染。人畜粪便和生活垃圾是各种病原微生物的滋生地和繁殖场，对环境构成病原体型污染。城市垃圾如果处理不当，直接施用于农田，对土壤理化性状将产生不良影响，导致农田中重金属含量积累，将大量的细菌类病原、病毒和寄生虫卵带入土壤，成为各种疾病的传播源。污泥是污水处理后的产物，含有挥发性物质、病原菌、寄生虫、重金属以及某些难分解的有机毒物，如果施用不当，其中的有毒成分将在农田土壤中积累，当达到一定数量时，就会危害农作物或危害人体健康。

我国在 20 世纪 80 年代初期开始有限地进行固体废物的资源化，为了控制固体废物污染，提出了"减量化""资源化""无害化"的技术政策。无害化是指将固体废物通过工程处理，达到不损害人体健康，不污染周围环境的目标。无害化处理的方法很多，如垃圾卫生填埋、高温堆肥、沼气发酵等。减量化是通过适宜的手段减少固体废物的数量和容积，如通过堆肥、焚烧等处理方法达到减量化。资源化是采取工艺措施从固体废物中回收有用的物质和能源或者通过一定的技术措施达到使固体废物重新利用的目的。

固体废物资源化的方式主要为热解处理法。热解的基本原理及特点是将有机化合物在缺氧的条件下，利用热能使化合物的化合键断裂，由大分子量的有机物转化成小分子量的燃料气、液状物（油、油脂等）及焦炭等。热分解能从废物中回收可以输送、储存的能源（油或燃料气等）。热分解是有利的，但热分解的技术高，操作控制条件要求十分严格，设备费用、处理成本也很高。

另外，一些植物残体（如纤维性废弃物）往往因营养价值低或可消化性低，不能直接用作饲料。但如果将它们进行适当处理，即可大大提高其营养价值和可消化性。目前，处理方法主要包括微生物处理和化学方法处理等。

（1）微生物处理。

目前，以纤维素为原料生产单细胞蛋白饲料的工艺包括两种类型：一种是液态发酵，生产单细胞蛋白纯品；另一种是半固态发酵，把单细胞蛋白和未发酵剩余的基质一起混合收获。青贮是保存青饲料的好方法，其技术发展很快，有容贮、塔贮、袋贮、壕贮及平地青贮等多种形式。青贮可以较长时间保存饲料，使牲畜在冬季得到营养丰富的饲料。

（2）化学方法处理。

利用氢氧化钠、氨、尿素等碱性物质作用于秸秆，使秸秆细胞壁膨胀，使其提高渗透性，有利于酶对细胞壁中营养物质的作用，同时能把不易溶解的木质素变成易溶的羟基木质素，破坏木质素和营养物质之间的联系，使半纤维素、纤维素释放出来，有利于纤维分解酶或各种消化酶的作用，提高秸秆有机物质的消化率和营养价值。

6.3.4　排放污染物的控制

1. 硫化物的控制

目前，主要的大气污染物质有粉尘、硫氧化物、氮氧化物、碳氢化合物、一氧化碳与氧化性物质（如臭氧）等六种，其中硫氧化物污染是工业发达国家最关心的大气污染问题。硫氧化物的排放主要来自化石燃料（煤与石油）的燃烧，有毒、有腐蚀性，排放量大。煤与石油中都含有硫，其来源不同，含硫量有较大差异，从低于 0.5%一直到 5%左右，在燃烧时，90%以上转化为硫氧化物，以烟气的形式排放到大气中，其中绝大部分为二氧化硫。图 6.3.1 为人类活动产生的硫在环境中的循环图。

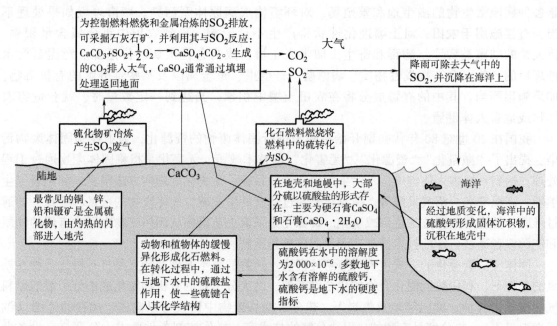

图 6.3.1　人类活动产生的硫在环境中的循环图

自然界是一个综合的平衡体系，一些与大气污染有关的主要元素，如氢、氧、氮、碳、硫等都有一个自然循环，处于自然平衡状态中。人类活动产生大量的二氧化碳、氮氧化物与硫氧化物等，对自然界产生越来越大的影响。世界上减少二氧化硫排放量主要有以下措施。

（1）原煤脱硫技术，可以除去燃煤中 40%～60% 的无机硫。

（2）优先使用低硫燃料，如含硫较低的低硫煤和天然气等。

（3）改进燃煤技术，减少燃煤过程中二氧化硫和氮氧化物的排放量。

（4）对煤燃烧后形成的烟气在排放到大气中之前进行烟气脱硫。图 6.3.2 所示的石灰法烟气脱硫，可以除去烟气中 85%～90% 的二氧化硫气体。

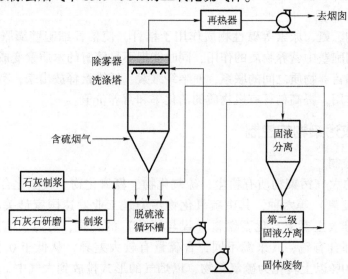

图 6.3.2　石灰法烟气脱硫

（5）利用氧化亚铁硫杆菌和氧化硫杆菌等微生物脱去黄铁矿中的硫。

2. 氮氧化物的控制

大气中的氮氧化物来源有自然源和人为源两方面，但造成城市空气污染的氮氧化物主要是来自燃料的燃烧。目前氮氧化物的控制技术主要分两大类：一类是源头控制，即低 NO_x 燃烧技术；另一类是末端控制，即烟气脱氮，降低排放量。

（1）低 NO_x 燃烧技术。

1）低过量空气燃烧技术。例如，控制空气过剩系数，以低过量空气燃烧，燃油炉内适量喷水或水蒸气，增加烟气容积，减缓燃烧，降低炉温，稀释氧浓度。

2）烟气再循环技术。将空气预热器前的部分烟气与入炉空气混合后送入炉内，利用低温的惰性烟气达到降低炉温和氧气浓度的目的。

3）浓氮燃烧技术。将煤粉分为两部分，一部分煤粉在富氧状态下燃烧，空气供给量大，炉温低，氮氧化物生成量低；另一部分煤粉在缺氧状态下燃烧，空气供给量小，使燃烧温度受限，氮氧化物生成量也低。

4）空气的分级燃烧技术。将燃烧所需空气分两段送入炉内，第一段送入 80% 左右的空气量，使燃烧在缺氧条件进行，燃烧中的 N 元素形成 NH、HCN、CN、NH_4 等中间产物，可以还原已经形成的氮氧化物，抑制氮氧化物的生成；第二段送入 20% 左右的空气量，使其与第一段燃烧所产生的烟气混合，烟温下降，氮氧化物不易生成。

（2）烟气脱氮技术。

1）非选择性催化还原法，是指在一定温度、以贵金属为催化剂的作用条件下，采用 H_2、CO_2、CH_4 等混合气体作为还原剂将烟气中 NO_x 还原为 N_2，从而消除污染的一种氮氧化物治理方法。此法因为还原剂、燃料消耗大且需要以贵金属作为催化剂，反应放热量大，热回收装置投资较高，所以在运用过程中受到了一定的限制。

2）选择性催化还原法，是指在固体催化剂（如 V_2O_5/TiO_2）作用下，利用还原性气体，如 H_2、CO、烃类、NH_3 与 NO_x 反应使之转化为无害的 N_2，是目前工业上应用最广的一种氮氧化物控制技术。选择性催化还原法无副产物，且装置简单，适用于烟气量较大的锅炉烟气（如电厂锅炉）净化。

3）选择性非催化还原法，是指把含有 NH_x 基的还原剂（NH_3 或尿素等）喷入高温烟气中，在非催化条件下将 NO_x 还原成 N_2 的一种工艺，一般脱氮效率可达 50% ~60%。

4）碱液吸收法，是指利用碱性溶液（如氢氧化钠、氢氧化钾、氢氧化镁、氨水）和 NO_2 反应生成硝酸盐和亚硝酸盐，以及和 N_2O_3 反应生成亚硝酸盐。

3. 二噁英的控制

二噁英是多氯代二苯并对二噁英和多氯代二苯并呋喃的统称，在自然环境中极难降解，可长期在生态系统中累积，是对人类生存威胁最大的一类污染物之一。二噁英会造成人体内分泌系统紊乱、生殖和免疫系统破坏，诱发癌症，导致畸形、基因突变和神经系统疾病等，且在人体内滞留数代，严重威胁人类生存繁衍和可持续发展。

（1）二噁英的主要来源。

二噁英排放量的 90% 来源于人类各种工业过程的副反应，在工业制造、化学处理和特定工业过程的焚烧行为中，均会产生二噁英。我国排放二噁英的行业包括废弃物焚烧、制浆造纸、水泥生产、铁矿石烧结遗体火化以及炼钢、焦炭、铸铁、热浸镀锌钢、再生有色金属（铜、铝、铅、锌）、镁、黄铜、青铜、三氯苯酚、四氯苯醌、氯苯、聚氯乙烯生产等17大类。根据二噁英的来源和排放量统计数据分析，其主要来源于废弃物焚烧、造纸制浆、钢铁工业、漂白和有机氯杀虫剂等行业，其中城市生活垃圾焚烧产生的二噁英量占85%以上。

（2）典型行业二噁英控制措施。

1）废弃物焚烧。

废弃物焚烧过程中，二噁英的形成主要由石油产品、防腐处理过的木材、各种废弃物以及其他含氯、含碳的物质在焚烧中产生。因此，通过垃圾分类收集可以避免电子垃圾、建筑垃圾及含有机氯高的废弃物进入焚烧炉，从而降低废弃物中氯含量，有效控制二噁英生成。

在焚烧和熔炼过程中，要控制二噁英的形成，应从焚烧温度、停留时间、湍流度和过量空气几个方面入手。合理优化炉型设计，提高焚烧烟气的湍流度，以改善传热、传质的效果，促进二噁英的分解，并保证足够的空气用量，使废弃物能充分燃烧。同时，为防止废弃物焚烧烟气中已被分解的二噁英重新生成，不仅应避开生成二噁英速度最大的200~600℃温度区间，而且应采用喷雾急冷的方法，使烟气温度在1 s之内由600℃降至200℃。

废弃物焚烧生成的二噁英绝大部分存于焚烧烟气之中，所以脱除烟气中的飞灰，是减少废弃物焚烧生成二噁英排放的重要措施。布袋除尘器不仅对飞灰有98%以上的去除效率，而且运行温度（150~170℃）也有利于防止二噁英的重新生成，是减少二噁英排放的重要措施。此外，活性炭具有较大的表面积和良好的吸附能力，可以吸附烟气中的二噁英，因此用活性炭吸附脱除废物焚烧烟气中二噁英的工程方法，已广泛应用于我国的焚烧厂建设中。

2）制浆造纸工业。

制浆造纸工业中，二噁英主要来自含氯漂白剂。控制二噁英排放的主要措施包括提高原浆中木素的脱除率，减少原浆中木素的含量，可采取蒸煮深度脱木素、氧脱木素、强化漂前洗浆等措施。采用新漂白技术，减少含氯漂白剂的用量，主要方法包括少氯漂白、无元素氯漂白、全无氯漂白及生化漂白，用酶处理的生化漂白技术，可提高料浆的可漂性，减少消泡剂的用量或采用不含二噁英并二噁英和二苯并呋喃的新型消泡剂。

3）含氯化学品的生产和使用。

在含氯化学品的生产和使用过程中，二噁英进入环境的途径主要是产品的使用和废渣的排放。其控制措施包括规定产品中二噁英的允许含量并限制其用途；在现有生产工艺之中增加脱除二噁英的工序；对于无法将二噁英含量降至允许含量的，禁止其生产和使用；安全处置废渣等措施。

4）钢铁工业。

烧结是钢铁生产中二噁英产生量最大的生产单元，另一个主要排放源是电炉烟气。在烧结过程中，氯元素的存在是二噁英形成的重要因素之一。因此，可采用含氯元素低的原料或改变除尘灰和轧钢氧化铁皮掺用比例，以改变烧结混合原料中氯元素含量。同时，还可以改进烧结料层的条件，抑制生产过程中飞灰的生成，防止生成二噁英的再合成物和其他前体化合物。英国康力斯公司通过试验确定了最佳的尿素添加量，可以使二噁英排放量减少50%，同时没有显著增加排放烟气的颗粒物和氨浓度。

　　对加入电炉的废钢进行挑选和预处理，尽量减少使用含有油漆、涂料、塑料、残油的废钢，对入炉的有机物和氯的总量严格控制。对含有较高有机物和氯化物的废钢不应采用废钢预热的方法和缓慢连续性加料，应根据废钢的条件采用合适的熔炼工艺。为防止电炉烟气中的二噁英分解后再次合成，必须让烟气快速冷却，并尽快经过二噁英的合成温度区间，同时喷洒的吸附剂应快速且均匀地分布到烟气流中。

　　5）遗体火化。

　　遗体火化烟气中气相悬浮和固相吸附在尘粒上的二噁英所占比例取决于火化机的燃烧工况、烟气冷却速度，以及火化烟尘表面是否存在促使二噁英合成的金属催化剂等。因此，应保证火化机炉膛温度在850 ℃以上，使二噁英完全分解；保证火化烟气在炉中有足够的停留时间，使可燃物完全燃烧；优化火化机的炉体设计，合理配风，提高烟气的湍流度；保证足够的炉膛空气供给量，使火化烟气经二次燃烧室高温燃烧后，二噁英基本被消除；烟气从二次燃烧室出口进入控制设备时，通过热交换器将烟气温度迅速冷却至 90～130 ℃，快速越过易产生二噁英的温度区，抑制其再次合成。

4. 烟尘的控制

　　烟尘污染是指由于人类活动或自然过程而引起某种物质进入大气，达到足够的浓度，呈现足够的时间，影响人体的舒适、健康或危害环境的现象。大气污染与天气条件有密切关系，天气条件不同，污染程度会有很大差别。比较直接影响烟尘污染的天气条件有冷空气的活动次数、地面风速、大气低层稳定度等。随着城市的日益发展，城市大气中烟尘污染越来越严重，因此，防治烟尘污染成为控制大气污染工作的一项重要举措。

　　（1）大气烟尘污染的危害。

　　人类认识到大气烟尘污染的危害，最初是对人体健康的危害，随后发现了对工农业生产的各种危害及对天气和气候产生的不良影响。人们对大气烟尘污染物造成危害的机理、分布和规模等问题的深入研究，为控制和防治大气烟尘污染提供了依据。

　　1）对人体健康的危害。

　　污染物质的来源、性质、浓度和持续时间不同，污染地区的气象条件、地理环境等因素的差别，甚至人的年龄、健康状况的不同，都会使大气烟尘污染对人会产生不同程度的危害。首先是感觉上不舒服，随后生理上出现反应，再进一步就出现急性危害症状。大气烟尘污染对人的危害大致可分为急性中毒、慢性中毒、致癌 3 种。

　　2）对工农业生产的危害。

　　大气烟尘污染对工农业生产的危害十分严重，不仅影响经济发展，还会造成人力、物力和财力的损失。大气烟尘污染物对工业的危害主要有两种：一是大气中的酸性污染物和二氧化硫、二氧化氮等对工业材料、设备和建筑设施的腐蚀；二是浮尘增多给精密仪器、设备的生产、安装、调试和使用带来的不利影响。大气污染形成的酸雨可以直接影响植物的正常生长，通过渗入土壤及进入水体，引起土壤和水体酸化、有毒成分溶出，从而对动植物和水生生物产生毒害。

　　3）对大气和气候的影响。

　　大气烟尘污染物质会影响大气和气候，使大气能见度降低，减少到达地面的太阳光辐射量。在大工业城市中，在烟雾不散的情况下，日光比正常情况减少 40%。高层大气中的氮氧化物、碳氢化合物和氟氯烃类等污染物使臭氧大量分解，引发的臭氧洞问题，成为全球关注的焦点。由大气中二氧化碳浓度升高引发的温室效应，造成地球气候变暖，给人类的生态环境带来许多不利影响。

（2）大气烟尘污染的防治。

防治大气烟尘污染的根本方法，是从污染源着手，通过削减污染物的排放量、促进污染物扩散稀释等措施，来保证大气环境质量。目前，大气烟尘污染的控制途径主要如下：①采取区域采暖和集中供热，改善燃料构成，改革生产工艺，改善燃烧过程；②采用烟尘治理技术，如各种除尘器，控制污染物排放；③开发新能源，以减少煤炭、石油的用量；④做好城市规划、大气环境规划以及发展绿色植物，合理利用环境自净能力；⑤运用法律、行政、经济、技术、教育等手段，加强大气管理。

参 考 文 献

[1] 王革华，欧训民．能源与可持续发展［M］．北京：化学工业出版社，2005．

[2] 黄素逸．能源科学导论［M］．北京：中国电力出版社，2012．

[3] 陈砺，严宗诚，方利国．能源概论［M］．2版．北京：化学工业出版社，2019．

[4] 刘建文，刘珍．能源概论［M］．2版．北京：中国建筑工业出版社，2021．

[5] 高虹，张爱黎．新型能源技术与应用［M］．北京：国防工业出版社，2007．

[6] 黄素逸，杜一庆，明廷臻．新能源技术［M］．北京：中国电力出版社，2011．

[7] 杨天华．新能源概论［M］．2版．北京：化学工业出版社，2020．

[8] 瓦茨拉夫·斯米尔．能量与文明［M］．吴玲玲，李竹，译．北京：九州出版社，2021．

[9] 胡森林．能源的进化：变革与文明同行［M］．北京：电子工业出版社，2019．

[10] 国家自然科学基金委员会，中国科学院．能源科学［M］．北京：科学出版社，2012．

[11] 国家发展改革委，国家能源局．能源生产和消费革命战略（2016—2030）［R/OL］．
（2016-12-29）．http：//big5．www．gov．cn/gate/big5/www．gov．cn/xinwen/2017-04/25/
5230568/files/286514af354e41578c57ca38d5c4935b．pdf．

[12] 张玉卓．世界能源版图变化与能源生产消费革命［M］．北京：科学出版社，2017．

[13] 顾卫东．能源4.0：产业能源互联网重塑中国经济结构［M］．北京：电子工业出版
社，2017．

[14] 国务院发展研究中心，壳牌国际有限公司．全球能源转型背景下的中国能源革命
［M］．北京：中国发展出版社，2019．

[15] 中国科学院能源领域战略研究组．中国至2050年能源科技发展路线图［M］．北京：
科学出版社，2009．

[16] 中国科学院创新发展研究中心，中国先进能源技术预见研究组．中国先进能源2035
技术预见［M］．北京：科学出版社，2020．

[17] 李立涅．中国能源技术革命：发展战略、创新体系与技术路线［M］．北京：机械工业
出版社，2021．

[18] 国家能源集团技术经济研究院．全球新能源发展报告（2020）［M］．北京：社会科学
文献出版社，2021．

[19] BP公司．BP世界能源统计年鉴（2019版）［R/OL］．（2019-07-30）．https：//m．bjx．
com．cn/mnews/20190730/996432．shtml．

[20] BP公司．BP世界能源统计年鉴（2020版）［R/OL］．（2020-06-17）．https：//news．bjx．
com．cn/html/20200619/1082587-1．shtml．

[21] BP公司．BP世界能源统计年鉴（2021版）［R/OL］．（2021-07-08）．https：//zhuanlan．
zhihu．com/p/443652881．

[22] 袁志强．露天矿高效开采新技术与设备分析［J］．设备管理与维修，2021（12）：120-121．

[23] 赵越．综放综采混合开采技术在煤矿开采中的应用［J］．化工中间体，2021（7）：48-49．

[24] 王俊．煤矿开采新技术的利用与实践 [J]．当代化工研究，2021（18）：55-56．

[25] 籍玄宁．煤矿开采新技术探讨 [J]．能源与节能，2021（8）：121-122．

[26] 卓建坤，陈超，姚强．洁净煤技术 [M]．2 版．北京：化学工业出版社，2016．

[27] 杜国敏，徐舜华．石油天然气的开发与利用 [M]．北京：化学工业出版社，2015．

[28] 刘合．石油勘探开发人工智能应用的展望 [J]．智能系统学报，2021，16（6）：1．

[29] 匡立春，刘合，任义丽，等．人工智能在石油勘探开发领域的应用现状与发展趋势 [J]．石油勘探与开发，2021（1）：1-11．

[30] 范丽丽．石油地质类型对石油勘探的作用探讨 [J]．云南化工，2022（1）：99-101．

[31] 吴晓东，潘振．石油开采技术及应用 [J]．化工设计通讯，2022（4）：40-42．

[32] 杨苏恒．海上石油开采技术的优化改造措施 [J]．化工管理，2022（5）：67-69．

[33] 刘标，顾俊，戴晓东．低渗透油田的石油开采技术 [J]．石化技术，2021（8）：50-51．

[34] 乔明，李雪静．国际大石油公司炼油业务发展战略分析 [J]．化工进展，2018，37（8）：2875-2879．

[35] 乞孟迪，张颖，柯晓明．中国石油需求放缓背景下新一轮炼油产能扩张解析 [J]．国际石油经济，2019（5）：9-15．

[36] 杨鼎．天然气勘探开发的地质技术发展趋势 [J]．山东工业技术，2018（11）：94．

[37] 李剑，李君，王晓波，等．天然气基础地质理论研究新进展与勘探领域 [J]．天然气工业，2018（4）：37-45．

[38] 魏国齐，李剑，杨威，等．"十一五"以来中国天然气重大地质理论进展与勘探新发现 [J]．天然气地球科学，2018，29（12）：1691-1705．

[39] 戴金星，秦胜飞，胡国艺，等．新中国天然气勘探开发 70 年来的重大进展 [J]．石油勘探与开发，2019，46（6）：1037-1046．

[40] 贾爱林，何东博，位云生，等．未来十五年中国天然气发展趋势预测 [J]．天然气地球科学，2021，32（1）：17-27．

[41] 汪红，范旭强．加大我国天然气勘探开发力度的挑战与对策 [J]．中国石化，2021（10）：29-34．

[42] 赵国洪，郑筱雨，杨利平，等．2020 年中国天然气勘探开发进展及 2021 年展望 [J]．天然气技术与经济，2021，15（4）：1-5．

[43] 戴金星，倪云燕，董大忠，等．"十四五"是中国天然气工业大发展期：对中国"十四五"天然气勘探开发的一些建议 [J]．天然气地球科学，2021，32（1）：1-16．

[44] 赵文智，贾爱林，王坤，等．中国天然气"十三五"勘探开发理论技术进展与前景展望 [J]．石油科技论坛，2021，40（3）：11-23．

[45] 郭旭升，蔡勋育，刘金连，等．中国石化"十三五"天然气勘探进展与前景展望 [J]．天然气工业，2021（8）：12-22．

[46] 李振宏．天然气开采工艺技术探讨 [J]．化工设计通讯，2017（11）：82+127．

[47] 刘海涛．天然气开采技术与项目管理研究 [J]．化学工程与装备，2018（8）：191-192+201．

[48] 国家能源局石油天然气司．中国天然气发展报告（2021）[M]．北京：石油工业出版社，2022．

［49］ 饶庆平，郝建刚，白云山．碳排放目标背景下我国天然气发电发展路径分析［J］．发电技术，2022（3）：468-475.

［50］ 闫玮祎．"十四五"我国天然气发电产业发展及经济性分析［J］．中国集体经济，2022（16）：23-25.

［51］ 姚向君，田宜水．生物质能资源清洁转化利用技术［M］．北京：化学工业出版社，2005.

［52］ 肖睿．生物质利用原理与技术［M］．北京：中国电力出版社，2021.

［53］ 张彦，范振山．生物质成型燃料锅炉研究现状［J］．河南科技，2020，39（23）：137-139.

［54］ 李彦军．生物质燃料成型技术发展现状研究［J］．现代商贸工业，2021，42（28）：162-163.

［55］ 盛晨绪，姚宗路，赵立欣，等．棉秆炭与生物质焦油混合成型及燃烧特性研究［J］．太阳能学报，2022，43（7）：458-464.

［56］ 石晓晓，郑国砾，高定，等．中国畜禽粪便养分资源总量及替代化肥潜力［J］．资源科学，2021（2）：403-411.

［57］ 黄金保，吴隆琴，董红，等．半纤维素模型化合物热解机理的理论研究［J］．燃料化学学报，2016，44（8）：911-920.

［58］ 李俊峰．我国生物质能发展现状与展望［J］．中国电力企业管理，2021（1）：70-73.

［59］ 王芳，刘晓凤，陈伦刚，等．生物质资源能源化与高值利用研究现状及发展前景［J］．农业工程学报，2021，37（18）：219-231.

［60］ 解云翔．中国生物质能发展现状及应用探究［J］．化学研究，2022，33（6）：555-560.

［61］ 徐招才，刘申．水电站［M］．北京：中国水利水电出版社，1994.

［62］ 楼永仁，黄声先，李植鑫．水电站自动化［M］．北京：中国水利水电出版社，1995.

［63］ 张超．水电能资源开发利用［M］．北京：化学工业出版社，2005.

［64］ 方国华．水能利用［M］．北京：中国水利水电出版社，2013.

［65］ 郑源，张强．水电站动力设备［M］．北京：中国水利水电出版社，2003.

［66］ 张研．水电站的主要组成建筑物［J］．黑龙江科学，2014（1）：210.

［67］ 朱瑞晨，姜宏军，杜润宁，等．DG 水电站枢纽及建筑物设计［J］．水电与新能源，2019（12）：1-4+46.

［68］ 马栩泉．核能开发与应用［M］．2 版．北京：化学工业出版社，2014.

［69］ 朱华．核电与核能［M］．2 版．杭州：浙江大学出版社，2019.

［70］ 核能安全利用的中长期发展战略研究编写组．新形势下中国核能安全利用的中长期发展战略研究［M］．北京：科学出版社，2019.

［71］ 刘廷，刘巧峰．全球铀矿资源现状及核能发展趋势［J］．现代矿业，2017（4）：98-103.

［72］ 崔丕．中国研制核武器的进程与美日的反应（1954—1969）［J］．近现代国际关系史研究，2016（1）：17-68.

［73］ 应阳君，蓝可，李华．从理论物理到工程物理：于敏先生的学术生涯与杰出贡献［J］．物理，2015（2）：86-91.

［74］ 李大光．当今世界战略武器装备的最新发展［J］．中国军转民，2017（10）：78-82.

［75］ 詹欣．中国与《不扩散核武器条约》（1968—1992）［J］．华东师范大学学报，2022（3）：41-49+185.

[76] 张博文. 小型模块化反应堆自主控制关键技术研究 [D]. 哈尔滨：哈尔滨工程大学，2020.

[77] 张馨玉，郭慧芳，袁永龙. 全球小型模块化反应堆发展综述 [C] //中国核科学技术进展报告（第七卷）：中国核学会 2021 年学术年会论文第 8 册（核情报分卷）. 北京：中国核学会，2021.

[78] 王连杰，卢迪，陈炳德，等. 超临界水堆 CSR1000 堆芯设计优化 [J]. 核动力工程，2016，37（5）：161-166.

[79] 刘亮. 超临界水堆瞬态及事故研究 [D]. 北京：华北电力大学，2017.

[80] 肖韵菲，唐涌涛，苏应斌，等. 钍基熔盐堆回路系统总体布置初步研究 [J]. 科技视界，2021（3）：19-21.

[81] 康旭忠. 钍基熔盐堆中贵金属裂变产物 Mo 产生和迁移研究 [D]. 北京：中国科学院大学，2021.

[82] 罗运俊，何梓年，王长贵. 太阳能利用技术 [M]. 北京：化学工业出版社，2005.

[83] 靳瑞敏. 太阳能光伏应用：原理·设计·施工 [M]. 北京：化学工业出版社，2017.

[84] 李灿. 太阳能转化科学与技术 [M]. 北京：科学出版社，2020.

[85] 张希良. 风能开发利用 [M]. 北京：化学工业出版，2005.

[86] 姚兴佳，宋俊. 风力发电机组原理与应用 [M]. 4 版. 北京：机械工业出版社，2020.

[87] 乐威. 新能源背景下我国风力发电现状和未来发展方向探索 [J]. 绿色环保建材，2020（11）：165-166.

[88] 殷学雷. 风力发电的应用及发展研究 [J]. 光源与照明，2022（9）：238-240.

[89] 秦永军. 新能源风力发电技术及其发展趋势分析 [J]. 科技创新与应用，2022，12（19）：162-165.

[90] 陈文静. 新能源风力发电系统中自适应控制技术的应用及未来前景 [J]. 电子测试，2022，36（16）：104-106.

[91] 刘时彬. 地热资源及其开发利用和保护 [M]. 北京：化学工业出版社，2005.

[92] 马冰，贾凌霄，于洋，等. 世界地热能开发利用现状与展望 [J]. 中国地质，2021（6）：1734-1747.

[93] 贾艳雨，常青，王俞文，等. 我国地热能开发利用现状及双碳背景下的发展趋势 [J]. 石油石化绿色低碳，2021（6）：5-9.

[94] 黄嘉超，梁海军，谷雪曦. 中国地热能发展形势及"十四五"发展建议 [J]. 世界石油工业，2021，28（2）：41-46.

[95] 王迎春，周金林，李亮，等. 羊八井地热田地热地质条件及其对超临界地热资源勘探的启示 [J]. 天然气工业，2022，42（4）：35-45.

[96] 周博睿. 我国地热能开发利用现状与未来趋势 [J]. 能源，2022（2）：77-80.

[97] 刘延俊，武爽，王登帅，等. 海洋波浪能发电装置研究进展 [J]. 山东大学学报，2021，51（5）：63-75.

[98] 赵金峰，黄筱云，陈理. 波浪能发电技术及研究现状 [J]. 湖南水利水电，2022（3）：7-11.

[99] 刘攀. 新型波浪能发电装置捕能效率的优化研究 [D]. 南昌：南昌大学，2021.

[100] 孟忠良．水平转子波浪能发电装置宽频捕能机理研究［D］．济南：山东大学，2021．

[101] 陈新辉．内转子波浪能发电装置的优化［D］．厦门：集美大学，2022．

[102] 王登帅．阵列波浪能发电装置优化与液压系统研究［D］．济南：山东大学，2022．

[103] 李晓超，乔超亚，王晓丽，等．中国潮汐能概述［J］．河南水利与南水北调，2021，50（10）：81-83．

[104] 葛稚新，王善宇．潮汐及其能量利用［J］．石油知识，2022（1）：46-47．

[105] 陈超，赵景飞，刘剑鸿，等．探析海洋温差发电的可行性［J］．科技风，2020（26）：12-13．

[106] 薛海峰．双引射器海洋温差发电循环特性研究［D］．济南：山东大学，2019．

[107] 张仍，孟兴智，潘文琦．盐度差能利用趋势［J］．盐科学与化工，2021（4）：1-3．

[108] 王世明，李淼森，李泽宇，等．国际潮流能利用技术发展综述［J］．船舶工程，2020（S1）：23-28+487．

[109] 国家海洋局．国家海洋局关于印发《海洋可再生能源发展"十三五"规划》的通知［R/OL］（2016-12-30）．https：//scs. mnr. gov. cn/scsb/zcygh/201702/22fb4944b1ff4680b715dffd55144b63. shtml.

[110] 毛宗强，毛志明．氢气生产及热化学利用［M］．北京：化学工业出版社，2015．

[111] 杨琦，苏伟，姚兰，等．生物质制氢技术研究进展［J］．化工新型材料，2018（10）：247-250+258．

[112] 伍赛特．氢内燃机汽车的应用前景展望［J］．节能，2019，38（2）：68-70．

[113] 赖耀胜，李龙．氢能飞机发展现状分析［J］．航空动力，2021（6）：37-40．

[114] 岳文龙，郑大勇，颜勇，等．我国高性能液氧液氢发动机技术发展概述［J］．中国航天，2021（10）：20-25．

[115] 程一步，王晓明，李杨楠，等．中国氢能产业2020年发展综述及未来展望［J］．当代石油石化，2021，29（4）：10-17．

[116] 邹才能，李建明，张茜，等．氢能工业现状、技术进展、挑战及前景［J］．天然气工业，2022（4）：1-20．

[117] 任伍元．论煤炭运输方式的选择［J］．煤炭经济研究，1996（5）：23-25．

[118] 陈一兵．智能主煤流运输系统研究与应用［J］．煤矿机械，2022，43（8）：154-157．

[119] 李秋扬，赵明华，张斌，等．2020年全球油气管道建设现状及发展趋势［J］．油气储运，2021，40（12）：1330-1348．

[120] 闫月娥．压缩天然气技术在城镇供气的应用探究［J］．当代化工研究，2022（1）：177-179．

[121] 张萌，任远，陈炜，等．车载天然气水合物储运装置［J］．当代化工，2016，45（1）：179-181．

[122] 刘泽洪．±1100kV特高压直流输电工程创新实践［J］．中国电机工程学报，2020，40（23）：7782-7791．

[123] 言九．2021特高压企业50强［J］．互联网周刊，2022（8）：12-13．

[124] 冯成，周雨轩，刘洪涛．氢气存储及运输技术现状及分析［J］．科技资讯，2021，19（25）：44-46．

[125] 曹军文, 覃祥富, 耿嘎, 等. 氢气储运技术的发展现状与展望 [J]. 石油学报 (石油加工), 2021, 37 (6): 1461-1478.

[126] 丁玉龙, 来小康, 陈海生. 储能技术及应用 [M]. 北京: 化学工业出版社, 2018.

[127] 唐西胜, 徐鲁宁, 周龙, 等. 储能技术及应用 [M]. 北京: 机械工业出版社, 2020.

[128] 肖曦, 聂赞相. 大规模储能系统 [M]. 北京: 机械工业出版社, 2020.

[129] 梅生伟, 李建林, 朱建全. 储能技术 [M]. 北京: 机械工业出版社, 2022.

[130] 周乃君. 能源与环境 [M]. 长沙: 中南大学出版社, 2008.

[131] 卢平. 能源与环境概论 [M]. 北京: 中国水利水电出版社, 2011.

[132] 冯俊小, 李君慧. 环境与能源 [M]. 北京: 冶金工业出版社, 2011.

[133] 廖传华, 王小军, 王银峰, 等. 能源环境工程 [M]. 北京: 化学工业出版社, 2020.

[134] 段茂盛, 周胜. 能源与气候变化 [M]. 北京: 化学工业出版社, 2014.

[135] 郑令仪, 孙祖国, 赵静霞. 工程热力学 [M]. 北京: 兵器工业出版社, 1993.

[136] 王中铮. 热能与动力机械基础 [M]. 3 版. 北京: 机械工业出版社, 2017.

[137] 何国庚. 能源与动力装置基础 [M]. 北京: 中国电力出版社, 2016.

[138] 谢诞梅, 王建梅, 岳亚楠, 等. 汽轮机原理 [M]. 北京: 中国电力出版社, 2021.

[139] 姚春德. 内燃机先进技术与原理 [M]. 天津: 天津大学出版社, 2010.

[140] 魏春源, 张卫正, 葛蕴珊, 等. 高等内燃机学 [M]. 北京: 北京理工大学出版社, 2001.

[141] 刘永长. 内燃机原理 [M]. 武汉: 华中科技大学出版社, 2001.

[142] 朱彦熙, 王宝昌. 内燃机构造与原理 [M]. 3 版. 北京: 电子工业出版社, 2017.

[143] 王健平, 姚松柏. 连续爆轰发动机原理与技术 [M]. 北京: 科学出版社, 2018.

[144] 刘大响, 陈光. 航空发动机飞机的心脏 [M]. 2 版. 北京: 航空工业出版社, 2015.

[145] 方昌德, 马春燕. 航空发动机的发展历程 [M]. 北京: 航空工业出版社, 2007.

[146] 彭泽琰, 刘刚. 航空燃气轮机原理 [M]. 北京: 国防工业出版社, 2000.

[147] 姚秀平. 燃气轮机与联合循环 [M]. 2 版. 北京: 中国电力出版社, 2017.

[148] 丰镇平, 李祥晟. 燃气轮机装置 [M]. 北京: 机械工业出版社, 2023.

[149] 杨月诚, 宁超. 火箭发动机理论基础 [M]. 2 版. 西安: 西安工业大学出版社, 2016.

[150] 陈军, 王栋, 封锋. 现代飞行器推进原理与进展 [M]. 北京: 清华大学出版社, 2013.

[151] 彭敏俊. 船舶核动力装置 [M]. 北京: 中国原子能出版社, 2009.